高等学校计算机专业规划教材

C++程序设计教程

（第2版）

幸莉仙　于海泳　田志刚　单树倩　编著

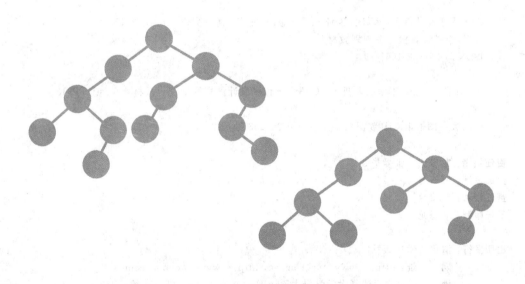

U0286892

清华大学出版社

北　京

内 容 简 介

本书结合大量实例,系统地介绍了 Visual C++ 2015 语言的开发环境、基本语法和编程技巧。本书共 11 章,内容包括 C++ 与 Visual Studio 2015 概述,C++ 程序设计基础,流程控制语句,数组和字符串,指针,函数,结构体与联合,类与对象,类的继承、派生与多态,C++ 流与文件操作等,最后提供了一个完整的应用程序开发实例。各章节之间衔接紧密、自然,形成了一个完整的知识体系。

本书可以帮助读者较好地掌握结构化程序设计的 3 种基本结构、面向对象的概念和编程思想。本书在每一章中都通过实用性较强的例题来阐述知识点,同时给出大量习题,所有例题和习题均在 Visual C++ 2015 环境下进行了严格测试。

本书内容精炼、重点突出、语言表达严谨,适合作为高等院校相关课程的教材,也可供初学者自学参考。

图书在版编目(CIP)数据

C++ 程序设计教程/幸莉仙等编著. —2 版. —北京:清华大学出版社,2017
(高等学校计算机专业规划教材)
ISBN 978-7-302-46671-0

Ⅰ. ①C… Ⅱ. ①幸… Ⅲ. ①C 语言—程序设计—高等学校—教材 Ⅳ. ①TP312

中国版本图书馆 CIP 数据核字(2017)第 036253 号

责任编辑:龙启铭 张爱华
封面设计:何凤霞
责任校对:时翠兰
责任印制:刘海龙

出版发行:清华大学出版社
    网   址:http://www.tup.com.cn, http://www.wqbook.com
    地   址:北京清华大学学研大厦 A 座   邮   编:100084
    社 总 机:010-62770175   邮   购:010-62786544
    投稿与读者服务:010-62776969, c-service@tup.tsinghua.edu.cn
    质量反馈:010-62772015, zhiliang@tup.tsinghua.edu.cn
    课件下载:http://www.tup.com.cn, 010-62795954
印 装 者:保定市中画美凯印刷有限公司
经   销:全国新华书店
开   本:185mm×260mm   印   张:21.25   字   数:488 千字
版   次:2013 年 9 月第 1 版 2017 年 7 月第 2 版   印   次:2017 年 7 月第 1 次印刷
印   数:1~2000
定   价:45.00 元

产品编号:072162-01

前　言

本书介绍程序设计领域的最新方法,以 Microsoft Visual C++ 2015 .NET 为开发工具,其设计思想集中反映了现代计算机软件的新发展。

Microsoft Visual C++ 2015 .NET 是从 Visual C++ 语言演变而来的,它具有集成的开发环境,可用于 Visual C++、Visual Basic 以及 C♯/CLI 等编程语言。本书面向 Microsoft Visual 2015 .NET 的初中级用户,系统地介绍 C++ 程序开发的基础知识、编程方法和技巧。

本书精心规划,具有如下特点:

(1) 从 Visual C++ 2015 最基本的数据类型、概念、语法以及简单程序编写入手,使读者逐步掌握结构化程序设计的 3 种基本结构,即顺序结构、选择结构和循环结构;通过介绍面向对象的概念以及在 Visual C++ 2015 .NET 环境下的实现,使读者从基本概念、基础操作的学习上升到对理论的理解,从而领会应用程序开发的实质。

(2) 在例题选择上秉承由浅入深、由简到繁的编程规律,对典型题型给出多种算法的求解,在习题选择上力求做到多样化,以培养和提高初学者分析问题和解决问题的能力。

(3) Visual C++ 2015 语言系统庞大,知识点前后衔接紧密,为使初学者能轻松学习,掌握程序设计的精髓,本书所有知识点按章节组成一个有序的线性结构,内容由易到难,循序渐进。

(4) 为使初学者在学习完本课程后能编写出完整的 Windows 应用程序,在第 11 章介绍了一个完整的应用程序开发实例。

(5) 本书中所有例题、习题均在 Visual C++ 2015 环境下测试通过。

(6) 附录给出了编程中常用的库函数(包括数学函数、字符串函数和常用数学函数的反函数等),以及习题答案,以方便读者自学时使用。

本书共 11 章,内容包括 C++ 与 Visual Studio 2015 概述,C++ 程序设计基础,流程控制语句,数组和字符串,指针,函数,结构体与联合,类与对象,类的继承、派生与多态,C++ 流与文件操作等内容,最后提供了一个完整的 Visual C++ 2015 应用程序开发实例。各章节内容衔接紧密、自然,形成了一个完整的知识体系。

本书由幸莉仙总策划和统稿，由幸莉仙、于海泳、田志刚、单树倩共同撰写完成。杨丽莹同学为本书进行了校对工作，在此一并表示感谢。

　　由于时间仓促，书中难免有一些疏漏和不足，恳请广大读者和同行不吝赐教，以便及时修订和补充。

作　者

2017 年 1 月

目录

第 1 章　C++ 与 Visual Studio 2015 概述　　/1

1.1　计算机程序设计语言的发展 …………………… 1
 1.1.1　机器语言 ………………………………… 1
 1.1.2　汇编语言 ………………………………… 2
 1.1.3　高级语言 ………………………………… 2
 1.1.4　结构化程序设计语言 …………………… 3
 1.1.5　面向对象语言的产生 …………………… 4
1.2　C++ 语言与面向对象程序设计 ……………… 4
 1.2.1　C++ 概述 ………………………………… 4
 1.2.2　面向对象程序设计 ……………………… 5
1.3　C++ 集成开发环境 Visual Studio 2015 …… 8
 1.3.1　集成开发环境 …………………………… 8
 1.3.2　Visual Studio 2015 简介 ……………… 8
1.4　简单的 C++ 程序 ……………………………… 9
 1.4.1　C++ 程序的开发过程 ………………… 9
 1.4.2　简单的 C++ 程序示例 ………………… 10
本章小结 ………………………………………………… 15
习题一 …………………………………………………… 16

第 2 章　C++ 程序设计基础　　/17

2.1　词法符号 ……………………………………… 17
 2.1.1　字符集 …………………………………… 17
 2.1.2　词法记号 ………………………………… 17
2.2　C++ 的数据类型 ……………………………… 20
 2.2.1　基本数据类型 …………………………… 20
 2.2.2　字面常量 ………………………………… 22
 2.2.3　变量 ……………………………………… 24
 2.2.4　符号常量 ………………………………… 27
2.3　运算符与表达式 ……………………………… 28
 2.3.1　运算符 …………………………………… 28

2.3.2　表达式 ……………………………………………………………… 34

2.3.3　类型转换 …………………………………………………………… 37

2.3.4　语句 ………………………………………………………………… 38

2.4　数据的输入与输出 ………………………………………………………… 39

2.4.1　I/O 流 ………………………………………………………………… 39

2.4.2　预定义的插入符和提取符 ………………………………………… 39

2.4.3　简单的 I/O 格式控制 ……………………………………………… 40

2.5　基于 Visual C++ 2015 的简单程序开发 ………………………………… 40

2.5.1　一个简单程序设计例程 …………………………………………… 40

2.5.2　main()函数 …………………………………………………………… 42

2.5.3　注释 …………………………………………………………………… 43

2.5.4　编译预处理 ………………………………………………………… 43

2.5.5　命名空间与 using 应用 …………………………………………… 47

本章小结 ……………………………………………………………………… 50

习题二 ………………………………………………………………………… 51

第 3 章　流程控制语句　　/54

3.1　程序的基本控制结构 ……………………………………………………… 54

3.1.1　语句的分类 ………………………………………………………… 54

3.1.2　结构化程序控制结构 ……………………………………………… 55

3.1.3　顺序结构程序应用举例 …………………………………………… 55

3.2　流程控制语句 ……………………………………………………………… 56

3.2.1　if 语句 ………………………………………………………………… 56

3.2.2　switch 语句 …………………………………………………………… 62

3.3　循环控制语句 ……………………………………………………………… 64

3.3.1　for 循环 ……………………………………………………………… 64

3.3.2　do-while 循环 ………………………………………………………… 66

3.3.3　while 循环 …………………………………………………………… 69

3.4　循环的嵌套 ………………………………………………………………… 70

3.5　跳转语句 …………………………………………………………………… 71

3.5.1　break 语句 …………………………………………………………… 71

3.5.2　continue 语句 ………………………………………………………… 72

3.5.3　goto 语句 …………………………………………………………… 73

3.5.4　return 语句 …………………………………………………………… 75

本章小结 ……………………………………………………………………… 75

习题三 ………………………………………………………………………… 76

第4章　数组和字符串　　/79

4.1　数组的概念 ··· 79

4.2　数组的定义和数组元素表示方法 ······················· 79

4.2.1　数组的定义 ····································· 80

4.2.2　数组定义的格式举例 ························· 81

4.3　数组元素的输入与输出 ······························· 81

4.4　数组的应用 ··· 84

4.4.1　统计 ··· 84

4.4.2　排序 ··· 86

4.4.3　查找 ··· 89

4.4.4　数组的其他应用 ····························· 90

4.5　字符串 ··· 93

4.5.1　字符串的概念 ································· 93

4.5.2　字符串函数 ····································· 95

4.5.3　字符串应用举例 ····························· 98

本章小结 ··· 101

习题四 ··· 101

第5章　指针　　/105

5.1　指针的概念 ··· 105

5.2　指针变量 ··· 106

5.3　指针运算 ··· 107

5.4　指针与数组 ··· 109

5.4.1　指针与一维数组 ····························· 109

5.4.2　指针与二维数组 ····························· 110

5.4.3　new 与 delete ································· 112

5.5　引用变量 ··· 113

本章小结 ··· 115

习题五 ··· 115

第6章　函数　　/120

6.1　函数的定义与调用 ····································· 120

6.1.1　函数的定义 ····································· 120

6.1.2　函数的声明与调用 ························· 123

6.2　函数调用方式和参数传递 ··························· 125

6.2.1　函数调用过程 ································· 125

6.2.2　传值调用 ······································· 125

　　　　6.2.3　传址调用 ……………………………………………… 126
　　　　6.2.4　数组作为参数调用 …………………………………… 127
　　6.3　变量的作用域 …………………………………………………… 130
　　　　6.3.1　作用域分类 …………………………………………… 130
　　　　6.3.2　应用举例 ……………………………………………… 131
　　6.4　递归函数 ………………………………………………………… 135
　　6.5　重载函数 ………………………………………………………… 138
　　6.6　模板函数 ………………………………………………………… 139
　　6.7　内联函数 ………………………………………………………… 143
　　6.8　函数指针 ………………………………………………………… 144
　　本章小结 ……………………………………………………………… 148
　　习题六 ………………………………………………………………… 149

第 7 章　结构体与联合　　/153

　　7.1　结构体类型 ……………………………………………………… 153
　　　　7.1.1　结构体的定义 ………………………………………… 153
　　　　7.1.2　结构体变量的定义和初始化 ………………………… 154
　　　　7.1.3　结构体变量的引用 …………………………………… 156
　　　　7.1.4　结构体数组 …………………………………………… 158
　　　　7.1.5　结构体与函数 ………………………………………… 160
　　　　7.1.6　结构体指针 …………………………………………… 163
　　　　7.1.7　结构体与链表 ………………………………………… 167
　　7.2　联合 ……………………………………………………………… 169
　　　　7.2.1　联合的定义 …………………………………………… 169
　　　　7.2.2　联合变量的定义 ……………………………………… 170
　　　　7.2.3　联合变量的引用 ……………………………………… 172
　　　　7.2.4　联合类型数据的特点 ………………………………… 172
　　7.3　枚举类型 ………………………………………………………… 174
　　7.4　结构体与联合应用实例 ………………………………………… 178
　　7.5　用 typedef 声明类型 …………………………………………… 180
　　本章小结 ……………………………………………………………… 182
　　习题七 ………………………………………………………………… 182

第 8 章　类与对象　　/185

　　8.1　面向对象程序设计方法概述 …………………………………… 185
　　　　8.1.1　面向过程的程序设计 ………………………………… 185
　　　　8.1.2　面向对象的程序设计 ………………………………… 188
　　8.2　类的声明 ………………………………………………………… 191

8.2.1 类和对象的关系 ……………………………………………… 191

8.2.2 类的声明 ………………………………………………………… 191

8.2.3 类的成员函数 ………………………………………………… 193

8.2.4 类与结构体 ……………………………………………………… 194

8.3 定义对象 …………………………………………………………… 195

8.3.1 对象的定义 …………………………………………………… 195

8.3.2 对象成员的引用 ……………………………………………… 196

8.4 类和对象的简单应用实例 …………………………………… 198

8.5 构造函数 …………………………………………………………… 200

8.5.1 构造函数的作用 ……………………………………………… 200

8.5.2 带参数的构造函数 …………………………………………… 203

8.5.3 构造函数重载 ………………………………………………… 205

8.5.4 复制构造函数 ………………………………………………… 206

8.6 析构函数 …………………………………………………………… 208

8.7 类的静态成员 …………………………………………………… 209

8.7.1 静态数据成员 ………………………………………………… 210

8.7.2 静态成员函数 ………………………………………………… 212

8.8 友元 ………………………………………………………………… 214

8.8.1 友元函数 ……………………………………………………… 214

8.8.2 友元类 ………………………………………………………… 216

8.9 在 Visual C++ 2015 中使用类向导 ……………………… 217

本章小结 ……………………………………………………………… 221

习题八 …………………………………………………………………… 221

第 9 章 类的继承、派生与多态 /226

9.1 类的继承与派生 ………………………………………………… 226

9.1.1 继承与派生的概念 …………………………………………… 226

9.1.2 派生类定义的格式 …………………………………………… 228

9.1.3 继承方式 ……………………………………………………… 232

9.1.4 多重继承 ……………………………………………………… 239

9.2 多态与虚函数 …………………………………………………… 242

9.2.1 多态 …………………………………………………………… 242

9.2.2 虚函数 ………………………………………………………… 244

9.2.3 多态的实现机制 ……………………………………………… 245

9.2.4 纯虚函数与抽象类 …………………………………………… 247

9.3 多态与运算符重载 ……………………………………………… 250

9.3.1 运算符重载的方法与规则 …………………………………… 251

9.3.2 重载双目运算符 ……………………………………………… 255

9.3.3　重载单目运算符 ·· 257

本章小结 ·· 261

习题九 ··· 261

第 10 章　C++ 流与文件操作　/265

10.1　C++ 流的概念 ··· 265

10.2　输入输出标准流类 ·· 265

10.2.1　C++ 中的 I/O 流库 ···································· 265

10.2.2　标准输入输出流对象 ·································· 266

10.3　文件操作 ·· 270

10.3.1　文件的打开与关闭 ···································· 271

10.3.2　文本文件读写操作 ···································· 272

10.3.3　二进制文件的读写操作 ································ 275

10.4　应用举例 ·· 279

本章小结 ·· 283

习题十 ··· 283

第 11 章　Visual C++ 2015 应用程序开发实例　/287

11.1　MFC 应用程序 ·· 287

11.1.1　创建应用程序 ······································· 287

11.1.2　应用程序的运行 ····································· 290

11.1.3　应用程序类和源文件 ·································· 291

11.1.4　应用程序的控制流程 ·································· 293

11.2　调用 Windows 公共对话框的实例 ······························ 294

11.2.1　使用对话框编辑器 ···································· 294

11.2.2　编写代码 ··· 295

11.3　利用 Visual C++ 2015 连接数据库实例 ·························· 299

11.3.1　建立工程 DAOAccess ·································· 299

11.3.2　建立 Access 文件 ···································· 299

11.3.3　修改主窗体界面 ····································· 299

11.3.4　添加代码 ··· 300

11.4　利用 Visual C++ 2015 制作小游戏 ···························· 303

11.4.1　游戏实现 ··· 303

11.4.2　变量函数 ··· 303

11.4.3　具体实现 ··· 304

附录 A　ASCII 码表　/310

附录 B　常用库函数　　/312

B1　数学函数 ………………………………………………………… 312

B2　常用反函数公式 ………………………………………………… 313

B3　与字符串有关的函数 …………………………………………… 313

附录 C　程序调试与异常处理　　/315

C1　程序调试 ………………………………………………………… 315

　　C1.1　设置断点 ………………………………………………… 315

　　C1.2　开始、中断和停止执行 ………………………………… 316

　　C1.3　单步执行 ………………………………………………… 317

　　C1.4　运行到指定位置 ………………………………………… 317

C2　异常处理 ………………………………………………………… 317

附录 D　习题答案　　/319

习题一 ………………………………………………………………… 319

习题二 ………………………………………………………………… 319

习题三 ………………………………………………………………… 320

习题四 ………………………………………………………………… 321

习题五 ………………………………………………………………… 321

习题六 ………………………………………………………………… 322

习题七 ………………………………………………………………… 323

习题八 ………………………………………………………………… 323

习题九 ………………………………………………………………… 324

习题十 ………………………………………………………………… 324

参考文献　　/325

第 1 章

C++ 与 Visual Studio 2015 概述

1.1　计算机程序设计语言的发展

自 1946 年第一台电子计算机问世以来,计算机已被广泛地应用于生产、生活的各个领域,推动着社会的进步与发展。特别是 Internet 出现后,传统的信息收集、传输及交换方式发生了革命性的改变。

计算机科学的发展依赖于计算机硬件和软件技术的发展,硬件是计算机的躯体,软件是计算机的灵魂。没有软件,计算机只是一台“裸机”,什么也不能干;有了软件,计算机才有“思想”,才能做相应的事。而软件是用计算机程序设计语言编写的。计算机程序设计语言,通常简称为编程语言,是一组用来定义计算机程序的语法规则。它是一种被标准化的交流技巧,用来向计算机发出指令。计算机语言让程序员能够准确地定义计算机所需要使用的数据,并精确地定义在不同情况下所应当采取的行动。

计算机程序设计语言的发展经历了从机器语言、汇编语言到高级语言的历程,如图 1.1 所示。

图 1.1　计算机语言发展历程

1.1.1　机器语言

计算机使用的是由“0”和“1”组成的二进制数,二进制编码方式是计算机语言的基础。计算机发明之初,科学家只能用二进制数编制的指令控制计算机运行。每一条计算机指令均由一组“0”“1”数字,按一定的规则排列组成,若要计算机执行一项简单的任务,需要编写大量的这种指令。这种有规则的二进制数组成的指令集,就是机器语言(Machine Language)(也称指令系统)。不同系列的 CPU,具有不同的机器语言,如目前个人计算机中常用 AMD 公司的系列 CPU 和 Intel 公司的系列 CPU,具有不同的机器语言。

机器语言是计算机唯一能识别并直接执行的语言。与汇编语言或高级语言相比,其执行效率高。但其可读性差,不易记忆;编写程序既难又繁,容易出错;程序调试和修改难度巨大,不容易掌握和使用。此外,因为机器语言直接依赖于中央处理器,所以用某种机器语言编写的程序只能在相应的计算机上执行,无法在其他型号的计算机上执行,也就是说,可移植性差。

1.1.2　汇编语言

为了减轻使用机器语言编程的痛苦，20 世纪 50 年代初，出现了汇编语言（Assemble Language）。汇编语言用比较容易识别、记忆的助记符替代特定的二进制串。下面是几条 Intel 80x86 的汇编指令：

ADD AX, BX　　表示将寄存器 AX 和 BX 中的内容相加，结果保存在寄存器 AX 中。

SUB AX, NUM　　表示将寄存器 AX 中的内容减去 NUM，结果保存在寄存器 AX 中。

MOV AX, NUM　表示把数 NUM 保存在寄存器 AX 中。

通过这种助记符，人们就能较容易地读懂程序，调试和维护也更方便了。但这些助记符号计算机无法识别，需要一个专门的程序将其翻译成机器语言，这种翻译程序被称为汇编程序。

汇编语言的一条汇编指令对应一条机器指令，与机器语言性质上是一样的，只是表示方式做了改进，其可移植性与机器语言一样不好。随着现代软件系统越来越庞大复杂，大量经过了封装的高级语言如 C/C++，Pascal/Object Pascal 也应运而生。这些新的语言使得程序员在开发过程中能够更简单，更有效率，使软件开发人员得以应对快速的软件开发的要求。而汇编语言由于其复杂性使得其适用领域逐步减小。但这并不意味着汇编语言已无用武之地。由于汇编语言更接近机器语言，能够直接对硬件进行操作，生成的程序与其他的语言相比具有更高的运行速度，占用更小的内存，因此在一些对于时效性要求很高的程序、许多大型程序的核心模块以及工业控制方面大量应用汇编语言。

1.1.3　高级语言

尽管汇编语言比机器语言方便，但汇编语言仍然具有许多不便之处，程序编写的效率远远不能满足需要。1954 年，第一个高级语言 FORTRAN 问世了。高级语言（High-level Programming Language)是一种用能表达各种意义的"词"和"数学公式"按一定的"语法规则"编写程序的语言，也称高级程序设计语言或算法语言。半个多世纪以来，有几百种高级语言问世，影响较大，使用较普遍的有 FORTRAN、ALGOL、COBOL、BASIC、LISP、SNOBOL、PL/1、Pascal、C、PROLOG、Ada、C++、Delphi、Java、C♯ 等。高级语言的发展也经历了从早期语言到结构化程序设计语言、面向对象程序设计语言的过程。

高级语言与自然语言和数学表达式相当接近，不依赖于计算机型号，通用性较好。高级语言的使用，大大提高了程序编写的效率和程序的可读性。

与汇编语言一样，计算机无法直接识别和执行高级语言，必须翻译成等价的机器语言程序(称为目标程序)才能执行。高级语言源程序翻译成机器语言程序的方法有"解释"和"编译"两种。解释方法采用边解释边执行的方法，如早期的 BASIC 语言即采用解释方法，在执行 BASIC 源程序时，解释一条 BASIC 语句，执行一条语句。编译方法采用相应语言的编译程序，先把源程序编译成指定机型的机器语言目标程序，然后再把目标程序和各种标准库函数连接装配成完整的目标程序，在相应的机型上执行，如 C、C++、C♯ 等均采用编译的方法。编译方法比解释方法更具有效率。

1.1.4　结构化程序设计语言

高级语言编写程序的编写效率虽然比汇编语言高,但随着计算机硬件技术的日益发展,人们对大型、复杂的软件需求量剧增,而同时因缺乏科学规范、系统规划与测试,程序含有过多错误而无法使用,甚至带来巨大损失。20 世纪 60 年代中后期"软件危机"的爆发,使人们认识到大型程序的编制不同于小程序。软件危机(Software Crisis)是早期计算机科学的一个术语,是指在软件开发及维护的过程中所遇到的一系列严重问题。这些问题皆可能导致软件产品的寿命缩短,甚至夭折。"软件危机"的解决一方面需要对程序设计方法、程序的正确性和软件的可靠性等问题进行深入研究,另一方面需要对软件的编制、测试、维护和管理方法进行深入研究。

1968 年,E. W. Dijkstra 首先提出"GOTO 语句有害"论点,引起了人们对程序设计方法讨论的普遍重视。程序设计方法学在这场讨论中逐渐产生和形成。程序设计方法学是一门讨论程序性质、设计理论和方法的学科。它包含的内容比较丰富,如结构化程序设计、程序的正确性证明、程序变换、程序的形式说明与推导,以及自动程序设计等。

在程序设计方法学中,结构化程序设计(Structural Programming)占有重要的地位,可以说,程序设计方法学是在结构化程序设计的基础上逐步发展和完善的。结构化程序设计是一种程序设计的原则和方法。它讨论了如何避免使用 GOTO 语句;如何将大规模、复杂的流程图转换成一种标准的形式,使得它们能够用几种标准的控制结构(顺序、分支和循环)通过重复和嵌套来表示。结构化程序设计思想采用"自顶向下、逐步求精"的方法,避免被具体的细节所缠绕,降低难度,直到恰当的时机,才考虑实现的细节,从而有效地将复杂的程序系统设计任务分解成许多易于控制和处理的子程序,便于开发和维护。

按结构化程序设计的要求设计出的高级程序设计语言称为结构化程序设计语言。利用结构化程序设计语言,或者说按结构化程序设计思想编写出来的程序称为结构化程序。结构化程序具有结构清晰、容易理解、容易修改、容易验证等特点。

到了 20 世纪 70 年代末期,随着计算机应用领域的不断扩大,对软件技术的要求越来越高,结构化程序设计语言和结构化程序设计方法也无法满足用户需求的变化,其缺点也日益显露出来,如:

(1) 代码的可重用性差。随着软件规模的逐渐庞大,代码重用成了提高程序设计效率的关键;但采用传统的结构化设计模式,程序员每进行一个新系统的开发,几乎都要从零开始,这中间需要做大量重复、烦琐的工作。

(2) 可维护性差。结构化程序是由大量的过程(函数、子程序)组成的,随着软件规模逐渐庞大,程序变得越来越复杂,过程(函数、子程序)越来越多,相互间的耦合越来越高,它们变得难以管理,当某个业务有所变化时必须对大量的程序进行修改和调试。

(3) 稳定性差。结构化程序要求模块独立,并通过过程(函数、子程序)的概念来实现。但这一概念狭隘、稳定性有限,在大型软件开发过程中,数据的不一致性问题仍然存在。

(4) 难以实现。在结构化程序中,代码和数据是分离的。例如在 C 语言中,代码单位为函数,而数据单位称为结构,函数和结构没有结合在一起。然而,函数和数据结构并不能充分地模拟现实世界。例如当考虑会计部门的应用程序时,应该考虑下列内容:

- 出纳支付工资;
- 职工出具凭证;
- 财务主管批准支付;
- 出纳记账。

但实际应用中,要决定如何通过数据结构、变量和函数来实现这个应用程序却是很困难的。

1.1.5　面向对象语言的产生

结构化程序设计方法与语言是面向过程的,存在较多的缺点,同时程序的执行是流水线式的,在一个模块被执行完成前,不能干别的事,也无法动态地改变程序的执行方向。这和人们日常认识、处理事物的方式不一致。人们认为客观世界是由各种各样的对象(或称实体、事物)组成的;每个对象都有自己的内部状态和运动规律,不同对象间的相互联系和相互作用构成了各种不同的系统,进而构成整个客观世界;计算机软件主要就是为了模拟现实世界中的不同系统,如物流系统、银行系统、图书管理系统、教学管理系统等。因此,计算机软件可以认为是现实世界中相互联系的对象所组成的系统在计算机中的模拟实现。

为了使计算机更易于模拟现实世界,1967 年挪威计算中心的 Kisten Nygaard 和 Ole Johan Dahl 开发了 Simula 67 语言,它提供了比子程序更高一级的抽象和封装,引入了数据抽象和类的概念,被认为是第一个面向对象(Object Oriented)程序设计语言。20 世纪 70 年代初,Palo Alto 研究中心的 Alan Kay 所在的研究小组开发出了 Smalltalk 语言,之后又开发出了 Smalltalk-80。Smalltalk-80 被认为是最纯正的面向对象语言,它对后来出现的面向对象语言,如 Object-C、C++、Java、Self、Eiffl 产生了深远的影响。

随着面向对象语言的出现,面向对象程序设计方法也应运而生且得到迅速发展,面向对象的思想也不断向其他方面渗透。1980 年 Grady Booch 提出了面向对象设计的概念,之后面向对象分析的概念也被提出。1990 年以来,面向对象分析、测试、度量和管理等研究得到了长足的发展,并在全世界掀起了一股面向对象热潮,至今盛行不衰。面向对象程序设计在软件开发领域掀起了巨大的变革,极大地提高了软件开发效率。

1.2　C++ 语言与面向对象程序设计

1.2.1　C++ 概述

当 C 语言程序代码达到 25 000 行以上后,维护和修改工作变得相当困难。为了满足管理程序复杂性的需要,贝尔实验室的 Bjarne Stroustrup 博士于 1979 年开始对 C 语言进行了改进和扩充,并引入了面向对象程序设计的内容,1983 年命名为 C++,后经过三次重大修订,于 1994 年制定了标准 C++ 草案,之后经过不断完善,成为目前的 C++。

C++ 提出了一些更为深入的概念,它所支持的这些面向对象的概念容易将问题空间直接地映射到程序空间,为程序员提供了一种与传统结构程序设计不同的思维方式和编程方法,因而也增加了整个语言的复杂性,掌握起来有一定难度。

C++ 具有以下特点:

(1) 保持了与 C 语言的兼容性。绝大多数 C 语言程序不经修改可以直接在 C++ 环境中运行。

(2) 支持面向过程的程序设计。它是一种理想的结构化程序设计语言,又包含了面向对象程序设计的特征。C++ 由两部分组成:一是过程性语言部分,与 C 语言无本质区别;二是类和对象部分,是面向对象程序设计的主体。

(3) 具有程序效率高、灵活性强的特点。C++ 使程序结构清晰、易于扩展、易于维护而不失效率。

(4) 具有通用性和可移植性。C++ 是一种标准化的、与硬件基本无关的程序设计语言,C++ 程序通常无须修改或稍许修改便可在其他计算机上运行。

(5) 具有丰富的数据类型和运算符,并提供了强大的库函数。

(6) 具有面向对象的特性,C++ 支持抽象性、封装性、继承性和多态性。

1.2.2　面向对象程序设计

面向过程程序设计缺点的根源在于数据与数据处理分离,而面向对象程序设计(Object Oriented Programming)方法正是克服这个缺点,同时吸纳结构化设计思想的合理部分而发展起来的,这两种设计思想并非对立关系。面向对象设计思想模拟自然界认识和处理事物的方法,将数据和对数据的操作方法放在一起,形成一个相对独立的整体——对象(Object),对同类型对象抽象出共性,形成类(Class)。任何一个类中的数据都只能用本类自有的方法进行处理,并通过简单的接口与外部联系。对象之间通过消息(Message)进行通信。下面将就面向对象程序设计中的基本概念、面向对象软件开发方法和面向对象程序设计的特点做一简单介绍。

1. 对象

在自然界中,对象是一个常见概念,一般将所面对的事物看作具有某些属性和行为(或操作)的对象。例如手表是一个对象,它具有的属性包括表针、旋钮及复杂的机械结构等,行为包括调节旋钮这样的操作。其中调节旋钮提供了对外的接口。在手表之外,只能通过这个接口对对象进行操作,而不能直接调整其内部的机械零件。在面向对象程序设计中,同样使用对象的概念描述问题和事物,但更加抽象,对象含义的范围也更加广泛,可包括有形实体、图形,甚至抽象概念,如程序设计中的窗口、单击鼠标这样的事件等,都可以抽象成为一个对象。对象是组成程序系统的基本单位。

2. 类

人类在认识事物时,通常是分类进行的。通过抽象的方法,从一些对象中概括出此类对象共有的静态特征(属性)和动态特征(行为),形成类。类是一个抽象的概念,用来描述这类对象所共有的、本质的属性和行为。任何一个对象都是这个类的一个具体实现,称为实例(Instance)。同类对象之间具有相同的属性和行为。类和对象之间的关系正如手表和一块具体的手表之间的关系。手表只是个概念，这个概念描述了所有手表共有的属性（包括表针、旋钮、内部结构）和行为（调节旋钮），而一块具体的手表则是一个实在的对象。两块手表可能外形不同，但都具有手表所共有的属性和操作。

面向对象程序设计也使用分类抽象的方法，通过对一类对象的抽象形成"类"。在程序设计中，"类"表现为一种用户定义的数据类型，用这种数据类型描述该类所具有的属性和行为，其中属性用数据进行描述，而行为用一系列函数描述，也称操作。例如定义一个矩形类，它的数据包括矩形的顶点坐标。而方法可包含以下函数：移动矩形位置、扩大、缩小等。用这个矩形类可以定义两个矩形对象，这两个矩形对象就是同类对象，它们都用顶点坐标来描述，都可以进行移动、扩大和缩小等操作。

3. 消息

自然界是由各种各样的对象组成的，这些对象之间通过信息传递产生相互作用，构成富有生机的世界。人类将对象之间产生相互作用所传递的信息称作消息(Message)。例如汽车和人是两个对象，人启动汽车，就是向汽车发送消息，转动方向盘，也是发送消息，其中转动的角度是消息中的参数。汽车接收到消息后，按照消息及其参数执行相应的操作。

在面向对象设计的程序中，对象之间的相互作用也是通过消息机制实现的。

4. 面向对象的软件开发方法

在面向对象程序设计发展的早期，软件业界主要集中于研究面向对象的编程(OOP)，但对于大型软件开发过程，编程只是其中一个很小的部分。面向对象方法的根本合理性在于它符合客观世界的组成方式和大脑的思维方式，因此面向对象的思想方法应贯穿软件开发的全过程，这就是面向对象的软件工程。

面向对象的软件工程同样遵循分层抽象、逐步细化的原则，软件开发过程包括面向对象的分析(Object Oriented Analysis，OOA)、面向对象的设计(Object Oriented Design，OOD)、面向对象的编程(OOP)、面向对象的测试(Object Oriented Test，OOT)、面向对象的维护(Object Oriented Soft Maintenance，OOSM)5个阶段。

分析阶段的主要任务是按照面向对象的概念和方法，从问题中识别出有意义的对象，以及对象的属性、行为和对象间的通信，进而抽象出类结构，最终将它们描述出来，形成一个需求模型，由于系统的复杂性，这个模型一般只能反映用户对系统主体部分的需求。

设计阶段从需求模型出发，分别进行类的设计和应用程序的设计。类的设计需要应用分层抽象的方法，而应用程序设计是根据已设计好的类来构造满足要求的应用程序。

编程阶段实现由设计表示到面向对象程序设计语言描述的转换。

测试阶段的任务在于发现并改正程序中的错误。面向对象程序设计中，类是程序的基本单元，因此也是测试的基本单元。经过测试后的程序进入运行维护期，即投入使用。

5. 面向对象程序设计的特点

面向对象程序设计中，对象是程序的基本单元。从类和对象的概念及面向对象设计方法所提供的支持看，这种设计方法具有以下几个特点及相应的优点：

（1）封装性（Ecapsulation）。对象是一个封装体，在其中封装了该对象所具有的属性和操作。对象作为独立的基本单元，实现了将数据和数据处理相结合的思想。此外，封装性还体现在可以限制对象中数据和操作的访问权限，从而将属性"隐藏"在对象内部，对外只呈现一定的外部特性和功能。手表是一个典型的例子，大量的零件和动作被封装在外壳中，并被隐藏起来，提供给我们的只能是读表盘和调节旋钮。同样，可以将一个对象中的数据隐藏起来，而方法定义为开放，那么在这个类之外，不能直接引用其中的数据，只能通过方法达到间接使用数据的目的。就好比不能直接去拨驱动表针的内部结构，只能通过调节旋钮实现一样。

一方面，封装性增加了对象的独立性，C++通过建立数据类型——类，来支持封装和数据隐藏。一个定义完好的类一旦建立，就可看成完全的封装体，作为一个整体单元使用，用户不需要知道这个类是如何工作的，而只需要知道如何使用就行。另一方面，封装性增加了数据的可靠性，保护类中的数据不被类以外的程序随意使用。这两个优点十分有利于程序的调试和维护。

（2）继承性（Inheritance）。以汽车为例，如果已经定义了汽车类，现在需要定义小汽车，通常我们不会重复描述属于汽车的那些共有特征，而是在继承汽车类特性的基础上，描述出属于小汽车的新的特征。于是称小汽车继承了汽车，也可以称小汽车是由汽车派生出来的。面向对象程序设计提供了类似的机制。当定义了一个类后，又需定义一个新类，这个新类与原来类相比，只是增加了或修改了部分属性和操作，这样，在定义新类时只需说明新类继承了原来类，然后描述出新类所特有的属性和操作即可。此时称原来类为基类，由它派生出来的类称为子类或派生类。由基类派生出子类，子类还可继续派生它的子类，如此下去，可以形成树状派生关系，称为派生树或继承树，如图 1.2 所示（注意箭头指向基类）。

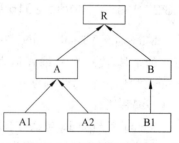

图 1.2　类的继承关系

继承性可以简化人们对问题的认识和描述，同时还可以在开发新程序和修改源程序时最大限度利用已有的程序，提高了程序的可重用性，从而提高了程序修改、扩充和设计的效率。

（3）多态性（Polymorphism）。多态性是指同样一个消息，被不同对象接收时，产生不同的结果。系统提供的这种机制主要用在具有继承关系的类体系中。一个类体系中的不同对象可以用不同方式响应同一消息，并产生不同的结果，即实现"同一接口，多种方法"。例如，定义了中学生类，再由中学生派生出大学生类。对于"计算平均成绩"这样一个消息，对中学生对象，计算的是语文、数学、英语等课程；而对大学生对象，则计算高等数学、英语、线性代数等课程。

继承性和多态性的组合，可以很容易地生成一系列虽然类似但独一无二的对象。继承性使这些对象共享许多相似特征，而多态性使同样的操作对不同的对象有不同的表现方式。这样既提高了程序的灵活性，又减轻了分别逐个设计的负担。

面向对象程序设计着眼点是对象，程序设计的核心是从问题中抽象出合适的对象，即首先解决"做什么"的问题。至于"怎么做",则封装在对象内部。而对于操作方法的设计,核心仍然是算法的设计,完全吸收了结构化程序设计的思想。

1.3 C++ 集成开发环境 Visual Studio 2015

1.3.1 集成开发环境

集成开发环境(Integrated Development Environment,IDE)是用于提供程序开发环境的应用程序,一般包括代码编辑器、编译器、调试器和图形用户界面工具,就是集成了代码编写功能、分析功能、编译功能、调试功能等一体化的开发软件服务套。所有具备这一特性的软件或者软件套(组)都可以叫作集成开发环境。如微软的 Visual Studio 系列,Borland 的 C++ Builder、Delphi 系列等。该程序可以独立运行,也可以和其他程序并用。例如,BASIC 语言在微软办公软件中可以使用,可以在微软 Word 文档中编写 WordBasic 程序。IDE 为用户使用 Visual Basic、Java 和 PowerBuilder 等现代编程语言提供了方便。

不同的技术体系有不同的 IDE。例如 Visual Studio 2015 可以称为 C++ 、VB、C# 等语言的集成开发环境,所以 Visual Studio 2015 可以叫作 IDE。同样,Borland 的 JBuilder 也是一个 IDE,它是 Java 的 IDE。Zend Studio、EditPlus、UltraEdit 每一个都具备基本的编码、调试功能,所以每一个都可以称作 IDE。

1.3.2 Visual Studio 2015 简介

Microsoft Visual Studio 2015 是 Microsoft 推出的新一代集成开发环境,包含了许多强大的工具,支持多种编程语言(C#、VB、C++ 、F# 等)。Visual C++ 2015 是 Visual Studio 2015 开发套件中的一个,具有集成开发环境,可提供编辑 C 语言、C++ ,以及 C#/CLI 等编程语言。

Visual C++ 2015 包括许多完全集成的工具,设计这些工具的目的是使编写 C++ 程序的整个过程更加轻松。作为 IDE 组成部分提供的 Visual C++ 2015 的基本部件有编辑器、编译器、链接器和库。这些是编写和执行 C++ 程序所必需的基本工具。

(1)编辑器。编辑器给用户提供了创建和编辑 C++ 源代码的交互式环境。除了那些已经为人所熟知的常见功能(例如剪切和粘贴)之外,编辑器还用颜色来区分不同的语言元素。编辑器能够自动识别 C++ 语言中的基本单词,并根据其类别给它们分配某种颜色。这不仅可以使代码的可读性更好,而且可以在输入这些单词时出错的情况下提供清楚的指示。在 Visual C++ 2015 中源代码通常被保存在 .cpp 和 .h 文件中。

(2)编译器。编译器将源代码转换为目标代码,并检测和报告编译过程中的错误。编译器可以检测各种因无效或不可识别的程序代码引起的错误,还可以检测诸如部分程序永远不能执行这样的结构性错误。编译器输出的目标代码存储在称作目标文件的文件中。编译器产生的目标代码有两种类型。这些目标代码通常以 .obj 为扩展名的名称。

(3)链接器。链接器从作为 Visual C++ 2015 组成部分提供的程序库中添加所需的代码模块,组合编译器根据源代码文件生成的各种模块,并将所有模块整合成可执行的整体。链接器也能检测并报告错误,例如程序缺少某个组成部分,或者引用了不存在的库组件。

(4) 库。库是预先编写的例程集合,它通过提供专业制作的标准代码单元,支持并扩展了 C++ 语言。用户可以将这些代码合并到自己的程序中,以执行常见的操作。Visual C++ 2015 提供了各种库包括的例程所实现的操作,从而节省了用户亲自编写并测试实现这些操作的代码所需的工作量,大大提高了生产率。

1.4　简单的 C++ 程序

1.4.1　C++ 程序的开发过程

把设计好的 C++ 程序由计算机运行,并最终获得结果,这一系列的工作主要由计算机自身完成,用户只需做一些比较简单的操作。

(1) 利用 Visual C++ 2015 编辑 C++ 源代码。第一项工作是把程序作为一个文本(字符)文件输入到计算机中。编辑的工作主要包括创建新程序文件(一般是 .cpp 和 .h 文件),输入,浏览,修改,插入,删除等。

Visual C++ 2015 为用户提供了编辑、编译、链接、调试等综合环境,例如在编好源代码后,可以当即编译、运行,再根据编译和运行情况(包括系统提供的出错信息和调试手段)修改程序,使程序迅速调试通过或修改得更好。

(2) 编译和链接过程。C++ 语言编写的源代码不能直接由计算机运行,需经编译系统(Compiler)编译,变成由机器指令组成的可执行程序,然后由计算机运行。

编译前的 C++ 源代码又称源程序,编译后的机器语言程序称为目标程序,如图 1.3 所示。

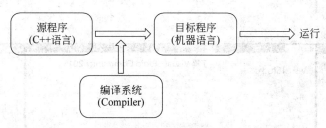

图 1.3　源程序编译为目标程序

实际上从 C++ 源程序到可执行的机器语言程序还有两个步骤必须完成:

(1) 编译预处理。在源程序被编译之前,须经预处理,其任务是根据程序中的预处理指令,完成指定的预处理任务。在本节给出的简单程序中包含一条预处理指令:♯include＜iostream＞,其具体操作是在系统提供的包含文件库中找出头文件 iostream,并把它嵌入到该预处理指令的位置。

(2) 链接(Linking)。链接的任务是把已编译好的目标程序与其他需共同运行的目标程序和系统提供的库程序链接起来,形成可执行程序。

其中,C++ 源程序为 .cpp 文件,目标程序为 .obj 文件,可执行程序为 .exe 文件。在调试中根据编译过程、链接过程、运行过程和结果中发现的出错信息，对源程序进行反复修改，最终得到正确的程序和结果。

目前，C++ 语言的实现系统（编译系统）很多，版本也很多，但上述过程是基本一致的，都按下面的方式处理：

（1）一般用户编写的 C++ 源程序可以按.cpp 文件的形式保存。一个.cpp 文件可以包括一个或多个程序单元，一个程序单元可以存为一个.cpp 文件，也可分存在.h 和.cpp 两个文件中。有的 C++ 系统的保存形式不是.cpp 文件而是.cc 文件。

（2）编译预处理不产生中间文件，预处理后自动进入编译，编译后的目标文件一般为.obj 文件。

（3）经过链接处理的可执行程序记为.exe 文件（.exe 文件是可执行文件）。

（4）运行这个可执行程序。

1.4.2　简单的 C++ 程序示例

下面通过"Hello，World！"这个示例程序教会大家如何自己编一个简单的应用程序。

1. 启动 Visual Studio 2015

启动 Visual Studio 2015，系统会显示图 1.4 所示的集成开发环境。

在此集成开发环境中，可以使用 Visual C++、Visual Basic、C♯、VF♯ 开发各种应用程序。图 1.4 中的"最近的项目"列出了新近曾经在此环境中使用过的项目，单击某项目的名称，就可以在 IDE 中打开该项目并对它进行各种处理。图 1.4 右侧是"解决方案资源管理器"窗口，它提供项目及其文件的有组织的视图，并且提供对项目和文件相关内容的便捷访问。

图 1.4　Visual Studio 2015 集成开发环境

2. 新建一个空项目

（1）选择 Visual Studio 中的"文件"→"新建"→"项目"命令，系统将弹出如图 1.5 所示的"新建项目"对话框。

图 1.5　Visual Studio 的"新建项目"对话框

在图 1.5 中，列出了 Visual Studio 2015 能够使用的编程语言、能够开发的程序类型。选中窗口左边"项目类型"窗口中的 Visual C++ 并展开其树形列表，可以看出 Visual C++ 支持 ATL、CLR、MFC 和智能设备等多种类型的程序设计。在右侧的"模板"窗口中，列出了 Visual C++ 已安装的程序模板，它可以以向导方式引导程序员建立这些应用程序的模型。

（2）选择图 1.5 中的"Win32 控制台应用程序"，并在窗口下侧的"名称"文本框和"位置"下拉列表中输入程序名和保存它的磁盘目录。在本例中，输入程序名 hello world，保存目录为自定义。

（3）输入项目名称和保存位置并单击"确定"按钮后，系统会显示如图 1.6 所示的应用程序向导对话框。

（4）选中图 1.6 中"应用程序类型"选项区域的"控制台应用程序"单选按钮，选中"附加选项"选项区域中的"空项目"复选框。单击"完成"按钮后，系统将根据前面的设置在默认目录下创建一个空的 Win32 控制台应用程序项目，如图 1.7 所示。

单击"项目"下拉菜单中的"添加新项"，弹出如图 1.8 所示的对话框。

在类别中选择"代码"，在模板中选择"C++ 文件（.cpp）"，然后在下方的"名称"文本框中输入文件名，单击"添加"按钮，弹出如图 1.9 所示的程序设计界面。此时发现"解决方案资源管理器"窗口中有了内容，包括头文件、源文件和资源文件 3 部分。由于前面的操作建立的是一个空项目，所以这 3 个目录中并无内容。但前面的向导过程已为 hello world 程序建立了编译运行的必备架构：解决方案和项目文件。现在，只需要在此架构中

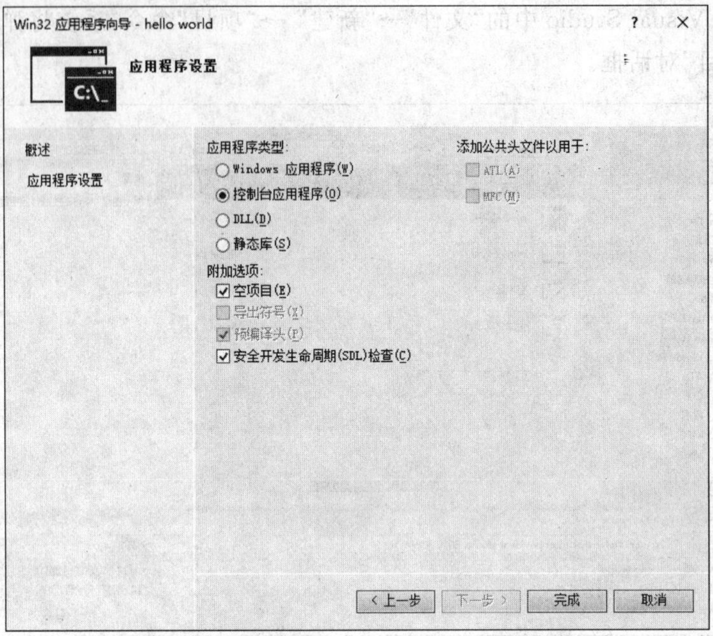

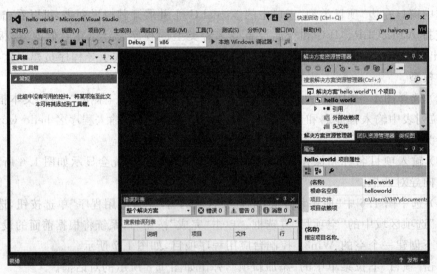

图 1.6 Visual C++ 应用程序向导对话框

图 1.7 Visual C++ 建立的空项目

图 1.8　"添加新项"对话框

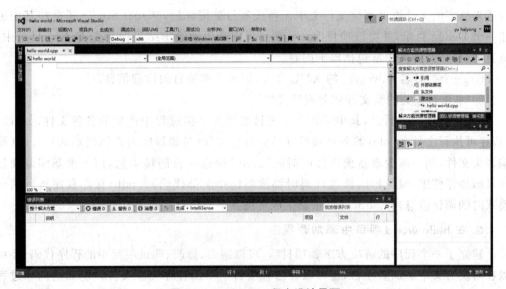

图 1.9　Visual C++ 程序设计界面

添加正确的源程序，它就能够被编译执行。打开保存本项目的目录，可以发现其中有个 hello world 目录，此目录中包括 hello world. sln 和 hello world. ncb 两个文件，还有一个内层目录 hello world。

　　图 1.9 所示的文件夹称为解决方案文件夹。解决方案是 Visual Studio 为了使集成开发环境能够应用它的各种工具、设计器、模板和设置而实现的一种概念上的容器，是用于管理 Visual Studio 配置、生成和部署相关项目集的方式。一个解决方案可以只包含一个项目，也可以包含由开发小组联合生成的多个项目。

　　Visual Studio 提供了解决方案文件夹，用于将相关项目组织为组，然后对这些项目组执行操作。解决方案中的每个项目可以包含多个文件或项,项目中所包含的项的类型会依据创建它们时所使用的开发语言而有所变化。总的说来,解决方案文件夹中常包括以下内容。

① 一个扩展名为.sin 的文件,记录了解决方案中的项目信息。

② 一个扩展名为.suo 的文件,记录了用户应用到的解决方案的选项信息。

③ 一个扩展名为.ncb 的文件,记录为解决方案准备的智能感知信息。智能感知是一种在编辑窗口中输入程序源码时的自动提示功能,可用于校正输入数据的正确性,还可用于简化数据输入。对于解决方案的项目文件夹,若一个解决方案由多个项目构成,则它会为每个项目建立一个文件夹,并将一个项目的全部内容保存在其中。一个解决方案至少包含一个项目文件夹。创建有多项目的解决方案时,在默认情况下,创建的第一个项目称为启动项目。

项目是 Visual Studio 组织程序的一种容器,它包含了一个程序的所有相关内容,一个项目可能是一个控制台程序、一个 Web 程序或一个窗体应用程序。一个项目可能由多个文档组成,包括源程序文件、头文件及各种辅助文件。一个项目的所有文件都存储在项目文件夹中,图 1.9 就是空项目 hello world 的项目文件夹。随着项目中文件的增加,会有越来越多的文件添加到该文件夹中。当该项目被编译后,Visual Studio 还会在其中创建一个 Debug 目录,并将该项目编译链接过程中产生的输出结果保存在 Debug 目录中。概言之,项目文件夹中常包括以下内容。

① 一个扩展名为.vcproj 的 XML 文件,记录了本项目的详细信息。

② 本项目相关的头文件和源程序文件。

③ 一个 Debug 目录,其中保存在本项目编译和链接过程中产生的各种文件,如.exe(程序可执行文件)、.obj(源程序被编译后的目标文件,是源程序的机器码形式)、.pch(预编译头文件,用于减少重新预编译的时间)、.ilk(保存项目链接信息,用于重新编译项目时供编译器使用,避免每次修改代码时都重新链接全部代码)、.pdb(保存程序运行调试模式时的调试信息)和.idb(保存重新生成解决方案的信息)。

3. 在 hello world 项目中添加源程序

建立了一个程序的解决方案和项目后,可以编辑、修改、调试项目中的程序代码,还可以在解决方案中添加新项目,也可以在已有项目中添加各种程序文件。前面的向导过程建立了 hello world 程序的解决方案和项目,但所建立的是一个空项目和没有程序源代码的文件。现在向该项目添加源文件。

【例 1.1】 一个简单的控制台程序。

```
#include <iostream>
using namespace std;
int main()
{
    cout<<"Hello, World! "<<endl;
    return 0;
}
```

上述源代码中的 cout 是一个输出语句,它将运算符≪后面的内容输出到显示屏幕上;endl 是回车换行的意思。cout 和 endl 都是在 iostream 头文件中定义的,所以在程序中用#include 将此头文件包含到程序中来。

4. 执行程序

源代码输入完成后,选择"生成"→"生成解决方案"命令,Visual Studio 就会进行程序编译,如果没有错误就会在项目文件夹中产生 hello word. exe 命令程序,该程序可在控制台直接执行。

按 Ctrl＋F5 组合键执行本程序,将在屏幕上看到下面的输出结果:

Hello, World!

如果输入的程序中有错误,则会在窗口下方出现一个错误列表,如图 1.10 所示。用户可以根据出错信息修改程序。

图 1.10　错误列表

本 章 小 结

本章主要讲述计算机程序设计语言的发展过程,并简单介绍了 C++ 语言的特点,以及 Visual Studio 2015 集成开发环境的使用。

编程人员想要得到正确并且易于理解的程序,必须采用良好的程序设计方法。结构化程序设计和面向对象的程序设计是两种主要的程序设计方法。结构化程序设计建立在程序的结构定理基础之上,主张只采用顺序、循环和选择 3 种基本的程序结构和自顶向下逐步求精的设计方法,实现单入口单出口的结构化程序;面向对象的程序设计主张按人们通常的思维方式建立问题区域的模型,设计尽可能自然地表现客观世界和求解方法的软件,对象、消息、类和方法是实现这一目标而引入的基本概念,面向对象程序设计的基本点在于对象的封装性和继承性,以及由此带来的实体的多态性。与结构化程序设计相比较,面向对象的程序设计具有更多的优点,适合开发大规模的软件工程项目。

C++ 语言是当今最流行的高级程序设计语言之一,它既支持结构化的程序设计方法,也支持面向对象的程序设计方法。使用 Microsoft Visual Studio 2015 提供的集成开发环境,编程者可以轻松完成 C++ 项目的创建、编译、调试和运行。

习　题　一

一、选择题

1. 最初的计算机编程语言是（　　）。
   A. 机器语言　　　　　B. 汇编语言　　　　　C. 高级语言　　　　　D. 低级语言

2. 将高级语言编写的源程序翻译成目标程序的是（　　）。
   A. 解释程序　　　　　B. 编译程序　　　　　C. 汇编程序　　　　　D. 调试程序

3. 下列各种高级语言中，（　　）是面向对象的程序设计语言。
   A. BASIC　　　　　　B. Pascal　　　　　　C. C++　　　　　　　D. Ada

4. 结构化程序设计的基本结构不包含（　　）。
   A. 顺序　　　　　　　B. 选择　　　　　　　C. 跳转　　　　　　　D. 循环

5. 下列各种高级语言中，（　　）最早提出了对象的概念。
   A. Algol 60　　　　　B. Simula 67　　　　　C. Smalltalk　　　　　D. C++

6. C++ 语言是从早期的 C 语言逐渐发展演变而来的，与 C 语言相比，它在求解问题方法上进行的最大改进是（　　）。
   A. 面向过程　　　　　B. 面向对象　　　　　C. 安全性　　　　　　D. 复用性

7. C++ 语言支持过程程序设计方法和（　　）设计方法。
   A. 面向对象　　　　　B. 面向函数　　　　　C. 面向用户　　　　　D. 面向问题

8. C++ 源文件的扩展名为（　　）。
   A. .cpp　　　　　　　B. .c　　　　　　　　C. .txt　　　　　　　D. .exe

9. 下列（　　）不是面向对象程序设计的主要特征。
   A. 封装性　　　　　　B. 继承性　　　　　　C. 多态性　　　　　　D. 结构性

10. 面向对象的（　　）是一种信息隐蔽技术，目的在于将对象的使用者与设计者分开，不允许使用者直接存取对象的属性，只能通过有限的接口与对象发生联系。
    A. 多态性　　　　　　B. 封装性　　　　　　C. 继承性　　　　　　D. 重用性

二、填空题

1. 汇编程序的功能是将汇编语言所编写的源程序翻译成由_____组成的目标程序。

2. 目前，有两种重要的程序设计方法，分别是_____和_____。

3. 在 C++ 中，封装性是通过_____来实现的。

4. 判断一种计算机语言是否为面向对象程序设计语言的 3 个基本特征是_____、_____和_____。

5. C++ 程序的实现经过编辑、_____、_____和_____ 4 个步骤。

三、问答题

1. 叙述高级程序设计语言相对于低级语言的优点。

2. 面向对象程序设计的基本思想是什么？什么是对象、消息和类？什么是面向对象程序设计的基本特征？

3. C++ 语言具有哪些特点？

第2章

C++ 程序设计基础

2.1 词法符号

2.1.1 字符集

字符集是构成 C++ 语言的基本元素。用 C++ 语言编写程序时,除字符型数据外,其他所有成分都只能由字符集中的字符构成。C++ 语言的字符集由下述字符构成。

- 大小写的英文字母:A~Z,a~z。
- 数字字符:0~9。
- 特殊字符:空格、!、#、%、^、&、*、_(下画线)、+、=、−、~ 、<、>、/、\、'、"、;、.、,、(,)、[,]、{,}。

2.1.2 词法记号

词法记号是最小的词法单元。下面介绍 C++ 的关键字、标识符、字面常量、运算符和分隔符。

1. 关键字

关键字(key word)是有特定的专门含义的单词。对于 C++ 语言来说,凡是列入关键字表的单词一律不得移作它用。因此,关键字又称保留字(reserved word)。程序中的 int,for,if 等单词就属于关键字。

例如,for 是一个关键字,表示一种循环语句的开头。换句话说,在 C++ 程序中,关键字 for 指明,在它后面的应是一个 for 语句。

再如,const 是另一个关键字,它用在常量说明的开头,指出在它后面说明的是常量。不过关键字 const 在 C++ 程序中的用法不唯一,例如,const 还可以出现在函数的参数表中,可以用 const 指明某一引用型参数是不被改变的。

关于 C++ 语言的关键字,有如下说明。

(1) C++ 语言的关键字一般包含了几乎所有的 C 语言的关键字。

(2) 随着 C++ 语言的不断完善,其关键字集也在不断变化。

(3) 各不同版本的 C++ 语言的实现可能有所不同。

总之,关键字集合是使用 C++ 语言编程前应首先弄清楚的,特别是对少数特别的关键字的设置应有所了解,以免在编程中产生错误,至少应避免在设定标识符时与关键字重名。

本节中不可能介绍所有关键字的作用，这些关键字将陆续出现在以后的章节中，读者可逐渐准确地了解所有关键字的意义和用法。关键字表如表 2.1 所示。

表 2.1　关键字表

and	and_eq	asm	auto
bitand	bitor	bool	break
case	catch	char	class
compl	const	const_cast	continue
default	delete	do	double
dynamic_cast	else	enum	explicit
export	extern	false	float
for	friend	goto	if
inline	int	long	mutable
namespace	new	not	not_eq
operator	or	or_eq	private
protected	public	register	reinterpret_cast
return	short	signed	struct
sizeof	static	static_cast	throw
switch	template	this	typeid
true	try	typedef	using
typename	union	unsigned	virtual
void	volatile	wchar_t	while
xor	xor_eq		

2. 标识符

标识符（identifier）是由程序员为程序中的各种成分如变量、有名常量、用户定义的类型、枚举类型的值、函数及其参数、类、对象等所起的名字。名字不能随便起，必须符合标识符的组成规则。

（1）标识符是一个以字母或下画线（_）开头的，由字母、数字、下画线组成的字符串，如 abcd、c5、_PERSON_H 都是合法的标识符，而 3A、A＊B、＄43.5A 都是不合法的，一个标识符中间不可插入空格。

（2）标识符应与任一关键字有区别，如 for、if、case 等都不可作为标识符。

（3）标识符中字母区分大小写，即 Abc 与 abc 被认为是不同的两个标识符。与此相同，关键字也区分大小写，如 FOR、For、for、foR 被认为是不同的，其中小写的 for 是关键词，其他是标识符。

（4）标识符的有效长度。如果程序中的标识符过长，系统将对有效长度之外的字符忽略不计，一般 C++ 语言设其有效长度为 32。

除了符合规则之外，为了在大型程序中区分和记忆，用户在为常量、变量、函数等起名字时，往往不是简单地用 a、b、c、n1、n2…这样的名字，而是使标识符有一定的描述性，如表示母鸡数量的变量名为 hen，表示我的年龄的变量名为 myage、my_age、myAge，还有一种"匈牙利标记法"，在变量的名字中，不但要表示其含义，还要表示数据的类型，例如，

intAge 表示整型变量, ipmyAge 表示整型指针变量。

3. 字面常量

C++ 程序中的常量是指在程序运行中固定不变的量。一般常量有两种表示形式: 一种称为有名常量, 另一种称为字面常量(literal constant)。例如圆周率 pi=3.1416, 其中 pi 就是一个有名常量, pi 是 3.1416 的名字, 而 3.1416 称为字面常量。

C++ 程序中有名常量的名字就是一个标识符, 而字面常量是一类特殊的单词, 它也是程序所要处理的数据的值。字面常量分为 4 类: int 型常量、float 型常量、char 型常量和字符串常量。关于字面常量本书将在后面的章节中做详细叙述。

4. 运算符

C++ 中另一类重要符号是运算符(operator), 主要由字母、数字之外的第三类基本符号组成, 少数的例外是个别关键字, 如 sizeof, new, delete, 也被列入运算符之列, 其余运算符为: ＋、－、＊、/、％、==、!=、<、<=、>、>=、!、&&、||、&、^、|、~、++、－－、＋=、－=、＊=、/=、％=、<<=、>>=、&=、^=、|=、?:、=、()、[]、.、->、<<、>>、'、:。

关于运算符的分类、功能和用法将在后续章节中分别介绍, 这里仅做几点说明。

(1) C++ 语言与大多数常见的高级语言相比, 是运算符和运算形式最为丰富的一种语言, 学习 C++ 语言应努力掌握其运算符的用法, 特别是其中不少包含混合操作的运算符的用法。例如, 前后缀增量＋＋、减量运算符－－的功能和用法, 复合赋值运算符＋=、－=等的功能和用法。一般情况下, 正确使用这些运算符, 可使程序简明、清晰。

(2) 在上面所列的运算符中, 许多运算符是一身兼二任或兼多任, 例如, 运算符 ＊: 对于整数 m, n 来说, m＊n 表示整数乘法; 对于实数 a, b 来说, a＊b 表示浮点数乘法; 对于某类指针 p 来说, ＊p 表示 p 指向变量的内容。

＊ 除了做运算符之外, 还有另外的功能, 例如:

```
int * i,j;
```

这里的 ＊ 已不是运算符, 可以说它起到一个关键字或分隔符的作用。由此可知, C++ 语言中运算符的分类不是绝对的。

(3) 运算符的概念和用法来自数学, 不过在 C++ 语言中运算符和运算的概念对于人们日常习惯的理解已有所扩展。例如, 在 C++ 语言中, 等号"="表示"赋值"。

5. 分隔符

分隔符(separator)本身没有明确的含义, 但程序中却必不可少, 一般用来界定或分割其他语法成分的单词称为分隔符。程序中的分隔符有点像文章中的标点符号。例如: ";"表示一个语句的结束。""""表示一个字符串的开始与结束。

其他分隔符还有 ⌣(空格)、"、#、(、)、/＊、＊/、//、'、;、{和}。

其中较为特殊的是空格, 程序中空格的使用十分重要。C++ 程序允许连续的空格出现, 从语法功能看, 连续多个空格与一个空格作用相同, 在两个相邻的关键字或标识符之间起到了分割的作用。另外, 在程序中连续的空格可改善程序的格式, 提高程序的可读性。

分隔符/*、*/和//用于注释。/* 与 */应成对出现,其间的任何符号序列,在程序中等价于一个空格,这就为程序员在程序中加入注释以提高可读性提供了方便。分隔符//有类似的功能,它使其后直至行尾的任何字符序列成为注释。

另外,分隔符","可用来分割并列的变量、对象、参数等,同时","也是运算符。

2.2 C++ 的数据类型

2.2.1 基本数据类型

C++ 将数据分为若干类型,程序中使用到的所有数据都必须指明其类型。定义数据类型实际上给出了两方面的信息:一是该类型数据在内存中占有多大存储空间,二是该类数据能进行哪些合法运算。这种对数据的分类称为数据类型。C++ 中的数据类型分为两大类:基本数据类型和非基本数据类型。基本数据类型是 C++ 内部预定义的,包括字符型(char)、整型(int)、实型(float)、双精度型(double)、逻辑型(bool)和无值型(void)。非基本数据类型是用户根据程序需要,按 C++ 语法规则参与构造出来的数据类型,包括数组(array)、指针(pointer)、引用(reference)、类(class)、结构体(struct)、联合(union)和枚举(enum)等。C++ 的数据类型如图 2.1 所示。

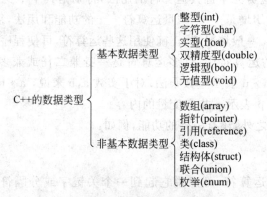

图 2.1　C++ 的数据类型

图 2.1 中 type 表示任一种非 void 的类型。

非基本数据类型可细分为 3 类:完全由用户定义,包括结构体(struct)、联合(union)和类(class);部分用户定义,包括枚举(enum)类型;由其他类型导出,包括数组(array)、指针(pointer)和引用(reference)。

C++ 对基本数据类型也分别进行了封装,称为内置数据类型,内置数据类型不仅定义了数据类型,还定义了常用操作。本节仅介绍各种基本数据类型的定义,常用操作将在后面介绍。

整型用来存放整数,整数(有符号的整数)在内存中存放的是它的补码,无符号数没有符号位,存放的就是原码。整数占用的字节数与机型有关,一般占用 2B 或 4B,32 位机上占用 4B。

字符型用来保存字符,存储的是该字符的 ASCII 码,占用一个字节。如大写字母 A 的 ASCII 码为 65,在对应的一个字节中存放的就是 65。西文 ASCII 码表参见附录 A。字符型数据从本质上说也是整数,可以是任何一个 8 位二进制整数。

　　通常所说的字符型指单字符型,C++ 同时也支持宽字符类型(wchar_t),或称双字节字符型。

　　由于汉语系字符很多,用 ASCII 字符集处理远远不够,因此又创立了双字节字符集 (Double-Byte Character Set,DBCS),每个字符用两个字节来编码。为便于软件的国际化,国际上一些知名公司联合制定了新的宽字节字符标准——Unicode。该标准中所有字符都是双字节的,不同的语言和字符集分别占用其中一段代码。这种用统一编码处理西文、中文及其他语言符号,就是 Unicode 码。

　　为了支持 Unicode,ANSI C(标准 C 语言)的头文件 string.h 中定义了名为 wchar_t 的数据类型,用来存放 Unicode 码,同时在库函数中定义了相应的 Unicode 的串处理函数。

　　宽字符类型不属于基本数据类型,限于篇幅,这里不做具体介绍,可参阅有关书籍资料。

　　实型和双精度型都用来存放实数,两者表示的实数精度不同。实数在内存中以规范化的浮点数存放,包括尾数、数符和阶码。数的精度取决于尾数的位数,32 位机上实型为 23 位(因规范化数的数码最高位恒为 1,不必存储,实际为 24 位),双精度为 52 位。

　　逻辑型也称布尔型,其取值为 true(逻辑真)和 false(逻辑假),存储字节数在不同编译系统中可能有所不同,Visual C++ 2015 中为 1B。布尔型在运算中可以和整型相互转化,false 对应为 0,true 对应为 1 或非 0。

　　无值型主要用来说明函数的返回值类型,将在第 6 章中具体介绍。

　　基本数据类型还可以加上一些修饰词,包括 signed(有符号)、unsigned(无符号)、long(长)和 short(短)。表 2.2 为 C++ 中的所有基本数据类型。

表 2.2　C++ 中所有基本数据类型

类　　型	名　　称	占用字节数	取 值 范 围
bool	布尔型	1	true, false
(signed) char	有符号字符型	1	$-128\sim127$
unsigned char	无符号字符型	1	$0\sim255$
(signed) short (int)	有符号短整型	2	$-32\,768\sim32\,767$
unsigned short (int)	无符号短整型	2	$0\sim65\,535$
(signed) int	有符号整型	4	$-2^{31}\sim(2^{31}-1)$
unsigned (int)	无符号整型	4	$0\sim(2^{32}-1)$
(signed) long (int)	有符号长整型	4	$-2^{31}\sim(2^{31}-1)$
unsigned long (int)	无符号长整型	4	$0\sim(2^{32}-1)$
float	实型	4	$-10^{38}\sim10^{38}$
double	双精度型	8	$-10\,308\sim10\,308$
long double	长双精度型 *	8	$-10\,308\sim10\,308$
void	无值型	0	无值

表 2.2 的"类型"列中用()括起来的部分书写时可以省略。int 被 4 个修饰词修饰时均可以省略，另外，无修饰词的 int 和 char 默认为有符号的，等同于加修饰词 signed。

图 2.2 表示了 int 型变量与 unsigned int 型变量的区别。

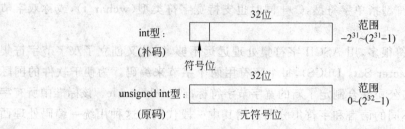

图 2.2　int 型变量与 unsigned int 型变量

C++ 为强类型语言，所有数据的使用严格遵从"先说明后使用"的原则，以便编译器进行编译。在程序设计中，数据类型的误用是常见错误，这要求语言的编译器能检查出尽可能多的数据类型方面的错误。一个编译器能检查出的错误越多，则该编译器越好。

2.2.2　字面常量

字面常量指程序中直接给出的量，其值在程序执行过程中保持不变。字面常量存储在程序区，而不是数据区，对它的访问不是通过数据地址进行的。

根据取值和表示方法的不同，字面常量分为整型常量、实型常量、字符型常量和字符串常量。

1. 整型常量

整型常量即整数，在 C++ 中可以用十进制、八进制、十六进制表示。

十进制表示与我们熟悉的书写方式相同。例如：

```
15    -24
```

八进制表示以 0 打头，由数字 0～7 组成，用来表示一个八进制数。例如：

```
012                    //八进制数 12,即十进制数 10
-0655                  //八进制数-655,即十进制数-429
```

十六进制以 0X(大小写均可)打头，由数字 0～9 和字母 A～F(大小写均可)组成，用来表示一个十六进制数。以下是一些常整数的例子：

```
0x32A                  //十六进制数 32A,即十进制数 810
-0x2fe0                //十六进制数-2fe0,即十进制数-12256
```

整数常量还可以表示长整数和无符号整数。长整型常数以 L 或 l 结尾，无符号长整数以 U 或 u 结尾，以 UL 或 LU(大小写均可)结尾则可表示无符号长整型常数。例如：

```
-84L                   //十进制长整数-84
026U                   //八进制表示的无符号整数 26
0X32LU                 //十六进制表示的无符号长整型数 32
```

对于没有标明为长整型和无符号整型的整数,编译系统会根据数据大小自动识别。

2. 实型常量

C++ 中,包含小数点或 10 的幂的数为实型常量,有一般形式(浮点形式)和指数形式两种表示方法。

一般形式与平时书写形式相同,由数字 0 ~ 9 和小数点组成。例如:

```
0.23   -125.76   0.0   .46   -35.
```

指数形式(也称科学表示法)表示为尾数乘以 10 的整数次方形式,由尾数、E 或 e 和阶数组成。例如:

```
123E12              //表示 123×10¹²
-.34e-2             //表示 -0.34×10⁻²
```

指数形式要求在 E 或 e 前面的尾数部分必须有数字,后面的指数部分必须为整数。以下表示方法都是不合法的:

```
E4                  //不能没有尾数
1.43E3.5            //阶数不能是实数
```

3. 字符型常量

字符常量是用单引号引起来的单个字符。在内存中保存的是字符的 ASCII 码值。在所有字符中,有些是可显示字符,通常就用单引号引起来表示。例如:

```
'a'                 //字符 a
'@'                 //字符 @
'4'                 //字符 4
' '                 //空格字符
```

除此之外,还有一些不可显示的以及无法从键盘输入的字符,如回车符、换行符、制表符等。为了能够在程序中表示这些不可显示字符,以及其他一些特殊字符常量,Visual C++ 2015 提供了一种称为转义序列的表示方法。表 2.3 中列出了 Visual C++ 2015 中定义的转义序列及其含义。

表 2.3　Visual C++ 2015 中预定义的转义序列字符及其含义

字符表示	ASCII 码值	名　　称	功能或用途
\a	0x07	响铃	用于输出
\b	0x08	退格(Backspace 键)	退回一个字符
\f	0x0c	换页	用于输出
\n	0x0a	换行符	用于输出
\r	0x0d	回车符	用于输出
\t	0x09	水平制表符(Tab 键)	用于输出
\v	0x0b	纵向制表符	用于制表
\0	0x00	空字符	用于字符串结束标志等

字符表示	ASCII 码值	名　称	功能或用途
\\	0x5c	反斜杠字符	用于需要反斜杠字符的地方
\'	0x27	单引号字符	用于需要单引号的地方
\"	0x22	双引号字符	用于需要双引号的地方
\nnn	八进制表示		用八进制 ASCII 码表示字符
\xnn	十六进制表示		用十六进制 ASCII 码表示字符

表 2.3 中有 3 个特殊字符，本身既是字符，又在 C++ 中有特殊含义，"\"用来表示转义字符，"'"用来表示字符常量，"""用来表示字符串常量，所以当它们作为字符常量出现时，不能像其他可见字符那样表示，而必须采用转义序列。下面是用转义序列表示的不可见字符和特殊字符：

```
'\n'             //换行符
'\a'             //响铃
'\\'             //反斜杠符号
```

表中最后两行是所有字符的通用表示方法，即用反斜杠加 ASCII 码表示。如字母 a 可以有 3 种表示方法：'a'、'\141'和'\x61'，可以看出，对于可见字符，第一种是最简单直观的表示方法。

4. 字符串常量

用双引号引起来的若干个字符称为字符串常量。例如：

```
"I am a Chinese."    "123"    "a"    "  "
```

字符串常量在内存中是按顺序逐个存储串中字符的 ASCII 码，并在最后存放一个'\0'字符，作为串结束符。字符串的长度指的是串中'\0'之前的所有字符数量，包括不可见字符。因此，字符串常量占用的字节数是串长＋1。一个字符用单引号引起来是字符常量，而用双引号引起来就是字符串常量，二者在内存中的值是不一样的。例如：

```
"a"              //占两个字节,存放'a'和'\0',值为 0x6100
'a'              //占一个字节,存放'a',值为 0x61
```

需要说明的是，单引号作为字符串中的一个字符时，可以直接按书写形式出现，也可以用转义序列表示；但双引号作为字符串中的一个字符时，只能用转义序列表示。例如：

```
"I've finished."      //表示字符串 I've finished
"sister\'s toy."      //表示字符串 sister's toy
"\"Book\""            //表示字符串 "Book"
```

2.2.3　变量

在程序的执行过程中其值可以变化的量称为变量(variable)，变量是需要用名字来标识的。程序编译运行时，每个变量占用一定的字节单元，并且变量名和单元地址之间存在一个映射关系,当引用一个变量时,计算机通过变量名寻址,从而访问其中的数据。

变量有类型之分,如整型变量、字符变量、浮点型变量等,还有各种导出类型变量,如数组变量。对任一变量,编译程序按其类型分配一段连续的存储单元,用以保存变量的取值。

变量是数据在程序中出现的主要形式,在变量第一次被使用前它应被说明。变量说明的格式为:

[存储类]类型名或类型定义 变量名表;

例如:

```
int size,high,temp=37;
static long sum;
auto float t=0.5;
```

1. 存储类

程序员可有 4 种选择:

- auto:把变量说明为自动变量,且 auto 可以省略不写。
- register:把变量说明为寄存器变量。
- static:把变量说明为静态变量。
- extern:把变量说明为外部变量。

有关存储类的说明稍后还有详细介绍。

2. 类型名或类型定义

任何变量说明语句中,必须包含数据类型的说明,不可缺省。在上面的例子中,int,long(long int),float 就是变量的类型说明。对于有些用户定义的类型,也可以直接把类型定义本身作为变量的类型说明。例如:

```
enum color {RED=1,YELLOW,BLUE} c1=BLUE,c2;
```

3. 变量名表

变量名表列出该说明语句所定义的同一类型的变量及其初值,其格式为:

变量名表:变量名[=表达式],变量名表

例如:

```
float c1;
char ch1='e',ch2;
int a,b,c=5;
```

4. 存储类的详细说明

(1)自动变量。用关键字 auto 说明的局部变量,称为自动变量。该变量在程序的临时工作区中获得存储空间,如说明语句未赋初值,系统不会自动为其赋初值,随着变量生存期结束,这段临时空间将被释放,可能为其他自动变量占用。变量的 auto 属性为默认属性。

（2）寄存器变量。用 register 说明的局部变量称为寄存器变量，该变量将可能以寄存器作为存储空间。register 说明仅能建议（而不是强制）系统使用寄存器，这是因为寄存器虽存取速度快，但空间有限，当寄存器不够用时，该变量仍按自动变量处理。

一般在短时间内被频繁访问的变量置于寄存器中可提高效率。不过本书并不建议经常使用 register 变量，理由如下：

- 在许多情况下使用寄存器变量效果不明显。
- 有的版本的 C++ 编译系统具有对局部变量按某种策略自动决定可否占用可用寄存器的功能，效果比程序员决定可能好一些。
- 局部变量存于寄存器时它将没有内存地址，可能影响与寻址有关的操作，如寻址运算符 & 的操作。因此有的版本 C++ 语言使用关键字 volatile 来专门说明"非寄存器变量"只可占用内存。

（3）静态变量。用 static 说明的变量称为静态变量，任何静态变量的生存期将延续到整个程序的终止，其要点为：

- 静态变量和全局变量一样，在内存数据区分配空间，在整个程序运行过程中不再释放。
- 静态变量如未赋初值，系统将自动为其赋默认初值 0（NULL）。
- 静态变量的说明语句在程序执行过程中多次运行或多次被同样说明时，其第一次称为定义性说明，进行内存分配和赋初值操作，在以后的重复说明时仅维持原状，不再做赋初值的操作。

例如：

```
static float r,s=2.5;
```

static 变量在程序设计中常被用到，由于 static 变量是"永久"占用空间，可以保存函数调用过程中某些局部量的结果，并把它传送到该函数的下次调用之中。

由于静态变量容易浪费空间，因此不宜过多使用。

（4）外部变量。用关键字 extern 说明的变量称为外部变量。

一个变量被说明为外部变量，其含义是告诉系统不必为其按一般变量那样分配内存，该变量已在这一局部的外面定义。

外部变量一般用于由多个文件组成的程序中，有些变量在多个文件中被说明，但却是同一变量，指出某一变量为外部变量就避免了重复分配内存而产生的错误。

关于全局变量、局部变量等概念将在第 6 章中介绍。

C++ 语法为在变量的说明语句中进行变量初始化提供了方便。除了基本类型及其派生类型的变量初始化比较简单，已在前面的例中介绍之外，对于数组、结构、指针等类型的变量初始化也较易实现。

数组变量的初始化只需用{和}把初始值表括起来即可，例如：

```
int a[4]={1,2,3,4} ,b[2][3]={ 1,2,2,3,3,4};
int c[3]={6,9}, d[2][2]={{2,4},{6,8}};
```

一般把值列出即可,也可为部分元素赋初值,系统按顺序为前面的元素赋初值。高维数组的初值也可用{,}再分组。

结构变量的初始化与数组类似,应注意结构元素的类型和顺序,例如:

```
struct st{int n,m;float a;};
st stl={2,3,4.0},st2={0,0,1.0};
```

指针变量的初始化情况有所不同,一般需要取地址的运算,例如:

```
int a[4],b;
int * pa=a+2, * pb=&b;
```

指针变量 pa 的初值为数组元素 a[2] 的地址,指针 pb 的初值为变量 b 的地址。

有关数组、结构、指针及引用类型的说明和使用将在后文详细介绍。

2.2.4 符号常量

在 C++ 程序中,所出现的常量通常使用符号常量来表示。符号常量就是使用一个标识符来表示某个常量值。使用符号常量不仅可增加程序的可读性,而且为修改常量值带来极大的方便。符号常量和变量一样在程序中必须遵循"先声明,后使用"的原则,程序中出现的所有符号常量都必须在使用前由常量说明语句说明。

在 C++ 语言中,定义常量使用常类型说明符 const。具体定义格式如下:

```
const 类型说明符   常量名=常量值;
```

例如:

```
const int N=2000;
const float pi=3.1416;
```

常量定义必须以关键字 const 开头。
- 类型说明符限定为基本类型(int,float,char,bool)及其派生类型。
- 常量名:标识符。
- 常量值:其值应是与该常量类型一致的表达式(常量和变量也是表达式)。

由于常量和变量同样要求系统为其分配内存单元,因此可以把字符常量视为一种不允许赋值后改变的或只读不写的变量,称其为 const 变量。

C++ 语言另外还从 C 语言中继承了一种定义常量的方法,即在编译预处理命令中的宏定义(或宏替换)方法,例如:

```
#define N 1000
#define pi 3.1416
```

也能起到类似的作用,不过,用宏替换的方法定义符号常量与 const 方式的实现机制是不同的:宏替换是在编译时把程序中出现的所有标识符 N 或 pi 都用 1000 和 3.1416来替换,这里并没有一个只读不写的 const 变量存在;宏替换的方式中没有类型和值的概念,仅是两个字符串的代换,容易产生问题。因此,在大多数情况下建议使用 const 常量。

2.3 运算符与表达式

2.3.1 运算符

在 C++ 中对常量或变量进行运算或处理的符号称为运算符，参与运算的对象称为操作数。C++ 的运算符非常丰富，表 2.4 列出了 C++ 中提供的运算符及其优先级。

表 2.4 C++ 的运算符及优先级

优先级	运 算 符	功 能	用 法	结合性
1	::	全局域	name	左→右
		类域	class::name	
		名字空间域	namespace::name	
2	.	成员访问	object.member	左→右
	->	成员访问	pointer->member	左→右
	()	括号	(expr)	左→右
		函数调用	name(expr_list)	
		类型构造	type(expr_list)	
	[]	数组下标	variable[expr]	左→右
	++	后置递增	variable++	左→右
	--	后置递减	variable--	左→右
3	typeid	类型 ID	typeid(type)	右→左
		运行时类型 ID	typeid(expr)	
	const_cast	类型转换	const_cast<type>(expr)	右→左
	dynamic_cast	类型转换	dynamic_cast<type>(expr)	右→左
	reinterpret_cast	类型转换	reinterpret_cast<type>(expr)	右→左
	static_cast	类型转换	static_cast<type>(expr)	右→左
	sizeof	对象大小	sizeof expr	右→左
		类型大小	sizeof (type)	
	()	强制类型转换	(type)expr	右→左
	++	前置递增	++variable	右→左
	--	前置递减	--variable	右→左
	~	按位取反	~expr	右→左
	!	逻辑非	!expr	右→左
	+	单目正	+expr	右→左

优先级	运 算 符	功 能	用 法	结合性
	—	单目负	—expr	右→左
	*	间接引用	* pointer	右→左
	&	取地址	& variable	右→左
3	new	分配对象	new type	右→左
		分配并初始化对象	new type(expr_list)	
		分配数组	new type []	
	delete	释放对象	delete pointer	右→左
		释放数组	delete [] pointer	
4	—>*	间接访问指针指向的成员	pointer—>* pointer_to_member	左→右
	.*	访问指针指向的类成员	object.* pointer_to_member	左→右
5	*	乘	expr * expr	左→右
	/	除	expr/expr	左→右
	%	求余(取模)	expr%expr	左→右
6	+	加	expr+expr	左→右
	—	减	expr—expr	左→右
7	<<	按位左移	expr<<expr	左→右
	>>	按位右移	expr>>expr	左→右
8	<、<=、>、>=	比较大小	expr operator expr	左→右
9	==、!=	比较是否相等	expr operator expr	左→右
10	&	按位与	expr & expr	左→右
11	^	按位异或	expr^expr	左→右
12	|	按位或	expr | expr	左→右
13	&&	逻辑与	expr && expr	左→右
14	||	逻辑或	expr || expr	左→右
15	?:	条件运算	expr? expr:expr	右→左
16	=	赋值	variable=expr	右→左
	+=、—=、*=、/=、%=、<<=、>>=、&=、|=、^=	复合赋值	variable operator expr	右→左
17	throw	抛出异常	thow expr	右→左
18	,	逗号	expr ,expr	左→右

优先级和结合性决定了运算中的优先关系。运算符的优先级指不同运算符在运算中的优先关系,表中序号越小,优先级越高。运算符的结合性决定同优先级的运算符对操作数的运算次序。若一个运算符对其操作数按从左到右的顺序运算,称该运算符为右结合,反之称为左结合。例如计算 10＋20,对运算符＋,是先取 10,再取 20,然后做加法运算,即按从左到右的顺序执行运算,所以运算符＋是右结合的。再如 a＋＝35,对运算符＋＝,是先取 35,再取变量 a,做加法运算后将结果赋值给变量 a,即按从右向左的顺序运算,所以运算符＋＝是左结合的。

按照要求的操作数个数,运算符分为单目(一元)运算符、双目(二元)运算符和三目(三元)运算符。单目运算符只对一个操作数运算,如负号运算符－等;双目运算符要求有两个操作数,如乘号运算符 ＊ 等;三目运算符要求有 3 个操作数,三元运算符只有一个"?:"。

根据操作符表示的运算的性质不同,可以将 C++ 中的操作符分为算术运算、关系运算符、逻辑运算符、位运算符、赋值运算符、自增/自减运算符、条件运算符和 sizeof 运算符等。下面分别进行讨论。

1. 算术运算符

表 2.5 列出了 C++ 中的算术运算符及优先级。

表 2.5 算术运算符及优先级

优先级	运算符	名　称
3	＋	正,单目
	－	负,单目
5	＊	乘,双目
	/	除,双目
	％	求余,双目
6	＋	加,双目
	－	减,双目

对于单目运算符－,其返回值的数据类型与操作数的数据类型相同。对于双目运算符＋、－、＊和/,若其两个操作数的数据类型相同,则返回值的数据类型与操作数的数据类型相同;若两操作数的数据类型不同,则返回值的数据类型与字长较长的操作数的数据类型相同。

注:两个整数相除的结果仍然是整数。若被除数不能被除数整除,则相除的结果将被取整,其小数部分将被略去。

例如:34/7,12.5％3(非法);35％7。

在某些情况下,算术运算表达式会产生某些问题,计算的结果将给出错误或没有定义的数值,这些情况称为运算异常。对不同的运算异常,将产生不同的后果。在 C++ 中,除数为零和实数溢出被视为一个严重的错误而导致程序运行的异常终止。而整数溢出则不被认为是一个错误(尽管其运算结果有可能与预期值不同)。因此,在一些与硬件打交道的低级程序中利用整数溢出查看设备的状态位等。

2. 关系运算符

表 2.6 列出了 C++ 中的关系运算符及优先级,这些运算符都是双目运算符。

表 2.6　关系运算符及优先级

优先级	运算符	名　　称
8	>	大于,双目
	>=	大于等于,双目
	<	小于,双目
	<=	小于等于,双目
9	==	等于,双目
	!=	不等于,双目

关系运算符完成两个操作数的比较,结果为逻辑值 true(真)或 false(假)。在 C++ 中这两个逻辑值与整数之间有一个对应关系,真对应 1,假对应 0;反过来,0 对应假,非 0 整数对应真。所以关系运算结果可以作为整数参与算术运算、关系运算、逻辑运算及其他运算。

注:(1) 关系运算符的两个操作数可以是任何基本数据类型。

(2) 在进行相等及不相等关系运算时,除了两个操作数都是整型数之外,由于计算机的存储方式及计算误差,运算结果常常会与预期结果相反。因此,在比较两个实数(浮点数或双精度型)相等或不等时,常用判断这两个操作数的差值的绝对值小于或大于某一给定的小数值来代替(可靠性高一些)。

3. 逻辑运算符

逻辑运算符用来进行逻辑运算。其操作数和运算结果均为逻辑量。运算结果同样可以作为一个整数参与其他运算。逻辑运算符及语义如表 2.7 所示。

表 2.7　逻辑运算符及语义

优先级	运算符	名　　称	语　　义
3	!	逻辑非,单目	操作数的值为真,则结果为假
12	&&	逻辑与,双目	当两个操作数全为真时,结果为真,否则为假
13	||	逻辑或,双目	两个操作数中有一个为真,则结果为真

注:在 C++ 中,0 被看作逻辑假,而其他的非零值(任意基本数据类型)均被视为逻辑真。例如:

```
21&&0          //逻辑与,21 与 0,结果为假:0
21||0          //逻辑或,21 或 0,结果为真:1
!21            //逻辑非,21 的非,结果为假:0
```

4. 位运算符

C++ 语言提供字位运算,这是其他高级语言不具备的。它对操作数的各个位进行操作。位运算符共有 6 个：～（按位取反）、＜＜（左移）、＞＞（右移）、&（按位与）、|（按位或）、^（按位异或）。其中按位取反为单目运算符,其余为双目运算符。

(1) 按位取反运算符～：将操作数的每个二进制位取反,即 1 变为 0,0 变为 1。例如,整数 a 的值为 10011011,则 ～a 的值为 01100100。

(2) 左移运算符＜＜：运算一般格式为

```
a<<n
```

其中,a 为整数,n 为一个正整数常数。语义为将 a 的二进制数依次向左移动 n 个二进制位,并在低位补 0。移位运算不影响 a 本身的值,而是只产生一个中间量,这个中间量被引用后即不再存在。例如,变量 a 的值为 00000010,则 a＜＜3 的值为 00010000。

整数左移一位相当于该数乘以 2,左移 n 位相当于乘以 2n,但移位运算的速度比乘法快。由于左移等同于乘法,因此也可能出现溢出。

(3) 右移运算符＞＞：与左移运算符类同,将左操作数向右移动右操作数指定的二进制位数,忽略移位后的小数部分,并在高位补 0。一个整数右移 n 位相当于除以 2n,但比除法快。例如,变量 a 的值为 00010000,则 a＞＞2 的值为 00000100。

在 C++ 中有符号数右移时高位补符号位,如：

```
-32>>3          //-32 右移 3 位,由 11100000B 得 11111100B,结果为-4
```

注：计算机用补码表示有符号数。

(4) 按位与运算符 &：将两个操作数的对应位逐一进行按位逻辑与运算。运算规则为：对应位均为 1 时,该位运算结果为 1;否则为 0。例如,整型变量 a 和 b 的二进制值分别为 01001101 和 00001111,则 a&b 的值为 00001101,用竖式更容易看出结果：

```
a       01001101
b       00001111
a&b     00001101
```

该运算可用来将整数的某些位置 0,而保留所需要的位,上例保留了低 4 位。

(5) 按位或运算符 |：将两个操作数的对应位逐一进行按位逻辑或运算。运算规则为：只要有一个数对应位为 1,该位运算结果即为 1;两个数对应位均为 0,该位结果为 0。例如,对上例的整数 a,b,a|b 的值为 01001111,用竖式表示为：

```
a       01001101
b       00001111
a|b     01001111
```

该运算符可用来将整数的某些位置 1。上例高 4 位不变,低 4 位全为 1。

(6) 按位异或运算符 ^：将两个操作数的对应位逐一进行按位异或运算。运算规则为：当对应位的值不同时,该位运算结果为 1,否则为 0。例如,对上例的整数 a,b, a^b 的值为 01000010,用竖式表示为：

```
a       01001101
b       00001111
a^b     01000010
```

该运算符可用来将一个整数的某些位取反,或将整型变量的值置 0(将整型变量与自身按位异或)。上例低 4 位取反,高 4 位不变。

需要说明的一点是,以上例子中的整数都只取了低 8 位一个字节。

5. 赋值运算符

对程序中的任何一种数据的使用包括赋值和引用。将数据存放到相应存储单元中称为赋值,如果该单元中已有值,赋值操作以新值取代旧值;从某个存储单元中取出数据使用,称为引用,引用不影响单元中的值,即一个量可以多次引用。常量只能引用,不能赋值。

赋值通过赋值运算符＝来完成,其意义是将赋值号右边的值送到左边变量所对应的单元中。赋值号不是等号,它具有方向性。C++将变量名代表的单元称为"左值",而将变量的值称为"右值"。左值必须是内存中一个可以访问且可以合法修改的对象,因此只能是变量名,而不能是常量或表达式,关于表达式的概念稍后介绍。例如下面的赋值运算是错误的:

```
3.1415926=pi           //左值不能是常数
x+y=z                  //左值不能是表达式
const int N=30;
N=40                   //左值不能是常变量
```

6. 自增、自减运算符

C++中提供了两个具有给变量赋值作用的单目算术运算符:自增运算符＋＋和自减运算符－－,其意义是使变量当前值加 1 或减 1,再赋给该变量。例如:

```
i++                    //相当于 i=i+1
j--                    //相当于 j=j-1
```

由于具有赋值功能,这两个运算符要求操作数只能是变量,不能是常量或表达式。运算符的使用还分前置和后置两种,上例是运算符后置。当自增、自减的变量还参与其他运算时,运算符前置和后置的结果一般是不同的。前置是先增减后引用,即先对变量自加或自减,用新的值参与其他运算;后置则是先引用后增减,即用变量原来的值参与其他运算,然后再对变量进行自加或自减。例如:

```
int i=5, j=5, m, n;
m=i++;                 //相当于 m=i; i=i+1; 结果 i 的值为 6,m 的值为 5
n=++j;                 //相当于 j=j+1;n=j; 结果 j 的值为 6,n 的值为 6
```

7. 条件运算符

条件运算符是 C++中唯一的三目运算符,它的使用较为灵活,在某些情况下可以用来代替 if-else 语句。条件运算符的语法形式如下:

<表达式 1>?<表达式 2>:<表达式 3>;

条件运算符的含义是：先求表达式 1 的值，如果为真，则执行表达式 2，并返回表达式 2 的结果；如果表达式 1 的值为假，则执行表达式 3，并返回表达式 3 的结果。条件运算符是右结合的，也就是说，从右向左分组计算。例如，a? b：c? d：e 将按 a? b：(c? d：e)执行。

例：

```
int a=2;
int c=3;
int b= (a>c)?2:3;
cout<<"b:"<<b<<endl;
```

这样的结果是 b 为 3。

8. sizeof 运算符

该运算符用于计算一个操作数类型或一个变量的字节数。一般格式为：

```
sizeof(数据类型)
```

或

```
sizeof(变量名)
```

其中，数据类型可以是标准数据类型，也可以是用户自定义类型。变量必须是已定义的变量。另外括号可以省略，运算符与操作数之间用空格间隔。例如：

```
sizeof(int)               //值为 4
sizeof float              //值为 4
double x;
sizeof x                  //值为 8
```

使用该运算符是为了实现程序的可移植性和通用性，因为同一操作数类型在不同计算机上可能占用不同字节数。

其他运算符将在后续章节中陆续介绍。

2.3.2　表达式

由运算符、操作数及标点符号组成的，能取得一个值的式子称为表达式。表达式中的操作数可以是常量、变量或函数等。一个常数或一个变量即是最简单的表达式。表达式的求值要根据运算符的意义、求值次序、优先级、结合性，以及类型转换约定进行。根据运算符的不同，表达式有算术表达式、关系表达式、逻辑表达式、赋值表达式、逗号表达式等。

1. 算术表达式

由算术运算符连接的表达式称为算术表达式。例如：

```
a+5*b
(x+y)%n
```

使用算术表达式还应注意以下 3 点：

(1) 两个运算分量应为同一类型，如果不同，应该遵循类型转换原则，即由"短"类型向"长"类型的自动转换，即 char→int→float→double 的次序进行自动转换。例如：

```
int a,b;
float x,y;
x=b*a+y;
```

表达式中 a,b 和 y 虽然不是同一类型，a * b 的结果是 int 型，它相对于 y 的 float 类型是"短"类型，于是 a * b 的结果转化为 float 型和 y 相加，然后赋值给 x。

(2) 两个 int 型数据相除，结果应为 int 型，若商不是整数，也要取整。int 型与 float 或 double 型相除，结果应为 float 或 double 型。例如：

```
int a=3, b=2;
float y=2.0;
```

规定 a/b 的值是 1 而不是 1.5，而 a/y 的值是 1.5。这是因为 a/b 的结果是 int 型，所以取 1。而 a/y 中 y 是 float 型，结果应该是 float 型，所以取 1.5。

(3) 求余(取模)运算符 % 主要应用于整型数值计算。a%b 表示用 b 除 a 所得到的余数。例如，47%4 的值是 3，33%19 的值为 14。因此对于整数(int 型和 char 型)来说，除法运算和求余运算有如下关系：

```
a-b*(a/b)=a%b            //这里"="为等号
```

2. 关系表达式

由关系运算符连接的表达式称为关系表达式。关系表达式的值为 true 或 false。这个值可对应整数 1 或 0 直接参与其他运算。例如：

```
a>b>c                   //等同于(a>b)>c,先求 a>b 的值,再将结果 0 或 1 与 c 比较大小
a+b>c+d                 //等同于(a+b)>(c+d),结果为 0 或 1
```

3. 逻辑表达式

由逻辑运算符连接的表达式称为逻辑表达式。逻辑表达式的值为 true 或 false。这个值可对应整数 1 或 0 参与其他运算。例如，求下列逻辑表达式的值：

```
int a=0, b=2, c=3;
float x=1.8, y=2.4;
a>b&&a<c||(x>y)-!a
```

根据优先级，该表达式等同于

```
((a>b)&&(a<c))||((x>y)-!a)
```

求值顺序为：先求 a>b，值为 0，再求出 a<c，值为 1，再求 0&&1，值为 0；下面求 x>y，值为 0，再求! a，值为 1，再求 0-1，值为 -1，作为逻辑值为 1，最后求 0||1，值为 1。所以整个表达式的值为 1。

对于较为复杂的逻辑表达式,建议使用配对括号,以省去记忆并减少出错的可能性。

4. 赋值表达式与复合赋值表达式

赋值表达式的格式为:

变量=表达式

赋值表达式的含义是,先计算右边表达式的值,再将该值赋给左边的变量。赋值表达式本身也取得值,左值就是赋值表达式的值。请看以下几例:

```
a=5+6              //合法,计算 5+6,将 11 赋给 a,整个表达式的值为 11
d=c=b=a+1          //合法,计算 a+1,将 12 赋给 b,再将表达式(b=a+1)的值 12 赋
                   //给 c,再将表达式(c=b=a+1)的值 12 赋给 d,整个表达式的值为 12
c=(a=1)+(b=2)      //合法,将 1 赋给 a,再将 2 赋给 b,再将表达式(a=1)和(b=2)的
                   //值相加得 3,将 3 赋给 c,整个表达式的值为 3
a=3+b=2            //非法,因为算术运算符的优先级高,先计算表达式 3+b,该表达式
                   //成为第二个赋值号的左值
```

在 C++ 中,所有的双目算术运算符和位运算符均可与赋值运算符组合成一个单一运算符,称为复合赋值运算符。包括以下 10 个: $+=$, $-=$, $*=$, $/=$, $\%=$, $<<=$, $>>=$, $\&=$, $|=$, $^=$。

复合赋值运算符的格式与赋值运算符完全相同,表示为:

变量 复合赋值运算符 表达式

它等同于

变量=变量 运算符 表达式

例如:

```
a+=1               //a=a+1
a*=b-c             //a=a*(b-c)
a-=(b+1)           //a=a-(b+1)
```

复合赋值运算表达式仍属于赋值表达式,它不仅能简化书写,而且能提高表达式的求值速度。

5. 逗号表达式

用逗号连接起来的表达式称为逗号表达式。一般格式为:

表达式 1,表达式 2,…,表达式 n

它所做的运算是,从左到右依次求出各表达式的值,并将最后一个表达式的值作为整个逗号表达式的值。逗号运算符的优先级最低。例如:假定 $a=1,b=2,c=3$,逗号表达式:

```
a=a+1,b=b*c,c=a+b+c
```

的运算过程是,将 2 赋给 a,将 6 赋给 b,将 2+6+3 即 11 赋给 c,并将 11 作为整个逗号表

达式的值。再如,以下 3 个表达式的结果是不同的:

```
c=b= (a=3,4 * 3)        //结果为:a=3,b=12,c=12,表达式的值为 12
c=b=a=3,4 * 3           //结果为:a=3,b=3,c=3,表达式的值为 12
c= (b=3,4 * 3)          //结果为:a=3,b=3,c=12,表达式的值为 12
```

并非所有的逗号都构成逗号表达式,有些情况下逗号只作为分隔符,如函数的参数之间用逗号分隔:

```
max(a+b, c+d)
```

2.3.3 类型转换

在 C++ 的表达式中,准许对不同类型的数值型数据进行某一操作或混合运算。当对不同类型的数据进行操作时,应当首先将其转换成相同的数据类型,然后进行操作。数据类型转换有两种形式,即隐式类型转换和显式类型转换。

1. 隐式类型转换

所谓隐式类型转换就是在编译时由编译程序按照一定规则自动完成,而不需人为干预。因此,在表达式中如果有不同类型的数据参与同一运算时,编译器就在编译时自动按照规定的规则将其转换为相同的数据类型。

C++ 规定的转换规则是由低级向高级转换,如图 2.3 所示。例如,如果一个操作符带有两个类型不同的操作数时,那么在操作之前行先将较低的类型转换为较高的类型,然后进行运算,运算结果是较高的类型。

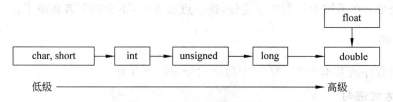

图 2.3 数据类型隐式转换规则

例如:

```
char ch='c';
int a,b=13;
float x=2.0;
double y;
a=ch+5;          //a=104,a 先转化为 int 型,再参与运算
x=b/2/x;         //x=3.0,先做整除运算,然后再转换成 double 与 x 运算
x=b/x/2;         //x=3.25,b 先转换成 double 型与 x 做除法,同时 2 也转化成 double
                 //型,然后做除法运算
y=x/b;           //x=0.153846153846154,x 和 b 分别转化成 double 然后做除法运算
```

2. 显式类型转换

显式类型转换又称强制类型转换,它不是按照前面所述的转换规则进行转换,而是直

接将某数据转换成指定的类型。这可在很多情况下简化转换。例如：

```
int i;
…
i=i+9.801
```

按照隐式处理方式，在处理 i=i+9.801 时，首先将 i 转换为 double 型，然后进行相加，结果为 double 型，再将 double 型转换为整型赋给 i。

```
int i;
…
i=i+(int)9.801
```

这时直接将 9.801 转换成整型，然后与 i 相加，再把结果赋给 i。这样可把二次转换简化为一次转换。

显式类型转换的方法是在被转换对象（或表达式）前加类型标识符，其格式是：

(类型标识符)表达式

例如，有如下程序段：

```
int a,b;
float c;
b=a+(int)c;
cout<<b<<endl;
```

在上述程序的运行过程中，在执行语句 b=a+(int)c 时，将 c 的值临时强制性转化为 int 型，但变量 c 在系统中仍为实型变量，这一点很重要，不少初学者忽略了这一点。

2.3.4　语句

语句是程序的基本单位。C++ 中的语句分为以下几种：

1. 表达式语句

表达式语句是最简单的语句形式，一个表达式后面加上一个分号就构成了表达式语句，一般格式为：

表达式；

例如，赋值表达式可以构成赋值语句。

2. 空语句

只由一个分号构成的语句称为空语句。空语句不执行任何操作，但具有语法作用。例如 for 循环在有些情况下循环体是空语句，也有些情况下循环条件判别是空语句，这些将在第 3 章的循环语句中介绍。大多数情况下，从程序结构的紧凑性与合理性角度考虑，尽量不要随便使用空语句。

3. 复合语句

由一对花括号{}括起来的一组语句构成一个复合语句。复合语句描述一个块，在语法上起一个语句的作用。

对单个语句,必须以";"结束,对复合语句,其中的每个语句仍以";"结束,而整个复合语句的结束符为"}"。

4. 流程控制语句

流程控制语句用来控制或改变程序的执行方向。具体内容在第 3 章流程控制语句中介绍。

2.4　数据的输入与输出

2.4.1　I/O 流

在 C++ 中,将数据从一个对象到另一个对象的流动抽象为流。流在使用前要被建立,使用后要被删除。从流中获取数据的操作称为提取操作,向流中添加数据的操作称为插入操作。数据的输入与输出是通过 I/O 流来实现的,cin 和 cout 是预定义的流类对象。cin 用来处理标准输入,即键盘输入;cout 用来处理标准输出,即屏幕输出。

2.4.2　预定义的插入符和提取符

<<是预定义的插入符,作用在流类对象 cout 上便可以实现最一般的屏幕输出。

格式如下:

cout<<表达式<<表达式…

在输入语句中,可以串联多个插入运算符,输出多个数据项。在插入运算符后面可以写任意复杂的表达式,系统会自动计算出它们的值并传递给插入符。例如:

cout<<"Hello! \n";

将字符串"Hello!"输出到屏幕上并换行。

cout<<"a+b="<<a+b;

将字符串"a+b="和表达式 a+b 的计算结果依次在屏幕上输出。

最一般的键盘输入是将提取符作用在流类对象 cin 上。格式如下:

cin>>表达式>>表达式…

在输入语句中,提取符可以连续写多个。每个后面跟一个表达式,该表达式通常是用于存放输入值的变量。例如:

int a,b;

cin>>a>>b;

要求从键盘上输入两个 int 型数,两数之间以空格分隔。如输入:

这时，变量 a 得到的值为 3，变量 b 得到的值为 4。

2.4.3 简单的 I/O 格式控制

当使用 cin 和 cout 进行数据的输入输出时，无论处理的是什么类型的数据，都能够自动按照正确的默认格式处理。但这还是不够，我们经常需要设置特殊的格式。设置格式有很多方法，将在后续章节详细介绍，本节只介绍最简单的格式控制。

C++ I/O 流类库提供了一些操纵符，可以直接嵌入到输入输出语句中来实现 I/O 格式控制。使用操纵符，首先必须在源程序的开头包含 iomanip 头文件。表 2.8 中列出了几个常用的 I/O 流类库操纵符。

表 2.8　常用的 I/O 流类库操纵符

操纵符名	含　义
dec	数值数据采用十进制表示
hex	数值数据采用十六进制表示
oct	数值数据采用八进制表示
ws	提取空白符
endl	插入换行符，并刷新流
ends	插入空字符
setprecision(int)	设置浮点数的小数位数（包括小数点）
setw(int)	设置域宽

例如，要输出浮点数 3.14159 并换行，设置域宽为 6 个字符，小数点后保留 3 位有效数字，输出语句如下：

```
cout<<setw(6)<<setprecision(4)<<3.14159<<endl;
```

2.5　基于 Visual C++ 2015 的简单程序开发

2.5.1 一个简单程序设计例程

下面通过一个非常简单的 C++ 程序，用以了解 C++ 程序的组成，以及建立程序的过程。这里不详细介绍所有的细节，因为这些内容将在后面探讨。

【例 2.1】 一个简单的 C++ 程序。

```
#include <iostream>
using namespace std;
int main()
{
    cout<<"欢迎学习 Visual C++2015!";
    return 0;
}
```

程序编译、运行后计算机屏幕会显示"欢迎学习 Visual C++ 2015!"字样。

该程序由一个函数 main()组成。函数是代码的一个自包含块,用一个名称表示,在本例中是 main。程序中还可以有许多其他代码,但每个 C++ 程序至少要包含函数 main(),且只能有一个 main()函数。C++ 程序的执行总是从 main()中的第一条语句开始。

该函数的第一行语句是:

```
int main()
```

开头的 int 表示这个函数在执行完后返回一个整数值。因为这是函数 main(),所以最初调用它的操作系统会接收这个值。

函数 main()包含两个可执行语句,每个语句放在一行上:

```
cout<<"欢迎学习 Visual C++2015!";
return 0;
```

这两个语句会按顺序执行。通常情况下,函数中的语句总是按顺序执行,除非有一个语句改变了执行顺序。第 3 章将介绍什么类型的语句可以改变执行顺序。

在 C++ 中,输入和输出是使用流来执行的。如果要从程序中输出消息,可以把该消息放在输出流中,如果要输入消息,则把它放在输入流中。因此,流是数据源或数据池的一种抽象表示。在程序执行时,每个流都关联着某个设备,关联着数据源的流就是输入流,关联着数据目的地的流就是输出流。对数据源或数据池使用抽象表示的优点是,无论流代表什么,编程都是相同的。例如,从磁盘文件中读取数据的方式与从键盘上读取完全相同。在 C++ 中,标准的输出流和输入流称为 cout 和 cin,在默认情况下,它们分别对应计算机屏幕和键盘。

main()中的第一行代码利用插入运算符<<把字符串"欢迎学习 Visual C++ 2015!"放在输出流中,从而把它输出到屏幕上。在编写涉及输入的程序时,应使用提取运算符>>。

函数体中的第二个语句,也是最后一个语句:

```
return 0;
```

结束了该程序,把控制权返回给操作系统。它还把值 0 返回给操作系统。也可以返回其他值,来表示程序的不同结束条件,操作系统还可以利用该值来判断程序是否执行成功。一般情况下,0 表示程序正常结束,非 0 值表示程序不正常结束。但是,非 0 返回值是否起作用取决于操作系统。

♯include <iostream>中的 iostream 是头文件。头文件当中的代码定义了一组可以在需要时包含在程序源文件中的标准功能。C++ 标准库中提供的功能存储在头文件中,但头文件不仅仅用于这个目的。用户可以创建自己的头文件,包含自己的代码。在这个程序中,名称 cout 在头文件 iostream 中定义。这是一个标准的头文件,它提供了在 C++ 中使用标准输入和输出功能所需要的定义。如果程序不包含下面的代码行:

```
#include <iostream>
```

就不会进行编译，因为＜iostream＞头文件包含了 cout 的定义，没有它，编译器就不知道 cout 是什么。这是一个预处理指令，详见本节后面的内容。♯include 的作用是把＜iostream＞头文件的内容插入程序源文件中该指令所在的位置。这是在程序编译之前完成的。

在尖括号和标准头文件名之间没有空格。在许多编译器中，两个尖括号＜和＞之间的空格是很重要的，如果在这里插入了空格，程序就可能不编译。

```
using namespace std;
```

这行语句是告诉编译器，使用 C++ 自带的标准命名空间里面的东西，std 就是标准的命名空间。

命名空间的概念不是很难理解，因为 C++ 程序功能强大，它不但自己内置了一套非常完善的程序库来供大家编程用之外，还允许程序员开发自己的库，这就存在一个问题，因为本身自带的库太多、太复杂，不可能都记住，那么自己定义的库里面如果命令的名字刚好跟自带的重复了，那么编译器就会不知道是选择自带的还是自己写的命令了。为了解决这个问题，C++ 就采用了命名空间这个概念，它可以避免大家在使用自带库和自定义库的时候可能出现的重复错误。例如这个例子里面用了标准库里面的 iostream 的一个 cout 指令，在程序开始用了"using namespace std;"来告诉编译器，用户用的是系统自带的标准库里面的东西，而不是用户自己写的 cout 指令。

命名空间的定义方法是：

```
using namespace 命名空间名
```

用标准空间 std 的内容，就定义

```
using namespace std;
```

using namespace 是一个完整的语句，所以结尾是有分号的。

下面将着重对 main 函数、注释、编译预处理、命名空间等概念做详细介绍。

2.5.2 main()函数

函数是 C++ 语言中最重要的概念之一，有关函数的设计将在第 6 章详细介绍，main() 函数（也称主函数）也是函数，还有一些也将在第 6 章介绍。

以 main 命名的主函数是 C++ 程序中具有特殊性质和功能的函数。在 C++ 程序中，主函数是整个程序的入口。

(1) 主函数是任何一个 C++ 程序中唯一必不可少的函数。

(2) 主函数的函数名是标识符 main，它是由系统指定的。

(3) 主函数的类型（返回类型）为 int 型，它可以返回一个整型数值，这个值是传送给操作系统的。

(4) 主函数的参数可有下面的 3 种形式：

```
int main()
int main(int argc, char * argv[])
```

```
void main()
```

即主函数的形参表也是由系统规定的,用户不得随意设计。

（5）主函数可调用任何其他函数,但它本身不可由任何函数调用,而只能由 C++ 程序编译后的执行代码在其上运行的操作系统自动调用,实际上它是为系统运行该程序标识出启动地址。因此,主函数也是任一 C++ 程序运行的执行入口。

（6）主函数不可做其他属性说明,如不可说明为静态（static）的或内联（inline）的等。

总之,C++ 程序的主函数是:

① 整个程序的主控模块。

② 程序的入口。

③ 程序和它的运行环境的接口。

主函数以返回值和参数的方法提供了程序和它的运行环境之间交换信息的手段。

2.5.3　注释

注释是用来帮助程序员读程序的语言结构,可以用来概括程序的算法、标识变量的意义或者阐明一段比较难懂的程序代码。注释不会增加程序的可执行代码的长度。在代码生成以前,编译器会将注释从程序中剔除掉。

C++ 中有两种注释符号:一种是注释对 /＊ 与 ＊/。注释的开始用 /＊ 标记,编译器会把 /＊ 与 ＊/ 之间的代码当作注释。注释可以放在程序的任意位置,可以含有制表符（tab）、空格或换行,还可以跨越多行程序。第二种是双斜线 //,它可用来注释一个单行,程序行中注释符右边的内容都将被当作注释而被编译器忽略。例如:

```
/* 代码作用在屏幕上输出　Hello World! */
#include<iostream>   //需要包含的头文件
using namespace std;
int main()
{
cout<<"Hello World!";
return 0;
}
```

2.5.4　编译预处理

可以在 C++ 源程序中加入一些预处理命令（preprocessor directives）,以改进程序设计环境,提高编程效率。预处理命令是 C++ 统一规定的,但是它不是 C++ 语言本身的组成部分,不能直接对它们进行编译（因为编译程序不能识别它们）。

现在使用的 Visual C++ 2015 编译系统都包括了预处理、编译和连接等部分,因此不少用户误认为预处理命令是 C++ 语言的一部分,甚至以为它们是 C++ 语句,这是不对的。必须正确区别预处理命令和 C++ 语句,区别预处理和编译,这样才能正确使用预处理命令。C++ 与其他高级语言的一个重要区别是可以使用预处理命令和具有预处理的功能。

Visual C++ 2015 提供的预处理功能主要有以下 3 种:宏定义、文件包含和条件编译,分别用宏定义命令、文件包含命令、条件编译命令来实现。为了与一般 C++ 语句相区别,这些命令以符号 # 开头,而且末尾不包含分号。

1. 宏定义

可以用 # define 命令指定一个标识符(即宏名)来代表一个字符串。定义宏的作用一般是用一个短的名字代表一个长的字符串。它的一般形式为:

```
#define 标识符 字符串
```

这就是已经介绍过的定义符号常量。如:

```
#define PI 3.1415926
```

还可以用 # define 命令定义带参数的宏定义。其定义的一般形式为:

```
#define 宏名(参数表)字符串
```

如:

```
#define S(a,b)a*b            //定义宏 S(矩形面积),a、b 为宏的参数
```

使用的形式如下:

```
area=S(3,2)
```

用 3、2 分别代替宏定义中的形式参数 a 和 b,即用 3 * 2 代替 S(3,2)。因此赋值语句展开为:

```
area=3*2;
```

由于 C++ 增加了内置函数(inline),比用带参数的宏定义更方便,因此在 C++ 中基本上已不再用 # define 命令定义宏了,# define 主要用于条件编译中。

2. "文件包含"处理

所谓"文件包含"处理是指一个源文件可以将另外一个源文件的全部内容包含进来,即将另外的文件包含到本文件之中。C++ 提供了 # include 命令来实现文件包含的操作。如在程序中有以下 # include 命令:

```
#include "file2.cpp"
```

其作用如图 2.4 所示。

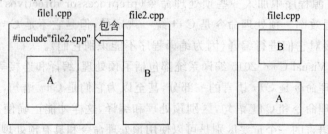

图 2.4 文件包含示意图

　　文件包含命令是很有用的，它可以节省程序设计人员的重复劳动。

　　♯include 命令的应用很广泛，绝大多数 C++ 程序中都包括 ♯include 命令。现在，库函数的开发者把这些信息写在一个文件中，用户只需将该文件"包含"进来即可（如调用数学函数的，应包含 cmath 文件），这就大大简化了程序，写一行 ♯include 命令的作用相当于写几十行、几百行甚至更多行的内容。这种常用在文件头部的被包含的文件称为标题文件或头文件。

　　头文件一般包含以下几类内容：

　　(1) 对类型的声明。

　　(2) 函数声明。

　　(3) 内置(inline)函数的定义。

　　(4) 宏定义。用 ♯define 定义的符号常量和用 const 声明的常变量。

　　(5) 全局变量定义。

　　(6) 外部变量声明。如"extern int a;"。

　　(7) 还可以根据需要包含其他头文件。

　　不同的头文件包括以上不同的信息，提供给程序设计者使用，这样，程序设计者不需自己重复书写这些信息，只需用一行 ♯include 命令就把这些信息包含到本文件中，大大地提高了编程效率。有了 ♯include 命令，就可以把不同的文件组合在一起，形成一个文件。因此说，头文件是源文件之间的接口。

　　在 ♯include 命令中，文件名除了可以用尖括号括起来以外，还可以用双撇号括起来。♯include 命令的一般形式为：

```
#include <文件名>
```

或

```
#include "文件名"
```

　　例如：

```
#include <iostream>
```

或

```
#include "iostream"
```

都是合法的。二者的区别是：用尖括号时，系统到 C++ 系统目录中寻找要包含的文件，如果找不到，编译系统就给出出错信息。

　　有时被包含的文件不一定在系统目录中，这时应该用双撇号形式，在双撇号中指出文件路径和文件名。

　　如果在双撇号中没有给出绝对路径，例如：

```
#include "file2.c"
```

则默认指用户当前目录中的文件。系统先在用户当前目录中寻找要包含的文件，若找不到，再按标准方式查找。如果程序中要包含的是用户自己编写的文件，宜用双撇号形式。

对于系统提供的头文件，既可以用尖括号形式，也可以用双撇号形式，都能找到被包含的文件，但显然用尖括号形式更直截了当，效率更高。

在 C++ 编译系统中，提供了许多系统函数和宏定义，而对函数的声明则分别存放在不同的头文件中。如果要调用某一个函数，就必须用 #include 命令将有关的头文件包含进来。C++ 的库除了保留 C 的大部分系统函数和宏定义外，还增加了预定义的模板和类。但是不同 C++ 库的内容不完全相同，由各 C++ 编译系统自行决定。

1998 年发布的 C++ 98 标准将库的建设也纳入标准，规范化了 C++ 标准库，以便使C++ 程序能够在不同的 C++ 平台上工作，便于互相移植。新的 C++ 标准库中的头文件一般不再包括扩展名 .h，例如：

```
#include <string>
#include <iostream>                  //C++形式的头文件
```

如果用户自己编写头文件，可以用 .h 为扩展名。

3. 条件编译命令

一般情况下，在进行编译时对源程序中的每一行都要编译。但是有时希望程序中某一部分内容只在满足一定条件时才进行编译，也就是指定对程序中的一部分内容进行编译的条件。如果不满足这个条件，就不编译这部分内容。这就是条件编译。

有时，希望当满足某条件时对一组语句进行编译，而当条件不满足时则编译另一组语句。

条件编译命令常用的有以下形式：

（1）形式一。

```
#ifdef 标识符
    程序段 1
#else
    程序段 2
#endif
```

它的作用是当所指定的标识符已经被 #define 命令定义过，则在程序编译阶段只编译程序段 1，否则编译程序段 2。#endif 用来限定 #ifdef 命令的范围。其中，#else 部分也可以没有。

（2）形式二。

```
#if 表达式
    程序段 1
#else
    程序段 2
#endif
```

它的作用是当指定的表达式值为真（非零）时就编译程序段 1，否则编译程序段 2。可以事先给定一定条件，使程序在不同的条件下执行不同的功能。

在调试程序时，常常希望输出一些所需的信息，而在调试完成后不再输出这些信息。

可以在源程序中插入条件编译段。下面是一个简单的示例。

```
#include <iostream>
using namespace std;
#define RUN                                //在调试程序时使之成为注释行
int main()
{
    int x=1,y=2,z=3;
    #ifndef RUN                            //本行为条件编译命令
        cout<<"x="<<x<<",y="<<y<<",z="<<z;  //调试程序需输出该信息
    #endif                                 //本行为条件编译命令
    cout<<"x * y * z="<<x * y * z<<endl;
    return 0;
}
```

第 3 行用♯define 命令的目的不在于用 RUN 代表一个字符串,而只是表示已定义过 RUN,因此 RUN 后面写什么字符串都无所谓,甚至可以不写字符串。在调试程序时去掉第 3 行(或在行首加//,使之成为注释行),由于无此行,故未对 RUN 定义,第 6 行据此决定编译第 7 行,运行时输出 x,y,z 的值,以便用户分析有关变量当前的值。运行程序输出:

```
x=1,y=2,z=3
x * y * z=6
```

在调试完成后,在运行之前,加上第 3 行,重新编译,由于此时 RUN 已被定义过,则第 7 行的 cout 语句不被编译,因此在运行时不再输出 x,y,z 的值。输出为:

```
x * y * z=6
```

2.5.5　命名空间与 using 应用

很多初学 C++ 的人,对于 C++ 中的一些基本的但又不常用的概念感到模糊,命名空间(namespace)就是这样一个概念。

C++ 中采用的是单一的全局变量命名空间。在这单一的空间中,如果有两个变量或函数的名字完全相同,就会出现冲突。当然,你也可以使用不同的名字,但有时用户并不知道另一个变量也使用完全相同的名字;有时为了程序的方便,必须使用同一名字。例如定义了一个变量 string user_name,有可能在调用的某个库文件或另外的程序代码中也定义了相同名字的变量,这就会出现冲突。命名空间就是为解决 C++ 中的变量、函数的命名冲突而服务的。解决的办法就是将变量定义在一个不同名字的命名空间中。就好像张家有电视机,李家也有同样型号的电视机,但我们能区分清楚,就是因为它们分属不同的家庭。

在 C++ 中,名称(name)可以是符号常量、变量、宏、函数、结构、枚举、类和对象等。为了避免在大规模程序的设计中,以及在程序员使用各种各样的 C++ 库时,这些标识符的命名发生冲突,标准 C++ 引入了关键字 namespace(命名空间),可以更好地控制标识符的

作用域。

命名空间是一种描述逻辑分组的机制，可以将按某些标准在逻辑上属于同一个集团的声明放在同一个命名空间中。命名空间可以是全局的，也可以位于另一个命名空间之中，但是不能位于类和代码块中。所以，在命名空间中声明的名称（标识符），默认具有外部链接特性（除非它引用了常量）。在所有命名空间之外，还存在一个全局命名空间，它对应于文件级的声明域。因此，在命名空间机制中，原来的全局变量，现在被认为位于全局命名空间中。

标准 C++ 库中所包含的所有内容（包括常量、变量、结构、类和函数等）都被定义在命名空间 std（standard，标准）中。

1. 定义命名空间

有两种形式的命名空间：有名的和无名的。它们的定义方法分别为：

```
namespace 命名空间名 {                          //有名命名空间
    [声明序列]
}
```

或

```
namespace {                                  //无名命名空间
    [声明序列]
}
```

命名空间的成员，是在命名空间定义中的花括号内声明了的名称。可以在命名空间的定义内定义命名空间的成员（内部定义），也可以只在命名空间的定义内声明成员，而在命名空间的定义之外定义命名空间的成员（外部定义）。

命名空间成员的外部定义的格式为：

```
命名空间名::成员名 …
```

注：不能在命名空间的定义中声明（另一个嵌套的）子命名空间，只能在命名空间的定义中定义子命名空间。也不能直接使用"命名空间名::成员名 …"定义方式为命名空间添加新成员，而必须先在命名空间的定义中添加新成员的声明。另外，命名空间是开放的，即可以随时把新的成员名称加入到已有的命名空间之中去。方法是，多次声明和定义同一命名空间，每次添加自己的新成员和名称。例如：

```
namespace A { int i; void f(); }                //现在 A 有成员 i 和 f()
namespace A { int j; void g(); }                //现在 A 有成员 i、f()、j 和 g()
```

2. 使用命名空间

使用命名空间的方法有 3 种：

1) 作用域解析运算符（::）

对命名空间中成员的引用，需要使用命名空间的作用域解析运算符::。例如：

```
Std::cout <<"Hello, World!" <<std::endl;
```

2）using 指令（using namespace）

为了省去每次调用命名空间成员和标准库的函数和对象时都要添加"命名空间名::"和"std::"的麻烦,可以使用标准 C++ 的 using 编译指令来简化对命名空间中的名称的使用。格式为:

using namespace 命名空间名[::子命名空间名…];

在这条语句之后,就可以直接使用该命名空间中的标识符,而不必写前面的命名空间定位部分,因为 using 指令使所指定的整个命名空间中的所有成员都直接可用。例如:

```
using namespace std;
cout<<"Hello, World!"<<endl;
```

又如:

```
using namespace System::Drawing::Imaging;
using namespace System::Window::Forms::Design::Behavior;
```

3）using 声明（using）

除了可以使用 using 编译指令（组合关键字 using namespace）外,还可以使用 using 声明来简化对命名空间中的名称的使用。格式为:

using 命名空间名::[命名空间名::…]成员名;

注意,关键字 using 后面并没有跟关键字 namespace,而且最后必须为命名空间的成员名（而在 using 编译指令的最后,必须为命名空间名）。

与 using 指令不同的是,using 声明只是把命名空间的特定成员的名称添加到该声明所在的区域中,使得该成员可以不需要采用（多级）命名空间的作用域解析运算符来定位,而直接被使用。但是该命名空间的其他成员,仍然需要作用域解析运算符来定位。例如:

```
using std::cout;
cout<<"Hello, World!"<<std::endl;
```

3. using 指令与 using 声明的比较

using 编译指令和 using 声明都可以简化对命名空间中名称的访问。

using 指令使用后,可以一劳永逸,对整个命名空间的所有成员都有效,非常方便。而 using 声明则必须对命名空间的不同成员名称一个一个地去声明,非常麻烦。

但是,一般来说,使用 using 声明会更安全。因为,using 声明只导入指定的名称,如果该名称与局部名称发生冲突,编译器会报错。而 using 指令导入整个命名空间中的所有成员的名称,包括那些可能根本用不到的名称,如果其中有名称与局部名称发生冲突,则编译器并不会发出任何警告信息,而只是用局部名去自动覆盖命名空间中的同名成员。特别是命名空间的开放性,使得一个命名空间的成员可能分散在多个地方,程序员难以准确知道别人到底为该命名空间添加了哪些名称。

虽然有多种使用命名空间的方法可供选择。但是不能贪图方便,一味使用 using 指令,这样就完全背离了设计命名空间的初衷,也失去了命名空间应该具有的防止名称冲突的功能。

一般情况下，对偶尔使用的命名空间成员，应该使用命名空间的作用域解析运算符来直接给名称定位。而对一个大命名空间中的经常要使用的少数几个成员，提倡使用 using 声明，而不应该使用 using 编译指令。只有需要反复使用同一个命名空间的多数成员时，使用 using 编译指令，才被认为是可取的。

本 章 小 结

本章主要讲述了 Visual C++ 2015 语言的基本知识。在 C++ 语言中，语句、变量、函数、预处理指令、输入和输出等是重要的概念，应该在编程实践中逐渐掌握这些概念和它们的应用。

标识符是用来标识变量、函数、数据类型等的字符序列。C++ 中的标识符可以由大写字母、小写字母、下画线_和数字 0～9 组成，但必须是以大写字母、小写字母或下画线（_）开头。C++ 语言中预定义了一些标识符，称之为关键字，它们不能被再定义。

布尔型、字符型、整型、浮点型和空类型是基本数据类型。指针、数组、引用、结构和类可以通过基本数据类型进行构造，称之为复合数据类型。

变量就是机器一个内存位置的符号名，在该内存位置可以保存数据，并可通过符号名进行访问。为了提高程序的可读性，给变量命名时，应该注意使用有意义的名字。变量第一次赋值称为初始化，变量在使用之前应当先声明。

常量是在程序运行过程中，其值不能改变的量。

C++ 语言本身没有输入输出功能，而是通过输入输出库完成 I/O 操作。C 程序使用的 stdio I/O（标准 I/O）库也能够在 C++ 中使用；另外 C++ 语言还提供了一种称为 iostream（I/O 流库）的 I/O 库。

本章还介绍了 C++ 基本的各种运算符构成（算术运算符、关系运算符、逻辑运算符、位运算符、赋值运算符、条件运算符、逗号运算符及其他运算符），以及它们的优先级和结合性，介绍了由运算符组成的各种表达式。

自增、自减运算符，前缀式是先将操作数增 1（或减 1），然后取操作数的新值参与表达式的运算。后缀是先将操作数增 1（或减 1）之前的值参与表达式的运算，到表达式的值被引用之后再做加 1（或减 1）运算。

关系运算符两边的数值结果必须是类型相同的。

在实现优先级与实际需要不相符时，需要使用括号来改变。

参加运算的两个操作数类型不同时，C++ 将自动做隐式类型转换，但有时要做强制类型转换。

表达式和语句的一个重要区别是：表达式具有值，而语句是没有值的并且语句末尾要加分号。

最后以一个简单的 Visual C++ 2015 程序为例，介绍了 main() 函数、注释、编译预处理和命名空间等概念。

习　题　二

一、选择题

1. C++ 程序的执行总是从（　　）开始的。
   A. main() 函数　　　B. 第一行　　　　　C. 头文件　　　　　D. 函数注释

2. 字符型数据在内存中的存储形式是（　　）。
   A. 原码　　　　　　B. 补码　　　　　　C. 反码　　　　　　D. ASCII 码

3. 下面常数中不能作为常量的是（　　）。
   A. 0xA5　　　　　　B. 2.5e−2　　　　　C. 3e2　　　　　　D. 0583

4. 以下选项中是正确的整型常量的是（　　）。
   A. 1.2　　　　　　　B. −0.20　　　　　C. 1000　　　　　　D. 6 7 4

5. 以下选项中不是正确的实型常量的是（　　）。
   A. 3.8E−1　　　　　B. 0.04e2　　　　　C. −43.5　　　　　D. 243.43e−2

6. 以下符号中不能作为标识符的是（　　）。
   A. _256　　　　　　B. void　　　　　　C. Scanf　　　　　D. Struct

7. 下面不能正确表示 a*b/(c*d) 的表达式是（　　）。
   A. (a*b)/c*d　　　B. (a*b)/(c*d)　　C. a/c/d*b　　　D. a*b/c/d

8. 下列运算符中,运算对象必须是整型的是（　　）。
   A. /　　　　　　　　B. %=　　　　　　　C. =　　　　　　　　D. &

9. 若 x,y,z 均被定义为整数,则下列表达式最能正确表达代数式 1/(x*y*z) 的是
（　　）。
   A. 1/x*y*z　　　B. 1.0/(x*y*z)　　C. 1/(x*y*z)　　　D. 1/x/y/(float)z

10. 已知 a,b 均被定义为 double 型,则表达式：b=1,a=b+5/2 的值为（　　）。
    A. 1　　　　　　　　B. 3　　　　　　　　C. 3.0　　　　　　D. 3.5

11. 如果有"int a=11;",则表达式(a++ * 1/3)的值是（　　）。
    A. 0　　　　　　　　B. 3　　　　　　　　C. 4　　　　　　　　D. 12

12. 在下列运算符中,优先级最低的是（　　）。
    A. ||　　　　　　　　B. !=　　　　　　　C. <　　　　　　　　D. +

13. 表达式 9! =10 的值为（　　）。
    A. 非零值　　　　　B. true　　　　　　C. 0　　　　　　　　D. 1

14. 能正确表示 x>=3 或者 x<1 的关系表达式是（　　）。
    A. x>=3 or x<1　　　　　　　　　B. x>=3|x<1
    C. x>=3||x<1　　　　　　　　　　D. x>=3&&x<1

15. 下列运算符中优先级最高的是（　　）。
    A. !　　　　　　　　B. %　　　　　　　C. −=　　　　　　　D. &&

二、填空题

1. 若 a 为 double 型的变量,表达式"a=1,a+5,a++"的值为_____。

2. 表达式 $7.5+1/2+45\%10=$ _____。

3. 与！(x>2)等价的表达式是_____。

4. 表达式与语句的重要区别是_____。

5. 赋值运算符的结合性是由_____至_____。

6. x * =y+8 等价于 x=_____。

7. 下列程序的输出结果是_____。

```cpp
#include <iostream>
using namespace std;
int main()
{
    int a=3,b=6;
    int c=a^b<<2;
    cout<<c<<endl;
    return 0;
}
```

8. 下列程序的输出结果是_____。

```cpp
#include <iostream>
using namespace std;
int main()
{
    int x=5;
    int y=2+(x+=x++,x+8,++x);
    cout<<y<<endl;
    return 0;
}
```

9. 下列程序的输出结果是_____。

```cpp
#include <iostream>
using namespace std;
int main()
{
    int a=7,b=4;
    double x,y=27.2,z=3.4;
    x=a/2+b*y/z+1/3;
    cout<<x<<endl;
    return 0;
}
```

10. 下列程序的输出结果是_____。

```cpp
#include <iostream>
using namespace std;
```

```
int main()
{
    int a=-1,b=4,k;
    k=(a++<=0)&&!(b-- <=0);
    cout<<k<<a<<b<<endl;
    return 0;
}
```

三、简答题

1. x＝2，y＝3，z＝4 时，计算下面表达式 A1、A2 的值。

$$A1=x+y+2/2+z,\quad A2=x+(y+2)/(2-z)$$

2. 叙述算术运算符的组成。

3. 对下列运算符按优先级从高到低进行排序：＋、＊、&&、&、＞、＞＝、＊＝。

4. 叙述下列运算符各能代表几种意义：一、&、＊。

5. 简述下列运算符的结合性：＋、&、＝、‖。

6. 计算下列表达式的值。

(1) 1/2＋5/2＋7/6

(2) 1/2.＋5/2.＋3.

(3) 1/2＋5./2＋2

(4) (unsigned char)500＋200

(5) (unsigned char)(500＋200)

(6) (unsigned int)(unsigned char)750

四、编程题

1. 编程实现：由键盘输入两个整数，然后输出较大者。

2. 假设"int a＝5，b＝0；"，编程计算 a 和 b 的值是多少。

(1) !a && a+b && a++

(2) !a‖a＋＋‖b＋＋

3. 有如下定义"int a＝4，b；"，指出下面表达式运算后 a 和 b 的结果。

b+=b=++a;

4. 编程实现：测试你机器的 int，float，double，long，char 各类型变量存储的字节数。

第3章

流程控制语句

3.1 程序的基本控制结构

3.1.1 语句的分类

一个 C++ 源程序可以由若干个源程序文件组成,一个源程序文件可以由若干个函数和编译预处理命令组成,一个函数由函数说明部分和函数执行部分组成,函数执行部分由数据定义和若干执行语句组成。语句是组成程序的基本单元。C++ 中的语句分为以下几种。

1. 说明语句

对变量、符号常量、数据类型的定义性说明。

例如:

```
int a,b,c;                                    //定义整型变量 a、b、c
```

说明语句在程序执行期间并不执行任何操作。如,定义变量语句"int a,b,c;"是告诉编译系统为变量 a、b、c 分配 12B 的存储空间用于存放变量的值。程序执行时,该语句就不起任何作用了。

说明语句可出现在函数内、外,允许出现在程序的任何地方。

2. 表达式语句

表达式语句是最简单的语句形式,一个表达式后面加上一个分号就构成了表达式语句,一般格式为:

```
表达式;
```

例如,赋值表达式可以构成赋值语句:

```
a=5;
```

3. 空语句

只由一个分号构成的语句称为空语句。空语句不执行任何操作,但具有语法作用,例如 for 循环在有些情况下循环体是空语句,也有些情况下循环条件判别是空语句,这些将在 3.3 节的循环语句中介绍。大多数情况下,从程序结构的紧凑性与合理性角度考虑,尽量不要随便使用空语句。

4. 复合语句

由一对"{}"括起来的一组语句构成一个复合语句。复合语句描述一个块,在语法上起一个语句的作用。

对单个语句,必须以";"结束;对复合语句,其中的每个语句仍以";"结束,而整个复合语句的结束符为"}"。

5. 流程控制语句

流程控制语句用来控制或改变程序的执行方向。

3.1.2　结构化程序控制结构

结构化程序由 3 种基本控制语句组成,即顺序控制、条件分支控制和循环控制。每一种控制都有赖于一种特定的程序结构来实现,因此也就有 3 种基本的程序结构:顺序结构、条件分支结构和循环结构。3 种基本结构的流程图如图 3.1 所示。

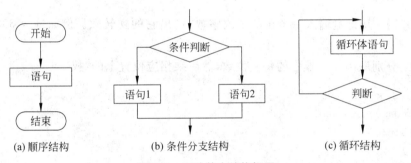

(a) 顺序结构　　　　(b) 条件分支结构　　　　(c) 循环结构

图 3.1　三种基本结构框图

(1) 顺序结构:按语句的先后顺序执行。

(2) 条件分支结构:由特定的条件决定执行哪个语句的程序结构。可进一步分为单分支结构和多分支结构,在 C++ 中用 if 语句和 switch 语句实现。

(3) 循环结构:由特定的条件决定某个语句重复执行次数的控制方式。可进一步分为先判断后执行和先执行后判断。在 C++ 中用 while 语句、for 语句和 do-while 语句实现。

3.1.3　顺序结构程序应用举例

【例 3.1】 已知有三个整数,分别可以构成三角形的三个边,求面积。

分析:根据海伦公式已知三角形三边 a,b,c,则

$$p=(a+b+c)/2$$
$$S=\sqrt{p(p-a)(p-b)(p-c)}$$

```
#include <iostream>
#include <cmath>
using namespace std;
int main()
```

```
{
    int a,b,c;
    double s,p;
    cin>>a>>b>>c;                          //a,b,c必须能构成三角形
    p=(a+b+c)/2;
    s=sqrt(p * (p-a) * (p-b) * (p-c));
    cout<<"area="<<s<<endl;
    return 0;
}
```

程序运行后输入：

5 6 7

运行结果：

area=14.6969

【例 3.2】 从键盘输入一个正的 3 位整数，输出它的逆转数。例如输入 358，逆转数为 853。

分析：分别取出 3 位数中的每一位数，然后乘相应位置上的"权"即可。

```
#include <iostream>
using namespace std;
int main()
{
    int a;
    cin>>a;
    a= (a%10) * 100+a%100/10 * 10+a/100;
    cout<<a;
    return 0;
}
```

上述两程序都是按书写的顺序从上往下执行的，主要由简单的赋值语句、输入输出语句和注释语句组成。

3.2 流程控制语句

3.2.1 if 语句

if 语句称为分支语句或条件语句，其功能是根据给定的条件选择程序的执行方向。if 语句的基本格式为：

```
if(表达式)  语句 1;
else 语句 2;
```

其中的表达式称为条件表达式，可以是 C++ 中的任意合法表达式，如算术表达式、关

系表达式、逻辑表达式或逗号表达式等。语句 1 和语句 2 也称内嵌语句,在语法上各自表现为一个语句,可以是单一语句,也可以是复合语句,还可以是空语句。该语句的执行流程是,先计算表达式的值,若表达式的值为真(或非 0),则执行语句 1;否则(表达式的值为假,或为 0)执行语句 2。

分支语句在一次执行中只能执行语句 1 或语句 2 中的一个。如果语句 2 是空语句,else 也可以省略。这种情况下当条件表达式的值为假时,将不产生任何操作,直接执行分支语句之后的语句。例如,对于下列分支函数:

$$y = \begin{cases} 0 & x < 0 \\ x^3 + 3x & x \geqslant 0 \end{cases}$$

用 if 语句可以描述为:

```
if(x<0)   y=0;
else   y=x * x * x+3 * x;
```

也可以这样描述:

```
y=0;
if(x>=0)   y=x * x * x+3 * x;
```

这种描述的思想是,令 y 的值为 0,如果 x≥0,重新计算 y 的值,否则(即 x<0),y 的值不变。

【例 3.3】　输入一个年份,判断是否为闰年。

分析:假定年份为 year,闰年的条件是:year%4==0 && year%100!=0||year%400==0。

```
#include <iostream>
using namespace std;
int main(){
    int year;
    cout<<"输入年份:"<<endl;
    cin>>year;
    if(year%4==0&&year%100!=0||year%400==0)    cout<<year<<"是闰年"<<endl;
    else   cout<<year<<"不是闰年"<<endl;
    return 0;
}
```

运行结果:

```
输入年份:
1900
1900 不是闰年
```

【例 3.4】　从键盘上输入 3 个整数,输出其中的最大数。

分析:输入 3 个数,先求出两个数中较大者,再将该大数与第三个数比较,求出最大数。

```
#include <iostream>
using namespace std;
int main()
{
    int a, b, c, max;
    cout<<"输入 3 个整数:";
    cin>>a>>b>>c;
    cout<<"a="<<a<<'\t'<<"b="<<b<<'\t'<<"c="<<c<<endl;
    if(a>b)max=a;
    else max=b;
    cout<<"最大数为:";
    if(c>max)cout<<c<<endl;
    else cout<<max<<endl;
    return 0;
}
```

运行结果：

```
输入 3 个整数:
2  9  6
a=2    b=9    c=6
最大数为:9
```

在 if 语句中,如果内嵌语句又是 if 语句,就构成了嵌套 if 语句。if 语句可实现二选一,而嵌套 if 语句则可以实现多选一的情况。嵌套有两种形式,一种是嵌套在 else 分支中,格式为:

```
if(表达式 1)   语句 1;
else if(表达式 2)语句 2;
else if …
else 语句 n;
```

另一种是嵌套在 if 分支中,格式为:

```
if(表达式 1)if(表达式 2)   语句 1;
else 语句 2;
```

【例 3.5】 用嵌套 if 语句完成例 3.4 的任务。

方法 1：采用第二种嵌套形式

```
#include <iostream>
using namespace std;
int main()
{
    int a, b, c, max;
    cout<<"输入 3 个整数:";
    cin>>a>>b>>c;
```

```
    cout<<"a="<<a<<'\t'<<"b="<<b<<'\t'<<"c="<<c<<endl;
    if(a>b)    if(a>c)   max=a;        //a>b且a>c
            else   max=c;             //a>b且a<c
    else        if(b>c)   max=b;       //b>=a且b>c
            else   max=c;             //b>=a且b<c
    cout<<"最大数为:max="<<max<<endl;
    return 0;
}
```

运行结果：

```
输入 3 个整数:
3   7   12
a=3     b=7     c=12
最大数为:max=12
```

方法 2：采用第一种嵌套形式

```
#include <iostream>
using namespace std;
int main()
{
    int a,b,c,max;
    cout<<"输入 3 个整数:";
    cin>>a>>b>>c;
    cout<<"a="<<a<<'\t'<<"b="<<b<<'\t'<<"c="<<c<<endl;
    if(a>b&&a>c)   max=a;
    else if(b>a&&b>c)   max=b;
        else   max=c;
    cout<<"最大数为:max="<<max<<endl;
    return 0;
}
```

运行结果：

```
输入 3 个整数:
8   1   5
a=8     b=1     c=5
最大数为:max=8
```

嵌套 if 语句同样可以缺省任何一个 else，这时要特别注意 else 和 if 的配对关系。C++ 规定了 if 和 else 的"就近配对"原则，即相距最近且还没有配对的一对 if 和 else 首先配对。按上述规定，第二种嵌套形式中的 else 应与第二个 if 配对。如果根据程序的逻辑需要改变配对关系，则要使用块的概念，即将属于同一层的语句放在一对"{}"中。如第二种嵌套形式中，要让 else 和第一个 if 配对，语句必须写成：

```
if(表达式 1){
```

```
    if(表达式 2)   语句 1;
}
else 语句 2;
```

请看以下两个语句：

```
//语句 1:
if(n%3==0)
    if(n%5==0)   cout<<n<<"是 15 的倍数"<<endl;
    else   cout<<n<<"是 3 的倍数但不是 5 的倍数"<<endl;
//语句 2:
if(n%3==0)
{
    if(n%5==0)   cout<<n<<"是 15 的倍数"<<endl;
}
else   cout<<n <<"不是 3 的倍数"
```

两个语句的差别只在于一个"{}"，但表达的逻辑关系却完全不同。可以看出第二种嵌套形式较容易产生逻辑错误，而第一种形式的配对关系则非常明确，因此从程序可读性角度出发，建议尽量使用第一种嵌套形式。

【例 3.6】 某商场优惠活动规定，某商品一次购买 5 件以上（包含 5 件）10 件以下（不包含 10 件）打 9 折，一次购买 10 件以上（包含 10 件）打 8 折。设计程序根据单价和客户的购买量计算总价。

```
#include <iostream>
using namespace std;
int main()
{
    float price,discount,amount;          //单价、折扣、总价
    int count;                            //购买件数
    cout<<"输入单价:"<<endl;
    cin>>price;
    cout<<"输入购买件数:"<<endl;
    cin>>count;
    if(count<5)  discount=1;
    else if(count<10)  discount=0.9;
        else  discount=0.8;
    amount=price * count * discount;
    cout<<"单价:"<<price<<endl;
    cout<<"购买件数:"<<count<<"\t\t"<<"折扣:"<<discount<<endl;
    cout<<"总价:"<<amount<<endl;
    return 0;
}
```

运行结果：

输入单价：

80

输入购买件数：

8

单价:80

购买件数:8   折扣:0.9

总价:576

【例 3.7】 求一元二次方程 $ax^2 + bx + c = 0$ 的根。其中系数 $a(a \neq 0)$、b、c 的值由键盘输入。

分析：输入系数 $a(a \neq 0)$、b、c 后，令 $delta = b^2 - 4ac$，若 $delta = 0$，方程有两个相同实根；若 $delta > 0$，方程有两个不同实根；若 $delta < 0$，方程无实根。

```cpp
#include <iostream>
#include <cmath>
using namespace std;
int main()
{
    float a,b,c;
    float delta,x1,x2;
    const float zero=0.0001;              //定义一个很小的常数
    cout<<"输入 3 个系数 a(a!=0), b, c:"<<endl;
    cin>>a>>b>>c;
    cout<<"a="<<a<<'\t'<<"b="<<b<<'\t'<<"c="<<c<<endl;
    delta=b*b-4*a*c;
    if(fabs(delta)<zero){                 //绝对值很小的数即被认为是 0
        cout<<"方程有两个相同实根:";
        cout<<"x1=x2="<<-b/(2*a)<<endl;
    }
    else if(delta>0){
        delta=sqrt(delta);
        x1=(-b+delta)/(2*a);
        x2=(-b-delta)/(2*a);
        cout<<"方程有两个不同实根:";
        cout<<"x1="<<x1<<'\t'<<"x2="<<x2<<endl;
    }
    else                                  //delta<0
        cout<<"方程无实根!"<<endl;
    return 0;
}
```

运行结果：

输入 3 个系数 a(a!=0),b,c:

3 6 2

a＝3　　b＝6　　c＝2
方程有两个不同实根：x1＝－0.42265　　x2＝－1.57735

程序中有一个需要说明的问题，在判断 delta 是否为 0 时不是直接用表达式 delta＝＝0，而是定义一个很小的常数 zero，用表达式 fabs(delta)＜zero 进行判断。这是程序中经常遇到的关于实数判断的问题。由于实数在计算机中用浮点数表示，只能是近似值，即两个实数是不会精确相等的。因此在判断两个实数是否相等时，比较规范的方法是用两数误差小于一个很小的数的方法。例如，两实数 x 和 y 如果满足表达式 fabs(x－y)＜1e－4，则认为 x 等于 y。但在 C++ 中，由于运算中使用的是双精度数，精度足够高，因此大多数情况下实数也可以直接判断是否相等，即对于本例也可以用 delta＝＝0 进行判断。

3.2.2　switch 语句

用嵌套 if 语句可以实现多选一的情况。另外 C++ 中还提供了一个 switch 语句，称为开关语句，也可以用来实现多选一。它根据给定条件从多个分支语句序列中选择一个语句序列作为入口开始执行。格式为：

```
switch(表达式){
    case 常量表达式 1：＜语句序列 1；＞＜break；＞
    case 常量表达式 2：＜语句序列 2；＞＜break；＞
    …
    case 常量表达式 n：＜语句序列 n；＞＜break；＞
    ＜default：语句序列＞
}
```

其中，表达式作为判断条件，称为条件表达式，取值为整型、字符型、布尔型或枚举型，关于枚举类型稍后介绍。各常量表达式是由常量构成的表达式，类型与条件表达式相同。各语句序列可以是一个语句也可以是一组语句。

开关语句的执行过程是：先求条件表达式的值，并在常量表达式中找与之相等的分支作为执行入口，并从该分支的语句序列开始执行下去，直到遇到 break 语句或开关语句的花括号“}”为止。当条件表达式的值与所有常量表达式的值均不相等时，若有 default 分支，则执行其语句序列，否则跳出 switch 语句，执行后续语句。

关于 switch 语句，有几点需要注意：

(1) 各个 case(包括 default)分支出现的次序可以任意，通常将 default 放在最后。

(2) break 语句可选，如果没有 break 语句，每一个 case 分支都只作为开关语句的执行入口，执行完该分支后，还将接着执行其后的所有分支。因此，为保证逻辑的正确实现，通常每个 case 分支都与 break 语句联用。

(3) 每个常量表达式的取值必须各不相同，否则将引起歧义。

(4) 允许多个常量表达式对应同一个语句序列。例如：

```
char score;
cin>>score;
```

```
switch(score)
{
    case 'A': case 'a':  cout<<"excellent"; break;
    case 'B': case 'b':  cout<<"good"; break;
    default: cout<<"fair";
}
```

（5）从形式上看，switch 语句的可读性比嵌套 if 语句好，但不是所有多选一的问题都可由开关语句完成，这是因为开关语句中限定了条件表达式的取值类型。但在有些情况下，尽管条件表达式本身不符合数据类型的要求，但经过处理后便可用开关语句实现。

【例 3.8】 快递公司对所运货物实行分段计费，如表 3.1 所示。设运输里程为 s，1公斤的基本运费为 p，货物重量 w，每超过 1 公斤加收费用为 q，则运费 f 为：

表 3.1 快递公司收费表

里程/km	1 公斤基本运费/元	每超 1 公斤加收费用/元
s<200	13	4
200≤s<500	15	6
500≤s<1000	18	8
s≥1000	20	10

$$f=p+(w-1)q$$

设计程序，当输入 p、w 和 s 后，计算运费 f。

分析：如果用 switch 语句，必须使表达式符合语法要求。分析发现，里程 s 的分段点均是 100 的倍数，因此，将里程 s 除以 100，取整数商，便得到若干整数值。程序如下：

```
#include <iostream>
#include <iomanip>
#include <cmath>
using namespace std;
int main()
{
    int c,s,q,p;
    float w,d,f;
    cout<<"输入重量 w 和里程 s:"<<endl;
    cin>>w>>s;
    c=s/100;
    switch(c){
        case 0: case 1:          {p=13; q=4;   break;}
        case 2:    case 3:   case 4:      {p=15; q=6;   break;}
        case 5:    case 6:  case 7:   case 9:  {p=18; q=8;   break;}
        case 10: {p=20; q=10;   break;}
        default: {p=20; q=10;   }
    }
    f=p+ceil(w-1) * q;                       //ceil 表示向上取整
```

```
cout<<"运输单价:"<<p<<'\t'<<"重量:"<<w<<'\t'<<"里程:"<<s<<endl;
cout<<"运费:"<<f<<endl;
return 0;
}
```

运行结果：

```
输入重量 w 和里程 s:
2.3  230
运输单价:15          重量:2.3        里程:230
运费:27
```

【例 3.9】 设计一个计算器程序，实现加、减、乘、除运算。

分析：读入两个操作数和运算符，根据运算符完成相应运算。

```cpp
#include <iostream>
using namespace std;
int main()
{
    float num1,num2;
    char op;
    cout<<"输入操作数 1,运算符,操作数 2:"<<endl;
    cin>>num1>>op>>num2;
    switch(op){
    case '+':  cout<<num1<<op<<num2<<"="<<num1+num2<<endl; break;
        case '-':  cout<<num1<<op<<num2<<"="<<num1-num2<<endl; break;
        case '*':  cout<<num1<<op<<num2<<"="<<num1*num2<<endl; break;
        case '/':  cout<<num1<<op<<num2<<"="<<num1/num2<<endl; break;
        default :  cout<<op<<"是无效运算符!";
    }
    return 0;
}
```

运行结果：

```
输入操作数 1,运算符,操作数 2:
3 * 7
3 * 7=21
```

3.3　循环控制语句

3.3.1　for 循环

for 语句也称 for 循环，语句格式为：

for(表达式 1;表达式 2;表达式 3)　循环体语句

该语句的执行过程是,先求表达式 1 的值,再求表达式 2 的值,如果表达式 2 的值为真(或非 0),则执行循环体语句,并求表达式 3 的值,然后再计算表达式 2 的值,并重复以上过程,直到表达式 2 的值为假(或为 0),结束该循环语句。图 3.2 是 for 语句的执行流程。

关于 for 语句,有以下几点说明:

(1) 从执行流程看,for 语句属于先判断型,因此与 while 语句是完全等同的。

(2) for 语句中的 3 个表达式都是包含逗号表达式在内的任意表达式。从逻辑关系看,循环初始条件可在表达式 1 中给出,循环条件的判断可包含在表达式 2 中,而循环条件变量的修改可包含在表达式 3 中,也可以放在循环体中。如 $1+\cdots+100$ 的和,用 for 语句可描述为:

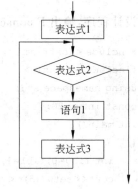

图 3.2　for 语句的执行流程

```
for(i=1, s=0; i<=100; i++)  sum+=i;
```

(3) for 语句中的 3 个表达式可部分或全部省略,但两个分号不能省略。

从执行流程看,如果表达式 1 放在了 for 语句之前,或表达式 3 放在了循环体中,那么相应地在 for 语句中就可省略表达式 1 或表达式 3。如上述语句还可写为:

```
i=1; sum=0;
for(;i<=100;)
{
    sum+=i;
    i++;
}
```

实际上,表达式 2 也可省略。如果表达式 2 省略,系统约定其值为 1,这种情况表达式 2 的值恒为真。即

```
for(;;){…}
```

等同于

```
for(; 1;){…}
```

这种形式的循环如不加控制将导致死循环。为避免死循环,循环体内必须用 break 语句来终止循环,具体方法稍后介绍。

【例 3.10】 意大利数学家伦纳德・斐波那契提出了一个有趣的问题。假定每对兔子每月生出一对小兔子,新生的一对小兔子 3 个月后又可以生小兔子,假定所有兔子都不会死,一年后会有多少对兔子? 具体说,第一个月只有一对兔子,第二个月由于新生小兔子不能生育,仍然只有一对兔子,第 3 个月小兔子开始生育,因此当月有两对小兔子,此后每个月的兔子数都是上个月和当月新生兔子数之和。由此可抽象出一个数列:0,1,1,2,3,5,8,…。这个数列称为 Fibonacci 数列,可用函数描述如下:

$$fib(n)=\begin{cases} 0 & n=0 \\ 1 & n=1 \\ fib(n-2)+fib(n-1) & n>1 \end{cases}$$

设计程序，输出 Fibonacci 数列的前 20 项，要求每行输出 5 个数据。

```cpp
#include <iostream>
#include <iomanip>
using namespace std;
const int m=20;
int main()
{
    int fib0=0,fib1=1,fib2;
    cout<<setw(15)<<fib0<<setw(15)<<fib1;
    for(int n=3;n<=m;n++){
        fib2=fib0+fib1;
        cout<<setw(15)<<fib2;
        if(n%5==0)  cout<<endl;          //控制每行 5 个数据
        fib0=fib1;  fib1=fib2;
    }
    return 0;
}
```

运行结果：

```
0              1              1              2              3
5              8              13             21             34
55             89             144            233            377
610            987            1597           2584           4181
```

【例 3.11】 输出 $1×1=1$ $2×2=4$ $3×3=9\cdots9×9=81$ 的式子。

```cpp
#include <iostream>
using namespace std;
int main()
{
    int a;
    for(a=1;a<=9;a++)
    cout<<a<<"×"<<a<<"="<<a*a<<"  ";
    return 0;
}
```

3.3.2 do-while 循环

do-while 语句称为直到型循环，格式为：

do 循环体语句   while(表达式)

该语句的执行过程是,执行一次循环体语句,然后计算表达式的值,若表达式的值为真(或非 0),则重复上述过程,直到表达式的值为假(或为 0)时结束循环。图 3.3 给出该语句的执行流程图。

　　do-while 语句在绝大多数情况下都能代替 while 语句,两个语句之间的区别是,do-while 语句无论条件表达式的值是真是假,循环体都将至少执行一次;而 while 语句如果条件表达式的初值为假,则循环体一次也不会执行。

　　【例 3.12】　用迭代法求 $x=\sqrt{a}$ 的近似值,要求前后两个迭代根之差小于 10^{-5}。求平方根的迭代公式为：$x_{n+1}=(x_n+a/x_n)/2$。

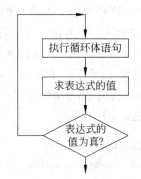

图 3.3　do-while 语句的执行流程图

　　分析：这是递推算法的一个应用。从键盘输入一个正数赋给 a,人为估计一个值作为迭代初值 x0,假定取 a/2,根据迭代公式求出 x1,若 $|x1-x0|<10^{-5}$,则 x1 就是所求的平方根近似值;否则,将 x1 赋给 x0,再用公式迭代出新的 x1。重复以上过程,直到 $|x1-x0|<10^{-5}$ 为止。

```cpp
#include <iostream>
#include <cmath>
using namespace std;
int main()
{
    float x0,x1,a;
    cout<<"输入一个正数:"<<endl;
    cin>>a;
    if(a<0)   cout<<a<<"不能开平方!"<<endl;
    else {                          //有实数解的情况
        x1=a/2;                     //x1用作保存结果
        do {
            x0=x1;
            x1=(x0+a/x0)/2;
        } while(fabs(x1-x0)>=1e-5);
        cout<<a<<"的平方根为:"<<x1<<endl;
    }
    return 0;
}
```

运行结果：

输入一个正数:

5

5 的平方根为:2.23607

　　【例 3.13】　输入一段文本,统计文本的行数、单词数及字符数。假定单词之间以空格、跳格或换行符间隔,假定文本没有空行。

　　分析:通过本例介绍一个输入结束符 EOF。执行 cin.get()将返回字符的 ASCII 码,而当读入的字符为键盘上的"Ctrl+Z"时,将返回一个整数−1,该值被定义为 EOF,因此可用这个符号作为文本输入的结束标志。该程序设计思想为,逐个读入文本中的字符,直到读到"Ctrl+Z"为止。其中行结束标志为字符'\n'。先令行数 nline、单词数 nword、字符数 nch 的初值均为 0。在读入过程中,每读到一个非间隔符,nch 自增 1,每读到一个'\n',nline 自增 1;另设一个变量 isword,作为是否读到单词的标志。读到字符时 isword=1,读到间隔符时 isword=0。如果读到一个间隔符而此时 isword 值为 1,表明一个单词结束,则 nword 自增 1。

```cpp
#include <iostream>
using namespace std;
int main()
{
    char ch;
    int nline=0,nword=0,nch=0;
    int isword=0;
    cout<<"输入一段文本(无空行):"<<endl;
    do{
        ch=cin.get();
        if(ch=='\n')  nline++;                    //遇换行符行数+1
        if(ch!=' '&& ch!='\t'&&ch!='\n'&&ch!=EOF){   //读到非间隔符
            if(!isword)  nword++;                 //在单词的起始处给单词数+1
            nch++;                                //字符数加+1
            isword=1;
        }
        else  isword=0;                           //读到间隔符
    } while(ch!=EOF);                             //读到文本结束符为止
    cout<<"行数:"<<nline<<endl;
    cout<<"单词数:"<<nword<<endl;
    cout<<"字符数:"<<nch<<endl;
    return 0;
}
```

运行结果:

```
输入一段文本(无空行):
hello
start exercise
good work
<Ctrl+Z>
行数:3
单词数:5
字符数:22
```

3.3.3　while 循环

while 语句也称当循环。语句格式为：

while(表达式)　　循环体语句;

其中,表达式是 C++ 中任一合法表达式,包括逗号表达式;循环体语句可以是单一语句,也可以是复合语句。while 语句的执行过程是,先计算表达式的值,如果值为真(或非 0),则执行循环体,然后再计算表达式的值,并重复以上过程,直到表达式的值为假(或为 0),便不再执行循环体,循环语句结束。图 3.4 给出该语句的执行流程图。

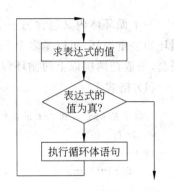

图 3.4　while 语句的执行流程图

【例 3.14】　计算 $1+2+3+\cdots+100$ 的值。

分析:计算累加和实际上是重复一个循环,在循环中将下一个数与累加和相加。

```cpp
#include <iostream>
using namespace std;
const int n=100;                    //采用常变量有利于修改程序
int main()
{
    int i=1,sum=0;                  //循环初始条件
    while(i<=n)
    {
        sum+=i;
        i++;                        //修改循环条件
    }
    cout<<"sum="<<sum<<endl;
    return 0;
}
```

运行结果:

```
sum=5050
```

在有循环语句的程序中,通常在循环开始前对循环条件进行初始化,如上例中的 i=1;而在循环语句中要包含修改循环条件的语句,如上例中的 i++,否则循环将不能终止而陷入死循环。

C++ 表达方式灵活,上例中的循环语句还可以写成:

```cpp
while(i<=n)   sum+=i++;
```

或者

```cpp
while(sum+=i++, i<n);               //循环体为空语句
```

需要说明的是，虽然 C++ 可以让代码最大限度地优化，但往往造成可读性降低，因此程序设计者只需理解这种表达方法的意义，而设计时主要追求的目标应是可读性。

3.4　循环的嵌套

一个循环体内又包含另一个完整的循环结构，称为循环的嵌套。循环嵌套包括双重循环和多重循环，可以是多个 for 的嵌套，也可以是 for 与 while 或 do 的任意组合形成的嵌套，一般把两层以上的循环程序称为多层循环的程序。

（1）格式 1。

```
//以下是 while 和 for 的循环嵌套
while()                              //外循环
{ …
    for(…){…}                        //内循环
…
}
```

（2）格式 2。

```
for(i=1;i<10;i++)                    //外循环
{
    for(k=1;k<6;k++)                 //内循环
        …
}
```

【例 3.15】　用双循环实现输出如图 3.5 所示的图形。

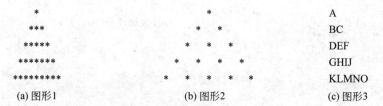

图 3.5　例 3.15 输出的图形

分析：在打印图形时，首先要分析图形特点，且每行打印多少个 * 号，从中找出规律。对图 3.5(a) 来说，空格逐行减少，每次少 1 个，而 * 的个数逐行增加，每行多 2 个，如果设 a 为行数，随着行数 a 的增加，空格个数为 5−a，* 号的个数为 2a−1。利用双循环可以编写程序如下：

```
#include <iostream>
using namespace std;
int main()
{
    int a,b;
```

```
for(a=1;a<=5;a++)
{for(b=1;b<=5-a;b++)cout<<' ';      //输出每行前的空格
 for(b=1;b<=2*a-1;b++)cout<<"*";
 cout<<endl;
 }
 return 0;
}
```

思考：为什么有两个 b 循环，根据该程序的编写思路，写出图 3.5(b)、(c)的程序。

3.5　跳 转 语 句

通常程序语句都是顺序执行的，包括循环语句和分支语句，也是按照语句的语法要求顺序执行相应的操作。C++ 还提供若干转向语句，可以改变程序原来的执行顺序。

3.5.1　break 语句

break 语句只能用在 switch 语句和循环语句中，从 break 语句处跳出 switch 语句或循环语句，转去执行 switch 语句或循环语句之后的语句。break 语句在 switch 语句中的用法前面已经介绍过，在循环语句中用来提前终止循环。请看下例：

```
for(i=10; i<20; i++){
    if(i%3==0)break;
    cout<<i<<'\t';
}
```

该程序段执行后将输出：

```
10  11
```

3.3.1 节中介绍过，for 语句的 3 个表达式均可以是空语句，在这种情况下，for 循环必然是如下形式：

```
for(;;)
{
    ...
    if(表达式) break;
    ...
}
```

否则将导致死循环。可见 break 语句的参与使循环语句的使用更加灵活。

需要注意的是，在嵌套循环中，break 语句终止的是其所在的循环语句，而并非终止所有的循环。例如：

```
for(;;)
{
```

```
for(;;)
{
    …
    … break;
    …
}
语句 1;
…
}
```

当程序执行到 break 语句时,终止的是内层循环,接着执行语句 1。

【例 3.16】 给定正整数 m,判定其是否为素数。

分析:如果 m>2,m 是素数的条件是不能被 $2,3,\cdots,(\sqrt{m}$取整$)$整除。因此可以用 $2,3,\cdots,(\sqrt{m}$取整$)$逐个去除 m,如果被其中某个数整除了,则 m 不是素数,否则 m 是素数。

```cpp
#include <iostream>
#include <cmath>
using namespace std;
int main()
{
    int m,i,k;
    cout<<"输入整数 m:"<<endl;
    cin>>m;
    if(m==2)    cout<<m<<"是素数"<<endl;
    else{
        k=sqrt(float(m));
        for(i=2;i<=k;i++)if(m%i==0)  break;      //只要有一个整除,就可停止
        if(i>k)   cout<<m<<"是素数"<<endl;         //循环提前终止表示是非素数
        else  cout<<m<<"不是素数"<<endl;
    }
    return 0;
}
```

运行结果:

输入整数:
35
35 不是素数

3.5.2 continue 语句

continue 语句只能用在循环语句中,用来终止本次循环。当程序执行到 continue 语句时,将跳过其后尚未执行的循环体语句,开始下一次循环。下一次循环是否执行仍然取决于循环条件的判断。例如:

```
for(i=10; i<20; i++)
{
    if(i%3==0)  continue;
    cout<<i<<'\t';
}
```

该程序段执行后将输出：

```
10  11  13  14  16  17  19
```

continue 语句与 break 语句的区别在于，continue 语句结束的只是本次循环，而 break 结束的是整个循环。

【例 3.17】 利用随机函数产生 10 组 2 位数的整数，给小学生做加法，输出最后的得分。

分析：该题需要用循环多次产生 2 位数的随机整数，并判断学生是否做对了，如果正确，加 10 分，否则做下一道题。

```
#include <iostream>
#include <ctime>                         //调用系统时间
#include <cstdlib>                       //调用随机数的函数
using namespace std;
int main()
{
    int i,a,b,c,s;
    srand((unsigned)time(0));            //使每次产生的随机数不同
    for(i=1;i<=10;i++)                   //产生 10 组数
    {
        a=rand()%90+10;                  //产生 2 位整数
        b=rand()%90+10;
        cout<<a<<"+"<<b<<"=";
        cin>>c;
        if(a+b==c){cout<<"   恭喜你,答对了!"<<endl;s++; continue;}
            cout<<"答错了!"<<endl;
    }
    cout<<"总分是:"<<s*10<<endl;
    return 0;
}
```

3.5.3 goto 语句

goto 语句又称转向语句，其功能是令程序跳转到程序指定的某标号语句处。由于标号语句的设定较为灵活，因此，goto 语句的跳转控制比上面介绍的跳转语句有更大的随意性。

其格式为：

```
goto 标号；
```

关键字 goto 指明该语句为 goto 语句，其后必须有一标号。

标号是一个标识符，其定义出现在标号语句：

```
标号:语句
```

例如：

```
…
L1:语句 S1
…
goto L2;
…
L2:语句 S2
…
goto L1;
…
```

语句

```
goto L2;
```

把控制流程跳转到

```
L2:语句 S2;
```

而语句

```
goto L1;
```

又跳转到

```
L1:语句 S1;
```

标号语句可以出现在转向它的 goto 语句之后，也可以出现在其之前。goto 语句和 break、continue、return 语句都是无条件转移语句，无须任何判断，程序执行到此时，必须跳转到一个确定的位置。不过，goto 语句与其他跳转语句不同的是：goto 语句转向的目标位置由程序员任意确定，而 break、continue 和 return 语句的转向目标位置是唯一地由其本身的位置所决定。goto 语句的转向目标——标号语句的位置虽然可由程序员确定，但不是完全任意的，它应满足下面的限制：

（1）一个函数定义（函数体）内的 goto 语句不可转向到函数之外。换句话说，函数的出口点只能是 return 语句或函数体结束。

（2）一个块语句（包括函数体和循环体）外的 goto 语句不可转向到该程序块之内，因为这往往会产生计算机难以处理的局面。即使有这样的限制，goto 语句仍然是十分自由的。goto 语句的使用容易造成以下问题：

① 使程序的静态结构与程序的动态结构差别增大，使程序段之间形成"交叉"的关系，不利于程序的维护和调试。

②　一个好的程序,它的各个程序段最好是单入口单出口的,没有死循环和死区(不可到达的程序段)。但 goto 语句的使用容易破坏这种状态。

③　历史上关于 goto 语句的讨论是程序设计和软件开发史上的重大事件之一,最近一次的讨论是由"goto 语句是有害的"这一观点引起的,最终以"限制使用 goto 语句"作为结论,从而对软件开发的发展产生了重要影响。

因此,建议读者不用或少用 goto 语句。但在某些特定场合下 goto 语句可能会显出其价值,例如在多层循环嵌套中,要从深层地方跳出所有循环,如果用 break 语句,不仅要使用多次,而且可读性较差,这时 goto 语句可以发挥作用。

3.5.4　return 语句

return 语句又称返回语句。它只用于函数定义,其功能为:

(1) 把程序运行的流程跳转到该函数的调用点,或函数调用的出口点。

(2) 计算返回表达式 E,并把其值作为该函数的返回值。

return 语句的格式为

```
return;
```

或

```
return 表达式 E;
```

关键字 return 仅用于返回语句。

当函数的返回类型为 void 型时,返回语句应取第一种方式,否则取第二种方式。表达式 E 的类型应与函数的(返回)类型相一致。对于非 void 类型的函数来说,其函数体中的 return 语句是必不可少的。

本 章 小 结

本章介绍了 C++ 的流程控制语句,包括分支语句:if、if-else 语句,多分支 switch 语句;循环语句:for、while、do-while 语句;跳转语句:break、continue、goto 及 return 语句。

if 语句与 switch 语句可以互换使用。对于多分支的情形,常用 switch 语句,如用 if-else 语句,会使程序显得复杂,可读性较差。

与 while 和 do-while 语句相比,for 语句的使用更为灵活,既可用于循环次数已确定的情况,也可用于循环次数不确定而只给出循环结束条件的情况。在表达方面,3 个表达式及循环体都可以灵活使用,甚至省略,因此 for 语句是 3 个循环语句中用得最多的一个。另外要注意 while 循环语句与 do-while 的差别:do-while 循环语句至少要执行一次循环体。编程时,常常是循环可能一次也不执行,此时就不能用 do-while 循环语句,而要用 while 循环语句或 for 循环语句。

循环语句可以嵌套,一般把两层以上的循环称为多层循环。循环嵌套时,for 循环、while 循环和 do 循环可以混合编程。多层循环中,循环变量名不能重复,循环体不能交叉。

习　题　三

一、选择题

1. 如果变量 x,y 已经正确定义,(　　)能正确将 x,y 的值进行交换。

    A. y=t,t=x,x=y;　　　　　　　　　　B. t=x,x=y;y=t;

    C. t=y,x=y,x=t;　　　　　　　　　　D. x=t,t=y,y=x

2. 如要求在 if 后一对括号中的表达式,表示 a 不等于 0 的时候的值为"真",则能正确表示这一关系的表达式为(　　)。

    A. a<>0　　　　　B. !a　　　　　C. a=0　　　　　D. a

3. 下面循环的循环次数是(　　)。

```
for(int i=0, j=10; i=j=10; i++, j--)
```

    A. 无限次　　　　　　　　　　　　　B. 语法错误,不能执行

    C. 10　　　　　　　　　　　　　　　D. 1

4. 以下(　　)不是循环语句。

    A. while 语句　　　B. do-while 语句　　　C. for 语句　　　D. if-else 语句

5. 下列 do-while 循环的循环次数是(　　)。

```
//已知:int i=5;
do
{
    cout<<i--<<endl;
    i--;
}while(i!=0);
```

    A. 0　　　　　　　B. 2　　　　　　　C. 5　　　　　　　D. 无限次

6. 下列 for 循环的循环体执行次数是(　　)。

```
for(int i=0,x=0;!x&&i<=5;i++)
```

    A. 5　　　　　　　B. 6　　　　　　　C. 1　　　　　　　D. 无限次

7. 下列条件语句中,功能与其他语句不同的是(　　)。

    A. if(a)cout<<x<<endl;else cout<<y<<endl;

    B. if(a==0)cout<<y<<endl;else cout<<x<<endl;

    C. if(a!=0)cout<<x<<endl;else cout<<y<<endl;

    D. if(a==0)cout<<x<<endl;else cout<<y<<endl;

8. 下列 while 循环的次数是(　　)。

```
while(int i=0)i--;
```

    A. 0　　　　　　　B. 1　　　　　　　C. 5　　　　　　　D. 无限

9. 下列 for 循环的循环体执行次数为(　　)。

for(int i(0),j(10);i=j=10;i++,j--)

 A. 0   B. 1   C. 10   D. 无限

10. 以下程序的运行结果是(　　)。

```cpp
#include <iostream >
using namespace std;
int main()
{
    int a=0,b=1,c=0,d=20;
    if(a)
        d-=10;
    else if(b)
    {
        if(!c)d=15;
        else d=25;
    }
    cout<<d<<endl;
    return 0;
}
```

 A. 20   B. 10   C. 15   D. 25

二、填空题

1. do-while 语句与 while 语句的主要区别是：_____。

2. x,y,z 为 int 类型时,下列语句执行之后,x 的值为_____,y 的值为_____,z 的值为_____。

```cpp
int  x=10,y=20,z=30;
if(x>y) x=y;y=z;z=x;
```

3. _____是构成程序最基本的单位,程序运行的过程就是_____的过程。

4. break 语句实现的功能是_____。

5. continue 语句实现的功能是_____。

三、简答题

1. 叙述结构化程序设计的 3 种基本结构及各自的特点。

2. 在 if-else 语句中,else 语句如何与 if 相匹配?

3. switch 语句有什么特点? break 语句在程序中起什么作用?

4. if-else 语句可以实现多路分支结构吗?

5. continue 语句一般出现在什么样的结构体中?

四、阅读程序题

读下面的程序,分析其功能。

```
#include <iostream>
using namespace std;
int main()
{
    cout<<"please input the b key to hear a bell."<<endl;
    char ch;
    cin>>ch;
    if(ch=='b')
      cout<<'\a';
    else
      if(ch=='\n')
        cout<<"what a boring select on…"<<endl;
      else
        cout<<"bye! \n";
    return 0;
}
```

五、编程题

1. 输入一组整数，每 3 个整数为一组构成三角形的 3 条边，判断是否能构成三角形，对能构成三角形的求面积，不能构成三角形的输出提示信息。

2. 编程实现：输入一行字符，求其中字母、数字和其他符号的个数。

3. 求满足下式的最小 n 值，其中的 limit 由键盘输入。

$$1+1/2+1/3+\cdots+1/n>limit$$

4. 编写程序，根据学生成绩输出优、良、中、及格和不及格。

5. 编程实现如下功能：读入一行字母，求其中元音字母出现的次数。

6. 输出 26 个字母的 ASCII 码值和对应的字母，每输出两个换一行。

7. 编写程序求 e 的值：

$$e\approx 1+1/1!+1/2!+\cdots+1/n!$$

8. 编写程序，输出九九乘法表的下三角部分。

9. 编程输出如图 3.6 所示的图案。

```
    1
   12          ****              A
  123          ***              BBB
 1234          **              CCCCC
12345          *              DDDDDDD

  (a)          (b)              (c)
```

图 3.6　编程输出的图案

10. 编写程序，求 100 以内的素数。

第4章

数组和字符串

数组用于处理一组具有相同类型的数据,本章将介绍数组和字符串的概念、定义、存储和应用。通过示例学习利用数组和字符串对批量数据的表示、存储、计算、排序和查找等运算。

4.1 数组的概念

在前面章节中介绍了单个数据的使用,不同的数据类型需要定义相应的变量来保存。当存储含有多种类型的一个记录数据时,需要定义该类型的一个结构变量来保存。

在程序设计中,若需要存储同一数据类型且各数据间具有相关性的一组数据时,就要求能够同时存储多个值的变量,这种变量在程序设计中称为数组,同一个数组中的每个值通过下标来区分(标识)。如一天 24 小时,要求表示整点时间的温度,可以用 t1,t2,…,t24 表示。这样表示数据不仅处理起来方便,而且能更清楚地表示各数据之间的关系,这批数据就被称为数组,用来表示这批数据的变量被称为下标变量。

所以说数组是具有相同类型的数据按一定顺序组成的变量序列。数组中的每一个数据都可以通过数组名及唯一的一个索引号(下标)来确定。

4.2 数组的定义和数组元素表示方法

数组必须先声明后使用。声明数组后,就可以对数组进行访问了。访问数组其实质是对数组中某个元素或全部元素进行访问,即对数组中的元素进行读写操作。

在实际应用中,数据之间可能存在着一维关系,也可能存在着二维关系。对一维数组中的每个数据来说,除第一个数据外,每个数据只有一个直接前驱;除最后一个数据外,每个数据只有一个直接后继。如数列(10,30,55,77,99),则每个整数的后一个整数就是它的直接后继,每一个整数的前一个整数就是它的直接前驱。对二维数组中的每个元素来说,它除第一行和第一列上的所有数据外每个数据在行和列的方向上各有一个直接前驱;除最后一行和最后一列上的所有数据外,每个数据在行和列的方向上各有一个直接后继,这样的数据就用二维数组来表示,例如:

$$3 \quad 4 \quad 7$$
$$1 \quad 5 \quad 2$$
$$8 \quad 3 \quad 9$$

二维数组的每个元素均有行、列之分。

在 C++ 程序设计中，要求数组元素的下标必须放在一对方括号中，并紧跟在数组名之后。如前面表示温度的例子，必须写成 t[1],t[2],…,t[24]。C++ 语言规定：一维数组中元素的下标从常数 0 开始，以后依次增 1。如对含有 n 个元素的数组 a，则下标编号默认为 0,1,2,…,n−1，用 a[0],a[1],…,a[n−1] 来存储数组中的每一个数据。

对一个具有 m×n 的数组：

$$
\begin{bmatrix}
\alpha_{11} & \alpha_{12} & \cdots & \alpha_{1n} \\
\alpha_{21} & \alpha_{22} & \cdots & \alpha_{2n} \\
\vdots & \vdots & \ddots & \vdots \\
\alpha_{m1} & \alpha_{m2} & \cdots & \alpha_{mn}
\end{bmatrix}
$$

则需要用一个二维数组来表示和存储。如用 a 表示，则 a 中应包含 m×n 个元素，第 1 维下标依次为 0,1,2,…,m−1，第 2 维下标依次为 0,1,2,…,n−1，数组中的第 1 个元素 a11 被存储到 a[0][0]元素中，最后一个元素 a_{mn} 被存储到 a[m−1][n−1]元素中，以此类推。

4.2.1　数组的定义

下面分别介绍一维、二维、三维数组的定义。

1. 一维数组的定义

一维数组的定义格式为：

类型关键字　数组名 [常量表达式] [={初值表}];

2. 二维数组的定义

二维数组的定义格式为：

类型关键字 数组名 [常量表达式1]　[常量表达式2] [={{初值表1},{初值表2},…}];

其中：

- 类型关键字为已存在的一种数据类型。
- 数组名是用户定义的一个标识符。

常量表达式为一个整数值，用以说明数组的长度，即数组中所含元素的个数。

初值表是用逗号隔开的一组数据，每个数据的值将被赋给数组中相应的元素。初值表选项可以省略；常量表达式可以为空，此时所定义的数组的长度是初值表中所含表达式的个数。

二维数组定义中的常量表达式 1 和常量表达式 2 分别指定数组中第 1 维下标和第 2 维下标的个数。分别表示行与列的个数，假定用 m、n 表示行与列的个数，则该数组下标的取值范围是 0~m−1 之间和 0~n−1 之间。

一个数组被定义后，系统将在内存中为它分配一块含有 n 个存储单元的存储空间，根据数据类型的不同，所占用的存储空间也不同。如定义 int a[10]，则该数组将占用 10×4B＝40B 的存储空间。如定义 double b[3][4]，则该数组将占用 12×8B＝96B 的存储空间。

3. 三维数组的定义

在 Visual C++ 2015 中,也可以定义和使用三维及更高维的数组。例如,下面的语句定义了一个三维数组:

```
int s[x][y][z];                          //假定 x,y,z 均为已定义的整型常量
```

该数组的数组名为 s,第 1 维下标的取值范围为 $0\sim x-1$,第 2 维下标的取值范围为 $0\sim y-1$,第 3 维下标的取值范围为 $0\sim z-1$,该数组共包含 $x\times y\times z$ 个 int 型的元素,共占用 $x\times y\times z\times 4$ 个字节的存储空间。若用一个三维数组来表示一本书中某页一个文字,则第 1 维表示页号,第 2 维表示某页中的行号,第 3 维表示某一行中的列号。

4.2.2　数组定义的格式举例

下面给出数组定义的一些例子。

```
int a[20];                       //定义了一个整型含 20 个元素的数组
double b[m];                      //定义一个双精度型数组,m 为常量
int c[5]={1,2,3,4,5};            //定义了一个整型数组,其数组元素为 1,2,3,4,5
char d[]={'a','b','c','d'};      //定义了一个字符数组,隐含数组元素个数为 4
int e[8]={1,4,7};               //定义了一个整型数组,前三个元素为 1,4,7,其余为 0
char f[10]={'C','H','I','N','A'};  //字符数组,前 5 个为 C、H、I、N、A,第 6 个元素为'\0'
bool g[2*n];                     //定义了一个布尔型数组,其中 n 为常量
float a[5],b[10];                //定义了两个单精度数组
int a[3][3];                     //定义了一个整型的二维数组,共有 9 个数组元素
double b[m][n];                  //定义一个双精度型二维数组,m、n 为常量
int p[];                         //是一个错误的数组定义,因为无法确定数组的大小
int a[ ][5];                     //定义了一个错误的二维数组,因为第一维下标的取值无法确定
int c[2][4]={{1,3,5,7},{2,4,6,8}};  //定义了一个二维整型数组,其二维数组形式为:
```

$$//\begin{bmatrix} 1 & 3 & 5 & 7 \\ 2 & 4 & 6 & 8 \end{bmatrix}$$

4.3　数组元素的输入与输出

1. 简单的输入、输出

数组元素如果是已知的,可以在定义时直接赋值。例如:

```
int a[5]={1,2,3,4,5};
```

数组中各元素定义完成后,就可用 cout 语句直接输出。例如:

```
for(i=0;i<5;i++)cout<<a[i]<<' ';      //输出结果为 1  2  3  4  5
```

也可以输出数组中的一个或几个元素。例如:

```
cout<<a[2]<<' '<<a[a[2]];             //输出结果为 3 和 4
```

2. 利用循环语句输入、输出

如果数组中的元素值是未知的，可以先定义数组，然后利用 cin 和 cout 语句进行输入和输出。例如：

```
int a[6];
for(int i=0;i<6;i++)cin>>a[i];
for(int i=5;i>=0;i--)cout<<a[i];
```

如果是二维数组，则应该用双循环进行输入和输出。例如给二维数组元素赋值：

```
int x[2][3];
for(int i=0;i<2;i++)
    for(int j=0;j<3;j++)
     cin>>x[i][j];
```

输出二维数组元素的值，例如：

```
int x[2][3]={1,3,4,7,9,8};
for(int i=0;i<2;i++)
{
    for(int j=0;j<3;j++)
        cout<<x[i][j]<<' ';
    cout<<endl;
}
```

注意：在输出二维数组元素时，一定要在两个循环语句之间加大括号。

3. 程序举例

【例 4.1】 从键盘上输入一组数据，并按相反的顺序打印出来。

```
#include <iostream>
using namespace std;
int main()
{
    int i,a[10];
    for(i=0;i<10;i++)
    cin>>a[i];
    for(i=9;i>=0;i--)
        cout<<a[i]<<' ';
    cout<<endl;
    return 0;
}
```

该程序首先定义了一个整型数组 a，然后利用循环语句给数组中各元素赋值，最后再用一个循环按序号从大到小的顺序输出。

【例 4.2】 利用随机函数求一组数中的最大值及其位置。

```
#include <iostream>
#include <ctime>                       //调用系统时间
#include <cstdlib>                     //调用随机数的函数
using namespace std;
int main()
{
    int i,max,k,a[10];
    srand((unsigned)time(0));          //使每次产生的随机数不同
    for(i=0;i<10;i++)
        a[i]=rand()%1000;              //保证产生的随机数在 1000 以内
    max=a[0];
    k=0;
    for(i=0;i<10;i++)
      if(a[i]>max){max=a[i]; k=i;}
    for(i=0;i<10;i++)
        cout<<a[i]<<' ';               //输出数组中个元素的值
    cout<<endl;
    cout<<"The location of the maximum is:"<<k<<"   Values are:"<<max;
    cout<<endl;
    return 0;
}
```

在这个程序中首先利用随机函数给 a 数组赋值,然后初始化 max 和 k 变量,利用循环语句将数组中的每个元素与 max 比较,并利用变量 k 记录下最大值的位置。

该程序的运行结果为:

```
834  583  779  956  834  103  969  245  109
The location of the maximum is: 7   Values are:969
```

【例 4.3】　输出数列中的前 10 项:1,1,2,3,5,8,13…

```
#include <iostream>
using namespace std;
int main()
{
    int i,a[10];
    a[0]=1;a[1]=1;
    for(i=2;i<10;i++)
        a[i]=a[i-1]+a[i-2];
        for(i=0;i<10;i++)
            cout<<a[i]<<' ';
    cout<<endl;
    return 0;
}
```

因为数列中前两项的值是已知的,所以第 5 行是为数列的前两项赋初始值,从第 3 项开始(下标从 2 开始)每一项是前两项的和,第 6 行利用循环语句将第 3～10 项的值求出来,最后用循环语句将前 10 个数打印出来。

【例 4.4】 求 n×n 矩阵中主对角线元素的乘积。

```
#include <iostream>
using namespace std;
const int n=4;
int main()
{
    int i,j,a[n][n];
    int p=1;                        //初始化主对角线乘积变量
    for(i=0;i<4;i++)
        for(j=0;j<4;j++)
            cin>>a[i][j];
    for(i=0;i<4;i++)                //求主对角线元素的乘积
        p*=a[i][i];
    cout<<"主对角线元素的乘积是"<<p;
    cout<<endl;
    return 0;
}
```

该题目中并未说明 n 的大小,所以先定义 n 是一个整型常量;然后确定 a[n][n]的大小;第 8、9 行双循环语句给 a 数组赋值;由于对角线上的元素特点是行数和列数相等,因此第 11 行用单循环语句求出主对角线元素的乘积。

4.4 数组的应用

前面的例题中介绍了数组的一些简单应用,在现实生活中程序员还经常利用数组中的数据进行统计、排序、查找、计算等。下面就通过例题来说明这些运算。

4.4.1 统计

【例 4.5】 在一次选举学生会主席的大会上,有 5 名候选人,分别用 1～5 代表每位候选人的号码,统计出每人的得票数。用-1 作为终止输入的标志。

程序如下:

```
#include <iostream>
using namespace std;
int main()
{
    int i,a[6]={0};
    cout<<"请输入每张票上所投候选人的代号";
    cin>>i;
    while(i!=-1)
```

```
    {
        if(i>=1&&i<=5)a[i]++;
        cin>>i;
    }
    cout<<endl;
    for(i=1;i<=5;i++)
        cout<<i<<":"<<a[i]<<endl;
    return 0;
}
```

在程序中用 a 数组作为计数器统计每位候选人的得票数;由于题目中未说明参选人数,因此使用了 while 循环。用 if 语句保证只统计 1~5 的有效数字。

假设从键盘输入的数字为:

2 3 4 1 5 3 2 2 1 1 1 1 1 1 -1

运行结果:

```
1:6
2:4
3:2
4:1
5:1
```

【例 4.6】 某社区对居民用电情况进行统计,每隔 50 度为一个统计区域,当大于等于 500 度时不再统计。编写程序,分别统计各用电区间内的居民数。

```
include <iostream>
using namespace std;
const int n=100;
int main()
{
    int a[11]={0};
    int i,x;
    for(i=1;i<=n;i++)
    {
        cin>>x;
        if(x<500)a[x/50]++;
        else a[10]++;
    }
    for(i=0;i<=10;i++)
        cout<<"a["<<i<<"]="<<a[i]<<endl;
    return 0;
}
```

在题目中提示每隔 50 度为一个统计区域,从 0~500 度可以划分 11 个区域,因此用 a[11]={0} 作为统计居民用电情况的计数器,并在定义时赋初值零;程序中假定用户数为

100，第 11 行的 if(x<500)a[x/50]++语句是根据题目要求直接将符合条件的居民用电情况放到计数器中累加。

【例 4.7】　输入一个不超过 9 位的整数，将其反向后输出。例如输入 247，变成 742 输出。

分析：将整数的各个数位逐个分开，用一个数组保存各个位的值，然后反向组成新的整数。将整数各位数字分开的方法是，通过求余得到个位数，然后将整数缩小 10 倍，重复上述过程，分别得到十位、百位等各个高位上的数字，直到整数的值变成 0 为止。

```cpp
#include <iostream>
using namespace std;
int main()
{
    int num,subscript;
    int digit[9];
    cout<<"输入一个整数:"<<endl;
    cin>>num;
    cout<<"原来整数为:"<<num<<endl;
    subscript=0;                      //数组下标初值
    do{
        digit[subscript]=num%10;
        num=num/10;
        subscript++;                  //修改下标
    } while(num>0);
    for(int i=0;i<subscript;i++)      //整数的反向组合
        num=num*10+digit[i];
    cout<<"反向后整数为:"<<num<<endl;
    return 0;
}
```

运行结果：

```
输入一个整数:
375
原来整数为:375
反向后整数为:573
```

4.4.2　排序

1. 选择法排序

选择法排序的基本思想是：对待排序的序列进行若干遍处理，通过 n−i 次关键字的比较，从 n−i+1 个数据中选出最小的数据和第 i(1≤i≤n) 个数据进行交换，这样一遍处理就能确定一个数的位置，对 n 个数如果经过 n−1 次处理，则这 n 个数就排序成功。

【例 4.8】　已知有 10 个整数，采用选择法将这 10 个数按从小到大的顺序打印输出。程序如下：

```
#include <iostream>
using namespace std;
int main()
{
    int a[10]={33,61,43,74,86,92,11,35,64,25};
    int i,j,k;
    for(i=1;i<10;i++)                              //外循环控制次数
    {
        k=i-1;                                     //外循环每一遍时最小值的位置
        for(j=i-1;j<10;j++)                        //外循环每一遍时需要比较数据的次数
            if(a[j]<a[k])k=j;                      //将最小值的位置号记录下来
            int x=a[i-1];a[i-1]=a[k];a[k]=x;       //将当前数与最小值互换
    }
    for(int i=0;i<10;i++)cout<<a[i]<<"   ";        //输出排序后的数据
    cout<<endl;
    return 0;
}
```

运行结果：

11 25 33 35 43 61 64 74 86 92

算法特点：每一遍选择出一个最值,确定其在结果序列中的位置,确定元素的位置是从前往后,而每一遍最多进行一次交换,其余元素的相对位置不变。可进行降序和升序排列。

2. 冒泡法排序

冒泡法排序的基本思想是：如果有 n 个数,则要进行 n−1 遍的比较,在第一遍的比较中要进行 n−1 次相邻元素的两两比较,在第 j 遍的比较中要进行 n−j 次的两两比较,比较的顺序从前往后,经过一遍的比较后,将最值沉底(换到最后一个元素的位置),最大值沉底为升序,最小值沉底为降序。

【例 4.9】　有一组整数,采用冒泡法将这 10 个数按从小到大的顺序打印输出。
程序如下：

```
#include <iostream>
using namespace std;
const int n=10;
int main()
{
    int a[n];
    int i,j,x;
    for(i=1;i<n;i++)cin>>a[i];
    for(i=1;i<n-1;i++)
        for(j=0;j<n-i;j++)
            if(a[j]>a[j+1]){ x=a[j];a[j]=a[j+1];a[j+1]=x;}
```

```
        for(int i=0;i<n;i++)cout<<a[i]<<"   ";
        cout<<endl;
        return 0;
}
```

从键盘输入如下数据：

33　61　43　74　86　92　11　35　64　25

运行结果：

11　25　33　35　43　61　64　74　86　92

算法特点：相邻元素两两比较，每遍将最值沉底，即可确定一个数所在的位置，元素的位置是从后向前逐渐确定的，其余元素可做相应位置调整。该算法可进行升序和降序的排列。

3. 插入法排序

插入法排序的基本思想是：将序列分为有序序列和无序序列，依次从无序序列中取出元素值插入到有序序列的合适位置。初始时有序序列中只有一个数，其余 n−1 个数组成无序序列，则 n 个数需进行 n−1 次插入。从无序序列中取出的每一个数寻找在有序序列中插入位置时可以从有序序列的最后一个数往前找，在找到插入点之后，可以将插入点位置后的所有元素向后移动一个位置，为插入元素准备空间。

【例 4.10】　用插入法对上例中的数据进行排序。

程序如下：

```
#include <iostream>
using namespace std;
int main()
{
    int a[10]={33,61,43,74,86,92,11,35,64,25};
    int i,j,x;
    for(i=1;i<10;i++)
    //外循环控制遍历次数,n个数从第 2 个数开始到最后进行 n-1 次插入
    {
        x=a[i];                              //将待插入的数暂存于变量 x 中
        for(j=i-1;j>=0 && x<a[j];j--)        //在有序序列中寻找插入位置
            a[j+1]=a[j];                     //若找到插入位置,则元素后移一个位置
        a[j+1]=x;                            //找到插入位置,完成插入
    }
    for(int i=0;i<10;i++)cout<<a[i]<<"   ";
    cout<<endl;
    return 0;
}
```

运行结果：

11 25 33 35 43 61 64 74 86 92

算法特点：该算法在寻找插入位置的同时完成元素后移，因为元素的移动必须从后向前，所以可将两个操作结合在一起，提高算法效率。该算法可进行升序和降序的排列。

4.4.3 查找

1. 顺序查找

顺序查找也称线性查找，对给定的关键码值 key，从表（数组）的一端开始，依次检查表中每个元素的值是否与给定的关键码值相等，若检查到最后一个元素时仍没有与关键码值相等的元素，则表明未找到。

【例 4.11】 在一组整数 42,55,73,28,48,66,30,65,94,72 中，查找数据为 65 的数据，并给出查找结果。

```cpp
#include <iostream>
using namespace std;
int main()
{
    const int n=10;
    int i,a[n]={42,55,73,28,48,66,30,65,94,72};
    int x=65;
    for(i=0;i<n;i++)
        if(x==a[i]){cout<<"查找"<<x<<"成功,"<<"下标为:"<<i<<endl;break;}
    if(i>=n)cout<<"查找"<<x<<"失败"<<endl;
    return 0;
}
```

运行结果：

查找 65 成功,下标为:7

如果将 x 值改为 88，则运行结果为：

查找 88 失败

2. 对分查找

对分查找也称二分查找，它比顺序查找速度要快，特别是当数据量很大时效果更加明显。首先在有序表中取表的中间位置上的元素 $a[mid]=(n-1)/2$ 与待查元素 key 进行比较，如果 $key=a[mid]$，则表明找到该元素；如果 $key<a[mid]$，则应在该表的前一半 $a[0]\sim a[mid-1]$ 中进行查找；如果 $key>a[mid]$，则在该表的后一半 $a[mid+1]\sim a[n-1]$ 中查找；如此反复进行，直到找到该元素。如果循环结束后 $key!=a[mid]$，则表明查找失败。

【例 4.12】 假定一维数组中的 n 个元素是一个从小到大顺序排列的有序表，编写程序从 a 中用二分法查法，找出其值等于给定值为 key 的元素。

```
#include <iostream>
using namespace std;
const int n=10;
int main()
{
    int a[n]={15,26,37,45,48,52,60,66,73,90};
    int key=80;
    int low=0,high=n-1;int mid;
    while(low<=high)
    {
        mid=(low+high)/2;
        if(key==a[mid])
          {cout<<"二分查找"<<key<<"成功"<<"下标为"<<mid<<endl;break;}
        else if(key<a[mid])high=mid-1;
            else low=mid+1;
    }
    if(key!=a[mid])cout<<"二分查找"<<key<<"失败"<<endl;
    return 0;
}
```

运行结果：

二分查找 80 失败

如果将 key 的值改为 73，则查找成功。

4.4.4 数组的其他应用

数组在现实生活中的应用还有很多，如对二维表格的计算与处理、矩阵的运算、打印杨辉三角形等。

【例 4.13】 对学生期末考试成绩进行处理，统计每一位学生的平均成绩和每门课程的平均成绩（保留小数一位小数），如表 4.1 所示。

表 4.1 学生期末考试成绩表

学号	高等数学	英语	数据结构	宏观经济学	管理学	平均成绩
1	89	81	75	92	88	
2	75	82	80	70	90	
3	88	78	89	90	85	
4	89	80	89	95	96	
⋮	⋮	⋮	⋮	⋮	⋮	
各科平均成绩						

分析：首先需要将各科成绩放入二维数组中，假设一个班有 n 个学生，考试了 m 门课程，可以定义数组 a[n][m]，每个学生平均成绩用 b[n] 表示，每门课平均成绩用 c[m] 表示。

程序如下：

```cpp
#include <iostream>
#include <iomanip>                 //使用格式函数 setw(n)
using namespace std;
const int n=10,m=5;                //定义 10 人,5 门课
int main()
{
    int a[n][m];
    double b[n]={0},c[m]={0};      //初始化平均值变量
    int i,j,sum1,sum2;             //sum1,sum2 分别表示每行的和,每列的和
    for(i=0;i<n;i++)               //输入学生成绩
        for(j=0;j<m;j++)
            cin>>a[i][j];
    for(i=0;i<n;i++)               //求每行元素和、平均值
    {
        sum1=0;
        for(j=0;j<m;j++)
            sum1+=a[i][j];
        //求平均值,保留小数点后一位小数,并四舍五入
        b[i]=int(sum1/float(m) * 10+0.5)/10.0;
    }
    for(j=0;j<m;j++)               //求每列元素和、平均值
    {
        sum2=0;
        for(i=0;i<n;i++)
            sum2+=a[j][i];
        c[j]=int(sum2/float(n) * 10+0.5)/10.0;
    }
    for(i=0;i<n;i++)               //打印成绩表
    {
        cout<<setw(15)<<i;
        for(j=0;j<m;j++)
            cout<<setw(8)<<a[i][j];
        cout<<"平均分:"<<b[i];
        cout<<endl;
    }
    cout<<"各科平均分:";
    for(i=0;i<m;i++)cout<<c[i]<<setw(8);
    cout<<endl;
    return 0;
}
```

【例 4.14】 打印杨辉三角形。

分析：根据杨辉三角形的特点，先将三角形逆时针旋转 $30°$，变成直角三角形。这样就可以认为杨辉三角是一个由二维数组组成的，数组中只有下三角中有数据，观察数据规

律可得,每一行的第一列数字为 1,行数与列数相等位置上的数字为 1。从第 3 行、第 2 列开始,每个元素的值为 a[i][j]＝a[i−1][j]＋a[i−1][j−1]。最后打印时按等腰三角形的形式打印。

```
            1                              1
          1   1                            1  1
        1   2   1                          1  2  1
      1   3   3   1         ⟹             1  3  3  1
    1   4   6   4   1                      1  4  6  4  1
  1   5   10   10   5   1                  1  5  10  10  5
            ...                              ...
```

程序如下:

```cpp
#include <iostream>
using namespace std;
const int n=7;
int main()
{
    int a[n][n],i,j,k;
    for(i=1;i<7;i++)                    //给每行第一列元素和对角线上的元素赋值
    {
        a[i][1]=1;
        a[i][i]=1;
    }
    for(i=3;i<7;i++)
        for(j=2;j<=i-1;j++)            //给第 2 列到 i-1 列的元素赋值
            a[i][j]=a[i-1][j]+a[i-1][j-1];
    for(i=1;i<7;i++)                    //输出等腰的杨辉三角形
    {
        for(k=1;k<=30-2*i;k++)cout<<" ";          //引号中空 1 格
        for(j=1;j<=i;j++)cout<<a[i][j]<<"  ";      //引号中空 2 格
        cout<<endl;
    }
    return 0;
}
```

【例 4.15】 求二个矩阵的乘法。

分析:假定一个矩阵 A 为 3 行 4 列,矩阵 B 为 4 行 3 列,根据矩阵乘法的规则,其乘积 C 为一个 3 行 3 列的矩阵。

```cpp
#include <iostream>
using namespace std;
int main()
{
    int i,j,k;
    int a[3][4]={1,2,3,4,5,6,7,8,9,10,11,12};
    int b[4][3]={12,11,10,9,8,7,6,5,4,3,2,1};
```

```
int c[3][3]={0};
for(i=0;i<3;i++)
    for(j=0;j<3;j++)
        for(k=0;k<4;k++)
            c[i][j]+=a[i][k]*b[k][j];
for(i=0;i<3;i++)
{
    for(j=0;j<3;j++)
        cout<<c[i][j]<<"  ";
    cout<<endl;
}
return 0;
}
```

运行结果：

```
50  40
154  128
300  256  216
```

4.5　字　符　串

4.5.1　字符串的概念

1.字符串的定义

字符串是用一对双引号括起来的字符序列,例如,"china","This is a string. ","中国,北京"都是字符串常量。它在内存中的存放形式是:按串中字符的排列次序存放,每个字符占用 1 字节,每个汉字占用 2 字节。当一个字符串中不含有任何字符时,则称为空串,其长度为 0。在 Visual C++ 2005 版以后的版本中增加了 string 为字符串类型的变量,字符个数没有上限,它可以使用可变大小的内存。所以在 Visual C++ 2015 中表示字符串的方法有两种:一种是用数组的方法,另一种是直接使用 string 类型的变量。

用数组方法表示字符串时,如果字符串中有特殊字符,需要在特殊字符前加"\"进行转义(在 Visual C++ 6 中是利用一维数组来实现的,并且定义字符数组的长度必须大于等于待存储字符串的长度加1,且自动在字符串末尾加'\0'。假设一个字符串的长度为 n,则用于存储该字符串的数组的长度至少应为 n+1,且每个字符在存储时是按它的 ASCII 码或区位码的形式存储的)。字符串在数组中的表示方法为:

	0	1	2	3	4	5	6	7	8	9	10
字符表示	s	t	r	i	n	g	s	.	\0		
ASCII 码表示	83	116	114	105	110	103	115	46	10	0	

2.字符串数组的输入和输出

一个字符串能够在定义字符串类型或字符串数组时直接将字符串常量存储到数组

中，但不能够通过赋值语句把一个字符串直接赋值给数组变量。如：

```
char a[10]="china";                    //使用西文的双引号
char b[30]="He is a student";
char c[10]=" ";
a="book";                              //错误
a[0]='C';
```

其中第一条语句可改写为：

```
char a[10]={ 'c', 'h', 'i', 'n', 'a', '\0'};
```

最后一个字符'\0'是必不可少的，它是一个字符在数组中结束的标志。

第二条语句定义了字符数组 b[30]，其中 b[0]～b[14]存储了字符串中的字符，b[15]为'\0'。

第三条语句定义了一个空字符串，它当中的每一个元素的值都是'\0'。

第四条语句为非法的定义。

第五条语句将 a[0]中的字符 c 用 C 来替换。

另外，也可以将第一条语句改写成如下的形式：

```
char a[10]={ 'c', 'h', 'i', 'n', 'a', '\0'};      \\'\0'可以直接写成常数 0
```

存储字符串的数组，其元素可以通过下标运算符访问，另外也可以对它进行整体的输入和输出。假设 a[14]为一个字符串数组，则下面语句是合法的：

```
cin>>a;
cout<<a<<endl;
```

当计算机执行第一条语句时，要求用户从键盘上输入一个不含空格的字符串，空格键或回车键被作为字符串输入的结束符，并自动在整个字符串的后面加入一个'\0'。

注意：在向一个字符数组输入一个字符串时，输入的字符串的长度要小于字符数组的长度。输入字符串时不需要加引号。

执行第二条语句时向屏幕输出在数组 a 中保存的字符串，并在遇到'\0'时结束。若数组 a 中的内容如下所示：

0	1	2	3	4	5	6	7	8	9	10	11	12	13
c	h	i	n	a	\0	B	e	i	j	i	n	g	\0

则输出 a 时只会输出 china，后面的内容不会被输出。

用一维数组可以存放一个字符串，多个字符串的存储就要用二维数组变量。例如：

```
char a[4][6]={"Bei","jing","shang","hai"};
char b[][4]={"sun","mon","tue","wed","thu","fri","sta"};
char c[5][10]={" "};
```

第一条语句定义了一个二维字符数组 a，由 4 个字符串，每个串的长度不超过 5 个字符。

第二条语句定义了一个二维字符数组 b,第一维的大小不确定,由后面字符串的个数决定,第二维的大小是 4,说明每个字符串的长度最多为 3 个字符。由于大括号中有 7 个字符串,自动定义 b 数组的第一维下标为 7。

第三条语句定义了一个能存储 5 个字符串的二维字符数组 c,每个字符串的长度不超过 9 个字符,该语句对所有字符串元素初始化为一个空串。

下面的例子是对二维字符数组的输入和输出:

```
char a[5][10];
for(int i=0;i<5;i++)cin>>a[i];  //从键盘输入 5 个字符串,每个串的长度不超过 9 个字符
for(i=4;i>=0;i--)cout<<a[i]<<endl;  //将数组中的字符串反向输出,并输出一个换行符
```

3. 字符串类型变量的输入与输出

C++ 标准库中增加了 string 类,从而不必担心内存是否足够以及字符串长度等,而且作为一个类出现,其集成的操作函数足以完成大多数对字符串的操作需要。

为了在程序中使用 string 类型,必须包含头文件<string>。格式如下:

```
#include <string>
```

声明一个 C++ 字符串的格式为:

```
string  变量名
```

例如:

```
string  str;
```

这样就声明了一个字符串变量,但既然是一个类,就有构造函数和析构函数。上面的声明没有传入参数,所以就直接使用了 string 的默认的构造函数,其作用是把 str 初始化为一个空字符串。关于类、构造函数和析构函数的概念将在第 8 章中介绍。

下面语句可以给字符串变量赋值:

```
string str1,str2;                   //定义字符串类型的变量,并生成空字符串给 str1、str2。
string str1="He is a student";
string x[]={"sun","mon","tue","wed","thu","fri","sta"};
```

第一条语句定义了两个变量为字符串类型的变量,占用 32B 的存储空间。

第二条语句将一个字符串赋值给字符串变量 str1,是合法的。

第三条语句定义了能存储 7 个字符串的一维字符串数组。

4.5.2　字符串函数

1. string 类的构造函数和析构函数

在 Visual C++ 2015 系统中定义了如下 string 类的构造函数和析构函数。

(1) string s;　　　　生成一个空字符串 s。

(2) string s(str)　　　生成 str 的复制品。

(3) string s(str,n)　　　　将字符串 str 内从位置 n 开始的部分当作字符串的初值。

(4) string s(str,n,m)　　　将字符串 str 内从 n 开始的连续 m 个字符赋值给 s。

(5) string s(cstr)　　　　　将 cstr 字符串作为 s 的初值。

(6) string s(num,c)　　　　生成一个字符串，包含 num 个 c 字符。

(7) string s(beg,end)　　　以区间 beg;end(不包含 end)内的字符作为字符串 s 的初值。

(8) ～string()　　　　　　销毁所有字符，释放内存(实际上调用了析构函数)。

2. 常用的字符串操作函数(详见附录 C)

字符串操作函数是 C++ 字符串的重点，主要函数如下：

(1) ＝assign()　　　　　　　　　　赋以新值。

(2) swap()　　　　　　　　　　　　交换两个字符串的内容。

(3) ＋＝,append(),push_back()　　在尾部添加字符。

(4) insert()　　　　　　　　　　　插入字符。

(5) erase()　　　　　　　　　　　删除字符。

(6) clear()　　　　　　　　　　　删除全部字符。

(7) replace()　　　　　　　　　　替换字符。

(8) ＋　　　　　　　　　　　　　　字符串连接运算。

(9) ==,! =,<,<=,>,>=,compare()　字符串比较运算。

(10) size(),length()　　　　　　　返回字符的个数。

(11) max_size()　　　　　　　　　返回字符的最大个数。

(12) empty()　　　　　　　　　　判断字符串是否为空。

(13) capacity()　　　　　　　　　返回重新分配之前的字符容量。

(14) data()　　　　　　　　　　　将内容以字符数组形式返回。

(15) substr()　　　　　　　　　　返回某个子字符串。

(16) copy()　　　　　　　　　　　返回值是复制的字符数。

(17) find()　　　　　　　　　　　查找函数。

(18) reserve()　　　　　　　　　保留一定的内存，以容纳一定数量的字符。

关于字符串处理的更多函数，请参看附录 C。

【例 4.16】 观察下列程序的运行结果。

```cpp
#include <iostream>
#include <string>
using namespace std;
int main()
{
    string str1(5, 'A');                //将 5 个 'A' 赋值给 str1
    string str2("I am a student.");
    string str3(str2, 7, 8);            //从第 7 个字符开始连续 8 个字符赋值给 str3
    cout<<str1<<endl;
    cout<<str2<<endl;
    cout<<str3<<endl;
```

```
    return 0;
}
```

运行结果：

```
AAAAA
I am a student.
student.
```

【例 4.17】　观察下列程序的运行结果。

```cpp
#include <iostream>
#include <string>
using namespace std;
int main()
{
    string str2("I am a student.");
    string s1="my name is Li ming.   ";
    cout <<str2 <<endl;
    cout <<str2+s1 <<endl;              //"+"为字符串连接运算符
    cout<<s1.append("I come from Beijing.")<<endl;
                                //将给定字符串追加到 s1 后面
    string s2="welcome come to ";
    cout<<s2.insert(15," Bei jing!!")<<endl;
                                    //从第 15 个字符开始插入给定字符串
    return 0;
}
```

运行结果：

```
I am a student.
I am a student. my name is Li ming.
my name is Li ming. I come from Beijing.
welcome come to  Bei jing!!
```

另外，替换、删除、取子串、字符串连接、查找、字符串比较等函数也经常使用。例如：

```cpp
string s="il8n";
s.replace(1,2,s);           //使用字符串 s 替换字符串中的另一些字符,结果为 i118nn
s.replace(3,2,s);           //结果为 il8i18n
s.erase(13);                //从索引 13 开始往后全删除
s.erase(7,5);               //从索引 7 开始往后删 5 个
s.substr();                 //返回 s 的全部内容
s.substr(11);               //从 11 往后的子串
s.substr(5,6);              //从 5 开始连续 6 个字符
find(s,n1,n2);              //s 是被寻找的对象,n1(可省略)指出 string 内的搜寻
                            //起点索引,n2(可省略)指出搜寻的字符个数
```

```
strcmp(str1,str2);            //比较两个字符串是否相等,返回符合查找条件的字符
                              //区间内的第一个字符的索引,没找到目标就返回 npos
```

4.5.3 字符串应用举例

【**例 4.18**】 编写程序,首先从键盘上输入一个字符串,接着输入一个字符,然后分别统计字符串中大于、等于、小于该字符的个数。

分析:首先将字符串存入 a 数组中,字符存入 ch 中,统计变量设为 c1、c2、c3。

程序如下:

```
#include <iostream>
using namespace std;
const int n=30;
int main()
{
    char a[n];
    char ch;
    int x1=0;
    int x2;
    int x3;
    x1=x2=x3=0;
    cout<<"输入一个字符串";
    cin>>a;
    cout<<"输入一个字符";
    cin >>ch;
    int i=0;
    while(a[i]){ if(a[i]>ch)x1++;
        else if(a[i]==ch)x2++; else x3++;i++;}
    cout<<"c1="<<x1<<endl;
    cout<<"c2="<<x2<<endl;
    cout<<"c3="<<x3<<endl;
    return 0;
}
```

【**例 4.19**】 从键盘输入一个字符串,长度不超过 50,统计出该串中每一种十进制数字字符的个数并输出。

分析:设字符串放入 a 数组中,要统计的 10 个十进制数字的个数放入 b 数组,在未统计前赋初始值 0。借助数字的 ASCII 码进行编程,程序如下:

```
#include <iostream>
using namespace std;
int main()
{
    char a[50];
```

```
    int x,b[10]={0};
    cin>>a;
    cout<<endl;
    for(int i=0;a[i]!='\0';i++)
        if(a[i]>='0'&& a[i]<='9'){x=a[i]-48;b[x]++;}
    for(int i=0;i<=9;i++)cout<<i<<"的个数是:"<<b[i]<<endl;
    cout<<endl;
    return 0;
}
```

【例 4.20】 编写程序,从键盘输入 10 个字符串,再输入一个待查的字符串,统计出含有待查字符串的个数。

方法 1:

```
#include <iostream>
using namespace std;
#include <string>
int main()
{
    char a[10][30]={" "};
    char ch[30];
    int i,n=0;
    cout<<"输入 10 个字符串";
    for(i=0;i<10;i++)cin>>a[i];
    cout<<"输入一个待查字符串";cin>>ch;
    for(i=0;i<10;i++)
        if(strcmp(a[i],ch)==0)n++;
    cout<<" 字符串个数:"<<n<<endl;
    return 0;
}
```

方法 2:

```
#include <iostream>
using namespace std;
#include <string>
int main()
{
    string a[10]={" "};
    string ch;
    int i,n=0;
    cout<<"输入 10 个字符串";
    for(i=0;i<10;i++)cin>>a[i];
    cout<<"输入一个待查字符串";
    cin>>ch;
    for(i=0;i<10;i++)
```

```
        if(a[i]==ch)n++;
    cout<<" 字符串个数:"<<n<<endl;
    return 0;
}
```

【例 4.21】 观察下列程序的输出结果。

```
#include <iostream>
#include <string>
using namespace std;
int main()
{
    string str="First Name :Li Ming";
    char fname[255];
    cout<<"str is:"<<str<<endl;
    int n=str.find(":");
    str.copy(fname,n+1,0);
        fname[n+1]=0;
    cout<<"fname is"<<fname<<endl;
    return 0;
}
```

运行结果：

```
str is: First Name :Li Ming
fname isFirst Name :
```

【例 4.22】 观察下列程序的输出结果。

```
#include <iostream>
#include <string>
using namespace std;
int main()
{
    string str="*******";
    while(!str.empty())
    {
        cout<<str<<endl;
        str.erase(str.end()-1);
    }
    cout<<endl;
    return 0;
}
```

运行结果：

```
*******
******
```

```
*****
****
***
**
*
```

本 章 小 结

数组是由具有相同数据类型和固定数目的元素组成,占用连续的存储空间。每个数据元素又可用下标变量表示。数组所占用内存空间的大小由数组的类型和数组元素的数目决定。

一维数组用一个下标表示,二维数组用两个下标表示,其中第一维下标表示行数,第二维下标表示列数,设数组元素个数为 n,则数组的下标为 0～n−1。

字符串占用连续的存储空间,可以用一维数组来存储,默认字符串的最后一个符号为 '\0',所以字符数组空间的大小至少为字符串的个数加 1,每个字符在内存中用 ASCII 码表示。

字符串可以用 string 类型的数据直接赋值和引用。

对字符串的比较、复制、连接等操作是通过字符串函数来实现。

数组在现实生活中用途广泛,如统计、比较、查找、排序、矩阵运算等。

习 题 四

一、选择题

1. 在"int a[5]={1,3,5,7,9};"的定义中,a[3]的值是(　　)。

   A. 5　　　　　　 B. 7　　　　　　 C. 3　　　　　　 D. 2

2. 已知"int a[5];",下列赋值语句错误的是(　　)。

   A. a[1]=6;　　　 B. a[4]=8;　　　 C. a[5]=10;　　　 D. a[0]=11;

3. 已知"string a1="CHINA";",则"cout<<sizeof(a1);"语句的输出结果为(　　)。

   A. 32　　　　　　 B. 5　　　　　　 C. 6　　　　　　 D. 无限

4. 已知"int a[4][5];",对数组元素个数的描述正确的是(　　)。

   A. 20　　　　　　 B. 12　　　　　　 C. 30　　　　　　 D. 9

5. 已知"int a[4][5];",对数组元素正确的引用是(　　)。

   A. a[3][5]=30;　　 B. a[3][−1]=5;　　 C. a[4][4]=20　　 D. a[3][4]=30;

二、判断题

1. 在 C++ 程序中,数组元素的下标是从 0 开始的,数组元素是连续存储在内存单元中的。　　　　　　　　　　　　　　　　　　　　　　　　　　　　　　(　　)

2. 存储在字符数组中的字符串是按其 ASCII 码的形式存放的,每个字符占用一个字

节,因此数组个数至少要与字符个数相等。 （ ）

3. 用 const 定义的整型变量的值可用来开辟数组,但用 int 定义的整型变量不能用来定义数组。 （ ）

4. 存储在数组中的字符串的末尾都被系统自动加上了'\0'。 （ ）

5. 'A'与"A" 含义是一样的。 （ ）

三、阅读程序题

阅读程序,写出运行结果。

1. 程序 1。

```cpp
#include <iostream>
using namespace std;
#include <string>
int main()
{
    char str[]="hello,world";
    int k=strlen(str);
    char ch;
    for(int i=0; i<k/2; i++)
    {
        ch=str[i];
        str[i]=str[k-i-1];
        str[k-i-1]=ch;
    }
    cout<<str;
    return 0;
}
```

2. 程序 2。

```cpp
#include<iostream>
using namespace std;
int main()
{
    int x[]={1,3,5,7,9},i;
    int *p=x;        //*p为指针类型的变量,这个概念在第5章中介绍
    for(i=0;i<5;i++)x[i]=*p++;
    cout<<x[4];
    return 0;
}
```

3. 程序 3。

```cpp
#include <iostream>
using namespace std;
#include <string>
```

```
char fun(char * c)
{
    if(* c<='z'&& * c>='a') * c-='a'-'A';
    return * c;
}
int main()
{
    char s[100], * p=s;
    cin>>s;
    while(* p)
    {
        * p=fun(p);cout<< * p;p++;
    }
    cout<<endl;
    return 0;
}
```

从键盘输入：

Abcdefg

显示_____

如果输入：

I am a student

显示_____

4. 程序4。

```
#include <iostream>
using namespace std;
int f(int a[],int n)
{
    int i,x;
    x=1;
    for(i=0;i<=n;i++)x=x * a[i];
        return x;
}
int main()
{
    int y,x[]={1,2,3,4,5};
    y=f(x,3);
    cout<<y<<endl;
    return 0;
}
```

5. 程序5。

```
#include <iostream>
#include <string>
using namespace std;
int main()
{
    string str="C++is best computer Langluge.";
    string::iterator It=str.begin();
    while(It!=str.end())
    {
        if(* It==' ')
            cout<< * It<<endl;
        cout<< * It++;
    }
    cout<<endl;
    return 0;
}
```

显示_____

四、编程题

1. 利用随机函数产生 10 个两位整数，然后按从大到小的顺序输出。

2. 从键盘输入一个不大于 80 个字符的字符串，试分别统计每一种英文字母的个数（不区分大小写）。

3. 设 A 和 B 是两个 3×4 的矩阵，写出矩阵 C＝A＋B 的通用程序。

4. 定义一个 3×4 的二维数组，从键盘输入各元素的值，求数组中最大元素的值及其所在位置。

5. 利用随机函数产生 10 个素数，并将其放入数组 a 中，按逆序输出数组 a 中各元素的值。

6. 利用随机函数产生 20 个 2 位以内的数，并将其放入 4×5 的 2 维数组中，转置后输出。

第5章

指 针

指针是 C++ 的重要概念,它提供了一种较为直观的地址操作的手段。正确合理地使用指针,可以方便、灵活、有效地组织和表示复杂的数据结构。

5.1 指针的概念

在 C++ 中,任何一种类型的数据都要占用内存中固定个数的存储单元。如 char 型数据(即字符)占用 1 个存储单元;int 型整数占用 4 个存储单元,即 4B;double 型实数占用 8 个存储单元,即 8B。

指针是表示地址的一种变量,它的值是内存单元的地址。每个内存单元为二进制的八位,即 1B。每个内存单元对应着一个编号(即地址),计算机中央处理器(CPU)就是通过这个地址访问(即存取)对应单元中的内容。所以指针值的范围严格来说只能是自然数,并且不能在两个指针间进行加、乘、除这样的运算。由于在 C++ 中每个数据类型都必有存储空间,所以指针可以应用于几乎所有的数据类型中。所以,从这个角度出发可以将指针分为指向变量的指针、数组指针、字符指针、指向指针的指针、函数指针、结构变量的指针,以及文件指针等。

一个数据被存储在一块连续的存储单元中,其第一个单元的地址称为该数据的地址,根据一个数据的地址和该数据的类型就可以存取这个数据。一个数据的地址被称为指向该数据的指针。该数据被称为指针所指向的数据。

假定 s 是一个 int 型变量,它的值为 50 ,定义指针 p 的语句为 int * p,这里 p 就是一个指向整型的指针,可以用于指向一个整型变量。当 p=&s 时,就是将整型变量 s 的地址赋值给 p。当要访问 s 时,实际上是访问 p 所指向的 4B 内保存的整数 50。指针 p 和 s 之间的关系可用图 5.1(a)表示出来,其中矩形框表示为 s 分配的存储空间,带箭头的线段表示指向。因为指向 s 的指针 P 也需要存储起来,它占用一个指针数据单元,即 4B 的存储空间,所以 p 指向 s,也可以用图 5.1(b)表示出来。

图 5.1 指针与指向数据之间的关系表示

在 C++ 程序中通常使用指针变量来访问它所指向的数据,此时必须知道它所指向的数据的类型,因为当把一个指针变量定义为指向 int 类型的指针时,它指向的数据将是一个整数;若把一个指针变量定义为指向 double 类型的指针,则它所指向的数据就是一个双精度数。

5.2　指 针 变 量

1. 定义格式

在 C++ 程序中使用指针需要先定义,后使用。定义指针的语法形式是

类型关键字 *指针变量名[=指针表达式],…;

其中类型关键字可以是任意类型,指的是指针所指向的对象的类型。

指针变量名表示这里定义了一个指针类型的变量,而不是普通变量。指针变量名前面的类型关键字和星号一起就构成了指针类型,星号字符前、后位置可以不留空格,也可以有任意多个空格。

需要指出的是,在指针变量定义语句中可以同时定义多个指针变量,但每个指针变量名前面都必须重写星号字符,每个星号字符同其最前面共用的类型关键字一起构成指针类型。

指针表达式是在一个变量名前面加上取地址操作符 &。如 a 是一个变量,则 &a 就是一个最简单的指针表达式,该表达式的值为存储 a 的数据单元的首地址。把一个变量的地址赋给一个指针变量后,通过这个指针变量就能够间接地存取所指向的变量的值。

定义指针变量语句中的类型关键字,除了可以是一般的类型关键字外,还可以是指针类型关键字和无类型关键字(void),如 int * 为 int 指针类型关键字。void 是一个特殊的类型关键字,它只能用来定义指针变量,表示该指针变量无类型。

2. 格式举例

```
int * p;                        //定义 p 为一个整型指针变量
int s=10, * ps=&s;              //定义一个整型变量 s 和一个整型指针变量 ps
char x='A', * ch=&x;           //定义了一个字符变量 x 和一个字符指针变量 ch
char * ap="abc", * bp=ab;      //定义了字符指针变量 ap 和 bp
void * p1=0, * p2=cp;          //定义了两个无类型指针变量 P1 和 P2
int * dp[20]={0};              //定义了一个整型指针数组 dp[20],并初始化数组元素为 0
char * ep[3]={"china","Bei","jing"}; //定义了一个字符指针数组 rp[3],其中
                                     //ep[0]指向"china",ep[1]指向"Bei"
                                     //ep[2]指向"jing"
int b=10, * xp=&b, * * yp=&xp; //定义了一个整型变量 b 等于 10;又定义了一个整型指针
                                //变量 xp,等于 b 的地址;又定义了一个整型二级指针变
                                //量 yp,等于 xp 的地址
void * pv, i;                  //定义了一个 void 类型的指针
int a=10; * na=&a, * * np=&na; //定义了一个一级指针变量 na 和二级指针变量 np
```

一般情况下,指针的值只能赋给相同类型的指针。但 void 类型的指针可以存储任何类型的对象地址,即任何类型的指针都可以赋值给 void 类型的指针变量,经过使用类型强制转换,void 类型的指针便可以访问任何类型的数据。如:

```
void * pv, i;
pv=&i;                    //void 类型指针指向整型变量
int * pt=(int * )pv;      //强制类型转换,并将指针所指地址的值赋值给指针变量
```

5.3　指　针　运　算

1. 与指针有关的运算符

C++ 中提供了两个与地址有关的运算符,即 * 和 & 符号。* 称为指针运算符,表示取指针变量的值。& 称为取地址运算符,用来得到一个对象的地址。

必须注意 * 和 & 出现在程序中的位置。* 既可以作为乘法运算符,也可以声明一个变量为指针类型,又可以表示取对象的值。& 既可以表示声明一个引用变量,也可以表示取对象的地址。例如:

```
int   y=a * b;           //声明 y 等于 a 乘 b
int * p;                 //声明变量 p 为指针变量
cout<< * p;              //输出指针变量 p 所指向对象的值
int a,b;
int   &x=a, * pa, * pb=&b;  //声明 x 为 a 的引用,将 b 的地址赋值给 pb
pa=&a;                   //将 a 的地址赋值给 pa
```

2. 与指针有关的运算

指针是一种数据类型。与其他数据类型一样,指针变量可以参与部分运算,包括算术运算、关系运算和赋值运算。下面介绍赋值运算符和指针特有的取地址运算。

(1) 赋值运算。像一般的赋值语句一样,指针运算中的赋值语句是将赋值号右边指针表达式的值赋给左边的指针对象,该指针对象必须是一个左值,并且赋值号两边的指针类型必须相同。例如:

```
char   ch='A',  * cp;
cp=&ch                   //把 ch 的地址赋给 cp
```

(2) 取地址运算。取地址运算符(&)被用在一个指针对象的前面。运算结果是该指针对象的地址。例如:

```
int   a=30, * ap=&a;
cout<<a<<'  '<<ap<<endl;  //输出 a 的值和 a 的地址
```

3. 间接访问运算

间接访问操作符(*)的后面是一个指针操作数,操作结果是该指针所指的对象的值。例如:

```
int  a=5,b=10;
int * ap=&a, * bp=&b;
cout<< * ap<<' '<< * bp<<endl;
int  c= * ap+ * bp;
* ap+=5;
cout<< * ap<<' '<< * bp<<' '<<c<<endl;
```

运行结果：

```
5    10
10   10   15
```

4. 加 1 和减 1 运算

加 1 和减 1 运算的作用是使指针值从当前位置向前或向后移动一个位置。例如：

```
int a[10]={5,7,8,10,12,15,20,15,37,30};    //给数组元素初始化
int  * p=a;                    //定义一个整型指针 p,使之指向 a 数组中的第 1 个元素 a[0]
cout<< * p<<' ';               //输出 a[0]的值
p++;                           //指针指向 a[1]
cout<< * p++<<' ';             //输出 a[1]的值,并使指针指向 a[2]
cout<< * ++p<<endl;            //指针向后移动,指向 a[3],并输出 a[3]的值
```

运行结果：

```
5   7   10
```

在 C++ 中,指针不仅可以进行加 1 和减 1 运算,也可以让指针加上或减去一个整数值 n,其结果是将指针向后或向前移动 n 个数据的地址值。例如：

```
char a[10]="ABCDEF";
char  * p1=a, * p2;
p2=p1+4;
cout<< * p1<<' '<< * p2<<' '<< * (p2-1)<<endl;
```

运行结果：

```
A E D
```

一个指针也可以减去另一个指针,其值为它们之间的数据个数,若被减数较大则得到正值,否则为负值。例如：

```
int a[10]={5,7,8,10,12,15,20,15,37,30};
int  * p1=a,   * p2=p1+8;
p1++;--p2;
cout<<p2-p1<<' '<<p1-p2<<endl;
```

运行结果：

```
6    -6
```

5. 比较运算

指针是一个地址,地址的大小是后面数据的地址大于前面数据的地址,所以两个指针可以比较大小。另外单个指针也可以作为一个逻辑值使用,当它的值不为空时则为逻辑值 true,否则为逻辑值 false。

5.4　指针与数组

指针的加减运算特点使得指针非常适合于处理存储在一段连续内存空间中同类型的数据。而数组中存放的数据恰好具有这一特点,这样便可以使用指针来对数组及其元素进行方便而快捷的操作。

5.4.1　指针与一维数组

假定 a[n]是一维的 int 类型的数组,该数组占用 4×n 个字节的存储空间,该数组的首地址可以通过访问数组名 a 或对 a[0]元素进行取地址运算(&a[0])而得到。如对于数组 a,它的值为 a[0]的地址只允许访问而不允许改变。

一维数组 a[n]中的任何一个数组元素 a[i]的存储地址为 a+i,因为 a[i]是 a 所指向的 a[0]元素之后的第 i 个元素。也可利用间接访问操作符访问 a[i]元素,其访问表达式为 *(a+i)。所以访问数组元素有两种方式,一种是下标方式,另一种是指针方式。

(1) 使用下标方式。

```
int a[10]={1,2,3,4,5,6,7,8,9,0};
int  i;
for(i=0;i<10;i++)cout<<a[i]<<'   ';
```

(2) 使用指针方式。

```
int a[10]={1,2,3,4,5,6,7,8,9,0};
int  i;
for(i=0;i<10;i++)  cout<< * a+i<<'   ';  //或 cout<< * (a+i)<<'   ';
```

(3) 使用指针变量方式。

```
int a[10]={1,2,3,4,5,6,7,8,9,0};
int  i, * p=a;                          //p指向数组 a 的第一个元素 a[0]
for(i=0;i<10;i++)  cout<< * p++<<'   ';
```

(4) 使用指针数组方式。

```
for(i=0;i<10;i++)cout<<p[i]++<<'   ';
```

若指针指向的是字符串,则数组名就是指向字符串的指针,该指针可从第一个字符开始到末尾空字符为止移动,例如:

```
char a[ ]="I am a student";
```

```
char * ch=a;                                    //a 的值为 char * 类型
cout<<ch<<end1;
cout<<ch+5<<end1;
char  b[10];
for(int i=0; i<6; i++)  b[i]=ch[i];
b[i]=0;
cout<<b<<'   '<<&a[6]<<end1;                    //&a[6]等同于 a+6
```

运行结果：

```
I am a student
a student
I am a student
```

可以使用 sizeof 运算符对数组名进行运算得到整个数组所占用的存储空间的大小。例如，sizeof(a)计算得到 a 数组所占用存储空间的大小为 15。

【例 5.1】　编写程序，在字符串数组中查找指定的字符，若找到则输出该字符在数组中第一次出现的位置（下标值），否则输出—1。

```
#include <iostream>
using namespace std;
int main()
{
    char a[]="dfgff1234kjkldssopxyz";
    char * p=a,k;
    cout<<"输入一个字符"<<endl;
    cin>>k;
    for(* p=a[0];* p!='\0';p++)
        if(* p==k)
        {
            cout<<k<<"位置在"<<p-&a[0]<<"上";break;
        }
    if(* p=='\0')cout<<-1<<endl;
    return 0;
}
```

5.4.2　指针与二维数组

二维数组在内存中是以行优先的方式按照一维顺序关系存放的。因此对二维数组可以按照一维指针数组来理解，数组名是它的首地址，这个指针数组的元素个数就是行数，每个元素是一个指向二维数组某一行的指针。例如：

```
int a[m][n];                                    //m 和 n 为已定义的整型常量
```

可以理解为：

```
a[0]        a[0][0],a[0][1],a[0][2] ,---,a[0][n-1]
```

```
a[1]        a[1][0],a[1][[1],a[1][2],---,a[1][n-1]
 ⋮
a[m-1]      a[m-1][0],a[m-1][1],----,a[m-1][n-1]
```

a[i]是该一维数组的数组名,a[i]的值就是指向二维数组 a 中行下标为 i 元素的一维数组的指针,即为 a[i][0]元素的地址,类型为 int *。二维数组 a 中的每个一维元素 a[i]都具有相同的类型,即为一维数组类型 int[n],每个元素 a[i]的地址(即 &a[i])为 int(*)[n]类型,而且 a 的值为 a[0]元素的地址,即二维数组元素 a[0][0]的地址。

由于二维数组 a 为 int 类型,指针加 1 即表示指针后移 4B,因此 a+i 指向数组 a 的行下标为 i 的一维数组的开始位置,即 a[i][0]元素的位置;对于二维数组 a 中的一维元素 a[i],其指针访问方式为 *(a+i),所以二维数组 a[m][n]中任一元素 a[i][j]可等价表示为:

(*(a+i))[j] 或 *(*(a+i)+j)或 *(a[i]+j)

在二维数组 a[m][n]中,a,a[0],&a[0]和 &a[0][0]的地址值都相同。

【例 5.2】 输出数组元素。

```cpp
#include <iostream>
using namespace std;
int main()
{
    int a[2][3]={11,12,13,21,22,23};
    int i,j;
    int (*p)[3]=a;                   //定义指针变量 p,与 a 的值具有相同的指针类型
    for(i=0;i<2;i++)
    {
        for(j=0;j<3;j++)
        cout<<"  "<<p[i][j];          //采用下标方式访问 p 所指向的二维数组
        cout<<endl;
    }
    return 0;
}
```

运行结果:

```
11   12   13
21   22   23
```

采用指针访问方式,可将上面的双重循环改为:

```cpp
for(i=0;i<2;i++)
{
    int * ch=p[i];                   //或使用 * p++或使用 * (p+1)
    for(j=0;j<3;j++)
        cout<<"  "<< * ch++;          //采用指针访问方式
    cout<<endl;
```

```
}
```

也可以改写如下：

```
int    * ch=a[0];                          //把 a[0]写成 &a[0][0]或(int * )a
for(i=0;i<2;i++)
{
    for(j=0;j<3;j++)
        cout<<"  "<< * ch++;
    cout<<endl;
}
```

5.4.3　new 与 delete

1. 动态存储分配的概念

通过使用数组，可以对同类型的大量数据进行处理，但在很多情况下，在程序运行之前，并不能确定数组的大小，如果预先将数组设得很大，将造成内存空间的浪费，如果预先设得小了，又影响对数据的处理。因此在 C++ 中可以使用动态内存分配的方法，即在程序运行阶段从内存中称为"堆存储区"获得变量的存储空间，每个变量存储空间的大小等于所属类型的长度。当程序运行结束后还可以释放这部分空间。

2. new 运算和 delete 运算

在 C++ 中建立和删除堆存储区使用 new 运算和 delete 运算。当程序执行 new 运算时，将从内存中动态分配的堆存储区内分配一块存储空间，其大小等于 new 运算符后指明的数据类型的长度，然后返回该存储空间的地址，对于数组类型返回的是该空间中存储第一个元素的地址。

new 运算格式：

new 数据类型 [(初值表达式)]

该语句在程序运行过程中动态申请用于存放指定数据类型的内存空间，并使用初值表达式给出的值进行初始化，其中初值表达式是可选项。例如：

```
new double;            //动态产生具有 8B 的存储空间,并返回一个指向该存储空间的指针
                       //该指针的类型为 double *
new int 10;            //动态产生具有 40B 的存储空间,然后返回一个指向该存储空间的指针
                       //并对该存储空间初始化为 10
new char[20];          //动态产生具有 20B 的字符数组空间,然后返回指向该存储空间的首地
                       //址的指针,其类型为 char *
new int[n];            //动态产生具有 n 个整数的数组空间,然后返回一个指向该存储空间首
                       //地址的指针,其类型为 int *
new int[m][n];         //动态产生 m×n 个整数的存储空间,然后返回该空间的首地址
```

使用 new 运算动态分配给变量的存储空间，可以使用 delete 运算重新归还给系统；如果删除的是对象，则该对象的析构函数将被调用；若没有使用 delete，则只有等到整个

程序运行结束才被系统自动收回。

　　delete 运算格式：

　　delete 指针名；

或

　　delete [ ]指针名；

【例 5.3】　动态产生存储 m 个整数的存储空间，并赋值 100 以内的整数。

```
#include <iostream>
using namespace std;
#include <stdlib.h>
#include <time.h>
int main()
{
    srand(time(0));
    int i,m;
    cout<<"从键盘输入一个整数:";
    cin>>m;
    int * a=new int[m];
    for(i=0;i<m;i++)
    {
        a[i]=rand()%100;
        cout<<a[i]<<"  ";
    }
    delete []a;
    return 0;
}
```

5.5　引　用　变　量

　　引用是变量的别名，当建立引用时，需要用一个变量的名字对它初始化，因此，引用将作为其所代表的变量的别名来使用，对引用变量的改动实际上是对其所代表的变量的改动。

　　引用变量的定义格式：

　　类型关键字 & 引用变量名=已定义的同类型变量…

　　例如：

　　int i;
　　int &ri=i;

　　此处的 ri 是整型变量 i 的引用，即 ri 是 i 的别名。经过这样的说明后，引用 ri 与变量 i 所代表的是同一个变量，占用同一个存储单元。经下面的语句赋值后：

```
ri=10;
```

变量 i 的值也为 10。

通常，引用类型与它所引用的变量的类型相同，如引用 ri 类型为 int 类型，与 i 的类型相同。

需要说明的是，一旦说明 ri 是 i 的引用，那么在其作用域范围内，引用 ri 不允许再与其他变量建立引用关系。

另外，引用除可以与一般变量建立别名关系外，还可以与使用 new 运算产生的内存变量建立别名关系。例如：

```
float &rf= * new float(15.5);
cout<<rf<<endl;                    //输出结果为 15.5
delete &rf;                        //释放 rf 所引用的动态内存变量
```

【例 5.4】 引用实例。

```
#include <iostream>
using namespace std;
int main()
{
    int i=10,&ri=i,k=20;           //定义 ri 是 i 的引用
    ri=k;
    cout<<"i="<<i<<"\tri="<<ri<<"\tk="<<k<<endl;
    cout<<"&i:"<<&i<<"\t&ri:"<<&ri<<"\t&k:"<<&k<<endl;
                                   //在此语句中 & 作为取地址运算符使用
    i++;
    cout<<"i="<<i<<"\tri:"<<ri<<"\tk="<<k<<endl;
    return 0;
}
```

运行结果：

```
i=20   ri=20   k=20
&i:0012FF60   &ri:0012FF60   &k:0012FF48
i=21   ri=21   k=20
```

通过对程序运行结果进行分析可以看出，ri 是 i 的引用，二者所占用的内存空间地址是一样的，由于执行了 ri=k，因此 3 个变量的输出结果一样。执行 i++ 后，i 与 ri 的值加 1，k 的值不变。

引用变量的几点说明：

（1）如果程序中出现"int &ri=0;"，则表示的是地址为 0。

（2）& 根据出现的位置不同，可以表示为引用或取地址运算符。

（3）声明引用时，必须同时对其进行初始化。

（4）引用声明完毕后，相当于目标变量名有两个名称，即该目标原名称和引用名，且不能再把该引用名作为其他变量名的别名。如"ri=1;"等价于"i=1;"。

(5) 声明一个引用,不是新定义了一个变量,它只表示该引用名是目标变量名的一个别名,引用本身不是一种数据类型,因此不占存储单元,系统也不给引用分配存储单元。因此,对引用求地址,就是对目标变量求地址。&ri 与 &i 相等。

(6) 不能建立数组的引用。因为数组是一个由若干个元素所组成的集合,所以无法建立一个数组的别名。

(7) 不能建立引用的引用,不能建立指向引用的指针。因为引用不是一种数据类型,所以没有引用的引用,没有引用的指针。

例如:

```
int n;
int &&r=n;
```

是错误的,编译系统把 int & 看成一体,把 &r 看成一体,即建立了引用的引用,引用的对象应当是某种数据类型的变量;

```
int & * p=n;
```

也是错误的,编译系统把 int & 看成一体,把 *p 看成一体,即建立了指向引用的指针,指针只能指向某种数据类型的变量。

(8) 值得一提的是,可以建立指针的引用。例如:

```
int * p;
int * &q=p;                              //正确
```

编译系统把 int * 看成一体,把 &q 看成一体,即建立指针 p 的引用,亦即给指针 p 起别名 q。

本 章 小 结

指针也是一种数据类型,占用 4B。除 void 指针类型外,每个指针类型都同一种数据类型相联系,称为指向该数据类型的指针。

一个变量的地址可以用 & 运算符计算得到,也可以将它赋给同类型的一个指针变量,并通过 * 间接访问运算得到指针所指变量的值。

当指针指向一个数组时,它的值为第一个元素的地址,不允许给数组名赋值。

可以用指针访问数组元素,其访问方式可以采用下标方式,也可以采用指针方式。

使用 new 运算符能够进行动态存储空间分配,特别适用于数组空间大小事先不确定的情况,可以采用 delete 运算符释放动态分配的存储空间。

习 题 五

一、选择题

1. 设有说明语句

```
int i=2, * p=&i; char s[20]="hello", * q=s;
```

以下选项中存在语法错误的是（　　　）。

  A. cin>>p;   B. cout<<p;   C. cin>>q;   D. cout<<q;

  2. 设有说明语句

```
char a[ ]="string!", * p=a;
```

以下说法正确的是（　　　）。

  A. sizeof(a)的值与 sizeof(p)的值相等

  B. sizeof(a)的值与 sizeof(* p)的值相等

  C. sizeof(a)的值与 sizeof(a[0])的值相等

  D. 上述说法都是错的

  3. 指向同一个数组的两个指针,做（　　　）运算是没有意义的。

  A. 加法   B. 减法   C. 比较   D. 赋值

  4. 已知"int a=10; int &ra=a;",当执行"++a;"后,引用变量 ra 的值为（　　　）。

  A. 10   B. 11   C. 12   D. 不确定

  5. 下列关于动态分配内存的说法,错误的是（　　　）。

  A. new 和 delete 是 C++ 语言提供的运算符

  B. delete 只能释放 new 分配的内存空间

  C. 用 new 分配的内存空间,其数量可以用常量表示,也可以用变量表示

  D. 使用 new 和 delete 需要加入头文件<string>

二、判断题

1. 一个指针只能指向与它类型相同的变量。   （　　）

2. 指针是变量,引用不是变量。   （　　）

3. 指针和引用在创建时都必须初始化。   （　　）

4. 设有如下的定义："char const * p;",该语句的含义是:指针所指内容不可改,即 * p 是常量字符串。   （　　）

5. 一个指针类型的对象占用内存的 4B 的内存空间。   （　　）

6. 空类型指针不能进行指针运算,也不能进行间接引用。   （　　）

7. 使用取地址操作符,可以取得指针变量自身的地址,但取不到引用变量自身的地址。   （　　）

三、填空题

1. 设 p 是一个指向整型变量的指针,则用 _____ 表示该整型变量的值,用 _____ 表示指针变量的地址。

2. 设 p 是一个指针变量,则 * p++ 运算的结果是 _____。

3. 设 p 所指对象的值为 25,p+1 所指对象的值为 45,则 * p++ 的值为 _____。

4. 设 a 是一个一维数组,则 a[i]的指针访问方式是 _____。

5. 若 p 指向 x,则 _____ 与 x 的表示是等价的。

6. int a[]={5,4,3,2,1}, * p[]={a+3,a+2,a+1,a}, * * q=p 后,表达式
* (p[0]+1)+ * * (q+2)的值是_____。

四、阅读程序题

阅读程序,写出执行结果。

1. 程序 1。

```
#include <iostream>
using namespace std;
int main()
{
    int a[10]={0}, * p;
    p=a;
    cout<<p<<"   "<<a<<endl;
    cout<< * p<<"   "<<a[0]<<endl;
    cout<<sizeof( * p)<<"   "<<sizeof(p)<<"   "<<sizeof(a)<<endl;
    return 0;
}
```

2. 程序 2。

```
#include <iostream>
using namespace std;
int main()
{
    int i,a[8]={14,16,10,12,11,39,13,25};
    int * p=a;
    for(i=0;i<8;i++)
    {
        cout<<"    "<< * p++;
        if((i+1)%4==0)cout<<endl;
    }
    return 0;
}
```

3. 程序 3。

```
#include <iostream>
using namespace std;
const int n=5;
int main()
{
    int a[n]={3,10,6,8,7};
    int * p1=a, * p2=a+n-1;
    while(p1<p2)
```

```
    {
        int x= * p1; * p1= * p2; * p2=x;
        p1++;p2--;
    }
    for(int i=0;i<n;i++)
        cout<< * (a+i)<<"  ";
    cout<<endl;
    return 0;
}
```

4. 程序 4。

```cpp
#include <iostream>
using namespace std;
const int n=12;
int main()
{
    int * a=new int[n];
    a[0]=0;a[1]=1;
    for(int i=2;i<n;i++)
        a[i]=a[i-1]+a[i-2];
    for(int i=0;i<n;i++)
    {
        cout<<"  "<<a[i];
        if((i+1)%5==0)cout<<endl;
    }
    delete []a;
    return 0;
}
```

5. 程序 5。

```cpp
#include <iostream>
using namespace std;
int main()
{
    int a[8]={21,34,65,77,37,98,20,35};
    int s=0;
    int * p=a+3;
    while(p<a+8)s+= * p++;
    cout<<s<<' '<<float(s)/5<<endl;
    return 0;
}
```

五、编程题

1. 从键盘输入一个字符串,用指针方法统计该串中所有十进制数字字符的个数。

2. 用指针方法编程,将一个 3×4 的矩阵进行转置。

3. 利用随机函数产生出 10 个两位正整数,用指针法分别统计出偶数和奇数的和。

4. 用指针方法编程,查找一个指定字符在某一字符串中第一次出现的位置,若找到,则输出其位置号,否则输出-1。

第6章

函　　数

函数是一个能完成某一独立功能的子程序,也称程序模块。函数就是对复杂问题的一种"自顶向下,逐步求精"思想的体现。程序员可以将一个大而复杂的程序分解为若干个相对独立而且功能单一的小块程序(函数)进行编写,并通过在各个函数之间进行调用,来实现总体的功能。

设计 C++ 程序的过程,实际上就是编写函数的过程,至少也要编写一个 main() 函数。

执行 C++ 程序,也就是执行相应的 main() 函数。即从 main() 函数的第一个左花括号"{"开始,依次执行后面的语句,直到最后一个右花括号"}"为止。如果在执行过程中遇到其他函数,则调用其他函数。调用完后,返回到刚才调用函数的下一条语句继续执行。而其他函数也只有在执行 main() 函数的过程中被调用时才会被执行。

函数可以被一个函数调用,也可以调用另一个函数,它们之间可以存在着调用上的嵌套关系。但是,C++ 不允许函数的定义嵌套,即在函数定义中再定义一个函数是非法的。

6.1　函数的定义与调用

在 C++ 程序中调用函数之前,首先要对函数进行定义。如果调用此函数在前,函数定义在后,就会产生编译错误。

为了使函数的调用不受函数定义位置的影响,可以在调用函数前进行函数的声明。这样,不管函数是在哪里定义的,只要在调用前进行了函数的声明,就可以保证函数调用的合法性。

6.1.1　函数的定义

函数定义的一般格式为:

[有效范围] 类型名 函数名 参数表 函数体

有效范围由所使用的保留字 extern 或 static 决定。extern,表示定义了一个全局函数或外部函数,它在整个程序的所有程序文件中都有效,即能够被任何程序文件所调用。static,表示定义了一个局部函数或静态函数,它只在所属的程序文件中有效,即只能被所属的程序文件调用。若省略有效范围选项,则默认为使用了保留字 extern。

类型名就是该函数的类型,也就是该函数的返回值的类型。此类型可以是 C++ 中除函数和数组类型之外的任何一个合法的数据类型,包括普通类型、指针类型和引用类型等。

　　函数的返回值通常指明了该函数处理的结果,由函数体中的 return 语句给出。一个函数可以有返回值,也可以无返回值(称为无返回值函数或无类型函数)。此时需要使用保留字 void 作为类型名,而且函数体中也不需要再写 return 语句,或者 return 的后面什么也没有。每个函数都有类型,如果在函数定义时没有明确指定类型,则默认类型为 int。

　　函数名是一个有效的 C++ 标识符,遵循一般的命名规则。在函数名后面必须跟一对小括号“()”,用来将函数名与变量名或其他用户自定义的标识符区分开来。在小括号中可以没有任何信息,也可以包含形式参数表。C++ 程序通过使用这个函数名和实参表来调用该函数。主函数的名称规定取编译器默认的名称 main()。

　　参数表又称形式参数表,写在函数名后面的一对圆括号内。它可包含任意多个(含 0 个,即没有)参数说明项,当多于一个参数时,其前后两个参数说明项之间必须用逗号分开。

　　每个参数说明项由一种已定义的数据类型和一个变量标识符组成,该变量标识符称为该函数的形式参数,简称形参,形参前面给出的数据类型称为该形参的类型。每个形参的类型可以为任一种数据类型,包括普通类型、指针类型、数组类型、引用类型等。

　　一个函数定义中的参数表可以被省略,表明该函数为无参函数;若参数表用 void 取代,则也表明是无参函数;若参数表不为空,同时又不是保留字 void,则称为带参函数。

　　函数体是一条复合语句,它以左花括号开始到右花括号结束,中间为一条或若干条 C++ 语句,用于实现函数执行的功能。

　　注意:在一个函数体内允许有一个或多个 return 语句,一旦执行到其中某一个 return 语句时,return 后面的语句就不再执行,直接返回调用位置继续向下执行。

　　例如:

```
int max(int a, int b)
{
    int t;
    if(a>b)t=a;
    else t=b;
    return t;
}
```

该函数的功能是返回 a 和 b 中的较大者。

函数形参也可以在函数体外说明。例如:

```
func1(int a, int b)
{
    …
}
```

也可写成:

```
func1(a,b)
int a;
int b;
{
    ...
}
```

【例 6.1】 观察下列程序的运行结果。

```cpp
#include <iostream>
using namespace std;
int func(int n)
{
    if(n>0)
        return 1;
    else if(n==0)
        return 0;
    else return -1;
}

int main()
{
    int n;
    cout<<"Please input n:"<<endl;
    cin>>n;
    cout<<"\nthe result:"<<func(n)<<endl;
    return 0;
}
```

运行结果：

```
Please input n:
5
the result:1
Please input n:
-5
the result:-1
```

注意：C++中不允许函数定义嵌套，即在函数定义中再定义一个函数是非法的。一个函数只能定义在别的函数的外部，函数定义之间都是平行的，互相独立的。

例如，下面的代码在主函数中非法嵌套了一个 a() 函数定义：

```cpp
int main()
{
    void a()
    {
```

```
        函数体；
    }
    return 0;
}
```

6.1.2 函数的声明与调用

在一个函数定义中，函数体之前的所有部分称为函数头。它给出函数名、返回类型、每个参数的次序和类型等函数原型信息，所以当没有专门给出函数原型声明语句时，系统就从每个函数头中获取函数原型信息。

一个函数一般必须先定义或声明而后才能被调用，否则编译程序无法判断该调用的正确性（Visual Basic 2005 版后取消了这一规定）。在一个完整的程序中，函数的定义和函数的调用可以在同一个程序文件中，也可以放在不同的程序文件中，但必须确保函数原型语句与函数调用表达式出现在同一个文件中，且函数原型语句出现在前，函数的调用出现在后。因此函数原型声明，就是告诉编译器函数的返回类型、名称和形参表构成，以便编译系统对函数的调用进行检查。

函数声明的一般格式为：

函数类型 函数名(形式参数表)；

除了需在函数声明的末尾加上一个分号";"之外，其他的内容与函数定义中的第一行（称为函数头）的内容一样。

例如，设有一函数的定义为：

```
double f1(int a, int b, double c)
{
    函数体
}
```

正确完整的函数原型声明应为：

```
double f1(int x, int y, double z);        //末尾要加上分号
```

也可以写为如下形式：

```
double f1(int, int, double);              //函数声明中省略了形参名
```

下面形式的写法是错误的。

```
double f1(x,y,z);                         //函数声明中省略了形参类型
```

或

```
f1(int x, int y, double z);               //函数声明中省略了函数类型
```

或

```
double f1(int x, double z, int y);        //函数声明中形参顺序调换了
```

在 C++ 中，除了主函数 main()由系统自动调用外，其他函数都是由主函数直接或间接调用的。函数调用的语法格式为：

函数名(实际参数表);

实际参数表中每个表达式称为一个实参，每个实参的类型必须与相应的形参类型相同或兼容。每个实参是一个常量、一个变量、一个函数调用表达式或一个带运算符的能确切计算出一个值的表达式。例如：

```
f1(25);                        //实参是一个整数
f2(x);                         //实参是一个变量
f3(a,2*a+4);                   //第一个为变量,第二个运算表达式
f4(sin(x),'a');                //第一个为函数调用表达式,第二个为字符常量
f5(&a,*p,a/b+4);              //分别为取地址运算、间接访问和一般运算表达式
```

常见的函数调用方式有下列两种：

（1）将函数调用作为一条表达式语句使用，只要求函数完成一定的操作，而不使用其返回值。若函数调用带有返回值，则这个值将会自动丢失。例如：

```
max(3,5);
```

（2）对于具有返回值的函数来说，把函数调用语句看作语句一部分，使用函数的返回值参与相应的运算或执行相应的操作。例如：

```
int a=max(5,7);
int a=max(5,7)+1;
cout<<max(5,7)<<endl;
if(f1(a,b))cout<<"true"<<endl;
int a=2; a=max(max(a,5),7);
```

【例 6.2】 求最大值函数。

```cpp
#include <iostream>
using namespace std;
int max(int a,int b,int c);
int main()
{
    int x,y,z;
    cout<<"Please input x y z:"<<endl;
    cin>>x>>y>>z;
    int m=max(x,y,z);
    cout<<"The max is:"<<m<<endl;
    return 0;
}
int max(int a,int b,int c)
{
    int t;
```

```
        t=a;
        if(b>t)t=b;
        if(c>t)t=c;
        return t;
    }
```

6.2　函数调用方式和参数传递

函数调用是实现函数功能的手段,C++中的函数调用包括传值调用和传址调用。

6.2.1　函数调用过程

调用函数分3步:第一步是参数传递,第二步是执行函数体,第三步是返回,即返回到函数调用表达式的位置。因此在函数体中一般都有一个return语句,但当函数为void类型时,称为无返回值函数,此时,return语句可以省略。

参数传递称为"实虚结合",即实参向形参传递信息,使形参具有确切的含义(即具有对应的存储空间和初值)。这种传递又分为两种不同的方式:一种是按值传递,另一种是按地址传递(简称传址)或引用传递。

6.2.2　传值调用

使用传值调用时,调用函数的实参用常量、变量或表达式,被调用的函数的形参用变量。

调用函数时,系统先计算表达式的值,再将实参的值按位置对应的关系赋值给形参,即对形参进行初始化。形参得到值后,在函数运算中其值可以改变,但这只影响到函数体中的形参值,对实参没有影响。所以说,传值调用的特点是形参的变化不影响实参。

【例6.3】　一个传值调用的例子。

```
#include <iostream>
using namespace std;
void swap(int,int);
int main()
{
    int a=3,b=4;
    cout<<"a="<<a<<",b="<<b<<endl;
    swap(a,b);                      //函数调用
    cout<<"a="<<a<<",b="<<b<<endl;
    return 0;
}
void swap(int x,int y)             //无返回值函数
{
    int z=x;
    x=y;
```

```
        y=z;
    }
```

运行结果：

```
a=3,b=4
a=3,b=4
```

从该程序的运行结果看，函数的功能是实现两数交换，但函数调用先后 a,b 的输出结果是一样的，可见虚参的变化不影响实参。

如果想让实参也发生改变，就不能用传值调用，而应改为传址调用或引用调用。

6.2.3　传址调用

使用传址调用时，调用函数的实参用地址值，被调用的函数形参用指针。函数调用时，系统将把实参的存储地址传送给对应的形参指针，从而使得形参指针指向实参地址。因此，被调用函数中对形参指针所指向的地址中内容的改变都会影响到实参。即传址调用的特点是可以通过改变形参所指向变量的值影响实参。

【例 6.4】　传址调用的例子。

```cpp
#include <iostream>
using namespace std;
void swap(int * ,int * );
int main()
{
    int a=3,b=4;
    cout<<"a="<<a<<",b="<<b<<endl;
    swap(&a,&b);                     //函数调用,实参的地址传给形参
    cout<<"a="<<a<<",b="<<b<<endl;
    return 0;
}
void swap(int * x,int * y)              //形参用指针变量
{
    int z= * x;
    * x= * y;
    * y=z;
}
```

运行结果：

```
a=3,b=4
a=4,b=3
```

从该程序的运行结果来看，函数的功能将 x 和 y 做了交换，程序运行结果也将 a 和 b 的值做了交换。可见，传址调用可以在被调用的函数中改变形参的值后，实参的值也相应发生了变化。但如果在函数中反复利用指针进行间接访问，会使程序容易产生错误且难

以阅读。如果改为引用调用的方式,则既可以使得对形参的任何改变影响到实参,又使函数调用显得方便、直接。因此,C++ 中经常使用引用作为函数的形参。引用调用是在形参前面加上引用运算符 &。

【例 6.5】　引用调用的例子。

```cpp
#include <iostream>
using namespace std;
void swap(int &,int &);
int main()
{
    int a=3,b=4;
    cout<<"a="<<a<<",b="<<b<<endl;
    swap(a,b);                      //函数调用,实参用变量的方式
    cout<<"a="<<a<<",b="<<b<<endl;
    return 0;
}
void swap(int &x,int &y)           //形参用引用的方式
{
    int z=x;
    x=y;
    y=z;
}
```

运行结果:

```
a=3,b=4
a=4,b=3
```

从该程序的运行结果可以看出,在引用调用方式中,实参用变量名,形参用引用,调用时将实参的值赋值给形参的引用变量。程序运行后,引用变量的值发生变化,对应的实参的值也发生变化。在 C++ 编程中,经常使用传值和引用的方法,较少使用传址的方法,因为传址调用要用到指针,而用指针传递参数容易出错。

6.2.4　数组作为参数调用

数组作函数的参数时,实质上是将实参中数组的首地址传递给形参。当调用函数的实参用数组名,被调用函数的形参用数组,这种调用机制是形参和实参共用内存中的同一块区域,因此函数中数组值的改变也会影响到实参中数组元素的值。

【例 6.6】　分析下面的程序。

```cpp
#include <iostream>
using namespace std;
int a[10]={12,34,45,3,8,33,67,14,48,74};
void sort1(int b[],int n);
int main()
```

```
    int i;
    for(i=0;i<10;i++)                        //输出原数组元素的值
        cout<<a[i]<<"   ";
    cout<<endl;
    sort1(a,10);                             //调用函数
    for(i=0;i<10;i++)                        //输出排序后的数组元素值
        cout<<a[i]<<"   ";
    cout<<endl;
    return 0;
}
void sort1(int b[],int n)
{
    int i,j,k;
    for(i=0;i<n-1;i++)
        for(j=i+1;j<n;j++)
            if(b[i]<b[j])
            {
                k=b[i];b[i]=b[j];b[j]=k;
            }
    return;
}
```

运行结果：

```
12   34   45   3   8   33   67   14   48   74
74   67   48   45   34   33   14   12   8   3
```

该程序中，开始定义了一个外部一维数组 a[]，还定义了一个排序函数。函数中形参使用 b[] 数组，主函数 main() 中调用语句的实参使用数组名 a。从输出结果看，调用函数后数组 a[] 中元素发生了变化，说明数组 a[] 和 b[] 占用同一存储单元。

在 C++ 中，数组名被规定为一个指针，该指针指向该数组元素的首地址，因此数组名就是一个常量指针。实际上，形参和实参一个用指针，一个用数组名也是可以的。

【例 6.7】 分析下面的程序。

```
#include <iostream>
using namespace std;
int a[10]={12,34,45,3,8,33,67,14,48,74};
void sort1(int * p,int n);
int main()
{
    int i;
    for(i=0;i<10;i++)
        cout<<a[i]<<"   ";
    cout<<endl;
```

```
    sort1(a,10);                        //实参用数组名
    for(i=0;i<10;i++)
        cout<<a[i]<<"  ";
    cout<<endl;
    return 0;
}
void sort1(int * p,int n)               //形参用指向数组的指针
{
    int i,j,k;
    for(i=0;i<n-1;i++)
        for(j=i+1;j<n;j++)
            if(p[i]<p[j])
            {
                k=p[i];p[i]=p[j];p[j]=k;
            }
    return;
}
```

另外,对实参用数组名,形参用引用方式也是可以的。这里先用类型定义语句定义一个 int 类型的数组类型。例如:

```
typedef int ARRAY [10];
```

然后使用 array 来定义数组和引用。

【例 6.8】 分析如下程序的输出结果。

```
#include <iostream>
using namespace std;
typedef int ARRAY[10];
int a[10]={12,34,45,3,8,33,67,14,48,74};
void sort1(ARRAY &b,int n);
int main()
{
    int i;
    for(i=0;i<10;i++)
        cout<<a[i]<<"  ";
    cout<<endl;
    sort1(a,10);                        //使用数组名调用函数
    for(i=0;i<10;i++)
        cout<<a[i]<<"  ";
    cout<<endl;
    return 0;
}
void sort1(ARRAY &b,int n)               //使用引用作为参数
{
    int i,j,k;
```

```
    for(i=0;i<n-1;i++)
        for(j=i+1;j<n;j++)
            if(b[i]<b[j])
            {
                k=b[i];b[i]=b[j];b[j]=k;
            }
    return;
}
```

运行结果：

```
12  34  45  3  8  33  67  14  48  74
74  67  48  45  34  33  14  12  8  3
```

6.3 变量的作用域

变量的作用域用于定义变量可以在哪些代码区域中起作用，类似于命名空间。这种机制允许在不同的环境下使用相同命名的对象，这些对象不会因为命名相同而造成冲突。变量的作用域又称作用范围，每个变量都遵从先定义后使用的原则。根据变量在程序汇总出现的位置不同，其作用域也不同。一个变量离开了它的作用域，系统将自动释放其占用的内存空间，因此该变量也就不可见了。

6.3.1 作用域分类

变量的作用域按大小分 4 个层次：全局作用域、文件作用域、函数作用域和块作用域。

1. 全局作用域

具有全局作用域的变量的作用范围最大，它包含组成该程序的所有文件。当一个变量的定义语句出现在一个程序文件的所有函数之外，并且不带有任何存储属性标识符或使用 extern 属性标识符时，则该语句的变量具有全局作用域，它在整个程序的所有文件中都有效，即在所有文件中都是可见的。当一个全局变量没有在本程序文件中定义，但在本程序中使用时，则必须在本程序文件开始进行声明，格式如下：

extern 类型名 变量名表

其中，变量名表中可以包含多个变量，各变量之间用逗号分隔，若在定义时没有初始化，则系统默认的初始值为 0。

2. 文件作用域

具有文件作用域的变量仅在定义它的文件内有效。当一个变量定义语句出现在一个程序文件中的所有函数定义之外，且该语句带有 static 存储属性时，则该语句定义的所有变量都具有文件作用域，该变量在其他文件中是无效的、不可见的。若在定义文件作用域变量时没有初始化，则默认的初始值同样为 0。另外，宏定义所定义的符号常量一般具有文件作用域,在没有使用 undef 命令前,其作用域从定义时起,到该文件结束时止。

3. 函数作用域

一般函数的形参和在函数中定义的自动类变量与内部静态类变量,以及函数中定义的语句标号都属于具有函数作用域的变量。但由于语句标号不是变量,因此语句标号不属于变量的一种作用域,仅在定义它的函数内有效。

4. 块作用域

当一个变量是在一个函数体内定义时,则称它具有块作用域。其作用域范围是从定义点开始,直到该块结束(即所在复合语句的右花括号)为止。

具有块作用域的变量成为局部变量,若局部变量没有初始化,则系统也不会对它初始化,它的值是不确定的。对于在函数体中使用的变量定义语句,若在其前面加上 static 保留字,则称所定义的变量为静态局部变量,若静态局部变量没有被初始化,则编译时会自动将其初始化为 0。

对于非静态局部变量,每次执行到它的定义语句时,都会为其分配对应的存储空间,并对带初始表达式的变量进行初始化;而对静态局部变量,只是在整个程序执行过程中每一次执行到它的定义语句时为其分配对应的存储空间,并进行初始化,以后再执行到它时什么都不会做,相当于第一次执行后就删除了该语句。

函数中定义的形参具有块作用域,这个块是作为函数体的复合语句,当离开函数体后它就不存在了,函数调用时为它分配的存储空间也就被自动回收了,当然引用参数对应的存储空间不会被回收。由于每个形参具有块作用域,因此它也属于局部变量。

在 C++ 程序中定义的符号常量也同样具有块作用域。当符号常量定义语句出现在所有函数定义之外,并且在前面带有 extern 保留字时,则定义的常量具有全局作用域。若在前面带有 static 关键字或什么都没有,则所定义的常量具有文件作用域。若符号常量定义语句出现在一个函数体内,则定义的符号常量具有局部作用域。

利用 new 运算符动态分配的对象,它的作用域和生存期都是从动态分配建立对象开始到采用 delete 运算符回收或整个程序结束为止。

具有同样作用域的任何标识符,不管它表示什么对象(如常量、变量、函数和类型等)都不允许重名,若重名则系统就无法唯一确定它的含义。

由于每一个复合语句就是一个块,因此在不同的复合语句中定义的对象具有不同的块作用域,也称具有不同的作用域,其对象名允许重名,因为系统能够区分它们。

6.3.2 应用举例

【例 6.9】 观察下列程序的运行结果。

```
#include <iostream>
using namespace std;
void add(int num);                    //文件作用域
void change_sum();                    //文件作用域
int sum=1;                            //文件作用域
```

```
    int main()
    {
        int num=5;                              //在主文件中有效,具有局部作用域,仅在该大括号内有效
        add(num);                               //调用函数 add
        cout<<"main num="<<num<<endl;           //输出结果为 5
        for(int sum=0, num=0;num<5;num++)
                                                //此处的 sum 和 num 具有块作用域,仅在 for 循环内有效
        {
            sum+=num;
            cout<<"num="<<num;                  //输出 0～5
            cout<<"for sum="<<sum<<endl;        //输出 0～5 的叠加和
        }
        {
            int i;                              //i 具有块作用域,仅在该大括号内可见
            for(i=0;i<10;i++);                  //注意循环语句后的分号
                cout<<"i="<<i<<endl;            //输出结果为 10
        }
        cout<<"main sum="<<sum<<endl;           //输出 1
        cout<<"main num="<<num<<endl;           //输出 5
        change_sum();
        cout<<"file sum="<<sum<<endl;           //输出全局的 sum,结果为 2
        return 0;
    }
    void add(int num)                           //文件作用域
    {
        num++;                                  //num 具有局部作用域
        cout<<"add num="<<num<<endl;
    }
    void change_sum()                           //文件作用域
    {
        sum++;                                  //sum 具有文件作用域
        cout<<"change_sum="<<sum<<endl;
    }
```

运行结果：

```
add num=6
main num=5
num=0for sum=0
num=1for sum=1
num=2for sum=3
num=3for sum=6
num=4for sum=10
i=10
main sum=1
```

```
main num=5
change_sum=2
file sum=2
```

从上例中可以比较清楚地明白局部作用域和文件作用域的概念。另外应注意，文件作用域不仅限于变量，也包括函数。在文件作用域中函数也是以其声明开始到文件结尾结束，而且当拥有文件作用域与拥有局部作用域变量同名时，不会发生冲突。

【例 6.10】 在块作用域内引用文件作用域的同名变量。

```cpp
#include <iostream>
using namespace std;
int i=10;
int main()
{
    {
        int i=5,k;
        ::i=::i+4;
        k=::i+i;
        cout<<"i="<<i<<",::i="<<::i<<",k="<<k<<endl;
    }
    cout<<"::i="<<i<<endl;
}
```

运行结果：

```
i=5,::i=14,k=19
::i=14
```

从程序运行结果可以看出，在函数外部定义的标识符或用 extern 说明的标识符都为全局变量，其作用域为文件作用域，它从声明之处开始，到文件结束一直是可见的。当块作用域内的局部变量与全局变量同名时，局部变量优先，但可在块作用域内使用作用域标识符"::"来引用与局部变量同名的全局变量名。

在 C++ 语言中允许在函数的说明或定义时给一个或多个形参指定默认值。当一个函数既有定义又有声明时，形参的默认值必须在声明中指定，而不能放在定义中指定。只有当函数没有声明时，才可以在函数定义中指定形参的默认值。默认值的定义必须遵守从右到左的顺序。即如果某个形参没有默认值，则它左边的参数就不能有默认值。例如：

```cpp
int add(int a, int b,int c=3);         //合法
int add(int a=1, int b, int c=3);      //不合法
```

在函数调用时，编译器按从左到右的顺序将实参与形参结合，当实参的数目不足时，编译器将按同样的顺序用说明中或定义中的默认值来补足所缺少的实参。如下面的例子。

【例 6.11】 带默认形参值的函数调用。

```cpp
#include <iostream>
```

```
using namespace std;
int m=10;
int add(int x,int y=7,int z=m);
int  main()
{
    int a=5,b=15,c=20;
    int sum=add(a,b);
    cout<<"sum="<<sum<<endl;
}
int add(int x,int y,int z)
{
    return x+y+z;
}
```

运行结果：

sum=30

从程序的运行结果可以看出，x 取值为 5，y 取值为 15，z 取值为 m 的值 10。即在函数调用时没有给定 z 的值，因此取默认值 m=10。

【例 6.12】 计算 1+2+3+…+n 前 n 个整数之和。

```
#include <iostream>
using namespace std;
int add(int n)
{
    static int sum=0;
    sum+=n;
    return sum;
}
static int k;
void main()
{
    int i;
    for(i=1;i<=5;i++)
    {
        k=add(i);
        cout<<"前"<<i<<"个整数之和为:"<<k<<endl;
    }
}
```

运行结果：

前 1 个整数之和为：1
前 2 个整数之和为：3
前 3 个整数之和为：6

前 4 个整数之和为:10

前 5 个整数之和为:15

6.4 递 归 函 数

1. 函数的嵌套调用

在 C++ 中,一个函数可以调用另一个函数,这个被调用函数还可以调用其他函数,并形成任何深度的调用层次。例如:

```cpp
int fun1(int a, float b)
{
    int  c;
    c=fun2(a,a+b);
    return c;
}
int fun2(int x, int y)
{
    int z;
    z=fun3(int n);
    return z;
}
int fun3(int n)
{
    int p=0,k;
    for(k=0;k<n;k++)
    p+=k;
    return p;
}
```

这里 fun1、fun2 和 fun3 都是独立定义的函数。

2. 函数的递归调用

在调用一个函数的过程中,函数的某些语句又直接或间接的调用函数本身,这就形成了函数的递归调用。递归调用有两种方式:直接递归调用和间接递归调用。直接递归调用即在一个函数中调用自身;间接递归调用即在一个函数中调用了其他函数,而在该其他函数中又调用了本函数。图 6.1(a)表示了直接递归调用,图 6.1(b)表示了间接递归调用。

在 fun 内部的某条语句调用了 fun 函数本身,构成了直接递归调用。

funa 函数内部的某条语句调用了 funb,而 funb 函数的某条语句又调用了 funa,构成了间接递归调用。

不论是直接递归调用还是间接调用,递归调用都形成了调用的回路,如果递归的过程没有一定的终止条件,程序就会陷入类似死循环的情况。因此,在设计递归函数时,可以

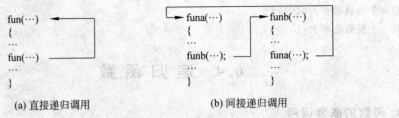

(a) 直接递归调用　　　　　　　(b) 间接递归调用

图 6.1　函数的递归调用

使用分支语句来进行控制，一定要保证递归过程在某种条件下可以结束。下面通过一个例子来解释递归的过程。

【例 6.13】　求 n 的阶乘 n!。

```cpp
#include <iostream>
using namespace std;
long fact(int n)
{
    if(n<0)
    {
        cout<<"error!"<<endl;
        return -1;
    }
    else if(n==1) return 1;
    else return n * fact(n-1);
}
int main()
{
    int n;
    cout<<"please input n:"<<endl;
    cin>>n;
    cout<<"n!="<<fact(n)<<endl;
    return 0;
}
```

运行结果：

please input n:

输入 3，按 Enter 键后得到结果如下：

n!=6

下面分析程序的运行过程：

（1）程序开始运行后，进入 main() 函数，输入变量 n（假设输入 3）。

（2）开始调用函数 fact(n)，这里传递实际参数 3。

（3）进入函数 fact(3)，3! ＝3×fact(2)，因此准备执行 fact＝3×fact(2)，在计算 fact

之前,先调用 fact(2)。

(4) 进入函数 fact(2),2! ＝2×f(1),因此准备执行 fact＝2×f(1),在计算 fact 之前,先调用 fact(1)。

(5) 进入函数 fact(1),这次 n＝1,因此 fact＝1,本次函数调用结束并返回 1。

(6) 回到 fact(2);计算 fact＝2×1,fact(2)调用结束并返回 2。

(7) 回到 fact(3);计算 fact＝3×2,fact(3)调用结束并返回 6。

(8) 程序回到 main()函数,执行 cout 语句,输出结果 n!＝6,程序结束。

递归过程如图 6.2 所示。

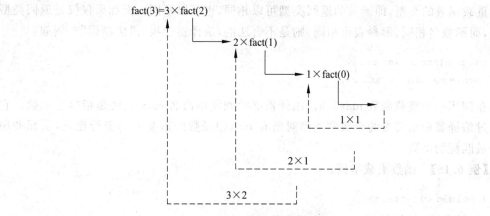

图 6.2　例 6.13 的递归过程

【**例 6.14**】　计算 $f(x)=x^n$,要求采用递归调用函数完成。

分析:因为 $x^n = x \cdot x^{n-1}$,只需要知道 x^{n-1}。而 $x^{n-1} = x \cdot x^{n-2}$,此时只需要知道 x^{n-2},自身依然调用 f(x,n−2),依此类推,直到 $x^0 = 1$,0 为递归调用的终止条件。

程序如下:

```
include <iostream>
using namespace std;
long f(int x,int n)
{
    int y;
    if(n>0)y=f(x,n-1) * x;
    else y=1;
    return y;
}
int main()
{
    int x,n;
    cout<<"输入 x 和 n 的值"<<endl;
    cin>>x>>n;cout<<"x 的 n 次方为:"<<f(x,n)<<endl;
    return 0;
}
```

6.5　重 载 函 数

函数重载是 C++ 支持的一种特殊函数,又称函数的多态性,是指在相同的声明域中有同名的函数,但函数类型或参数表必须不同。例如,下面是合法的重载函数:

```
int max(int,int);
double max(double,double);
float max(float,float,float);
```

重载函数的类型,即函数的返回类型可以相同,也可以不同。但如果仅仅是返回类型不同,而函数名相同、形参表也相同,则是不合法的,编译器会报"语法错误"。例如:

```
int max(int a, int b);
double max(int a, int b);
```

在调用一个重载函数 max()时,编译器必须判断函数名 max 到底是指哪个函数。它是通过编译器根据实参的个数和类型对所有 max()函数的形参一一进行比较,从而调用一个最匹配的函数。

【例 6.15】　函数重载举例。

```
#include <iostream>
using namespace std;
float add(float x, float y)
{
    return(x+y);
}
int add(int x, int y)                    //形参类型不同
{
    return(x+y);
}
int add(int x, int y, int z)             //形参个数不同
{
    return(x+y+z);
}
int main()
{
    float a,b,c;
    cout<<"输入两个浮点数:"<<endl;
    cin>>a>>b;
    c=add(a,b);
    cout<<"这两个浮点数的和是:"<<c<<endl;
    int m,n,s;
    cout<<"输入两个整数:"<<endl;
    cin>>m>>n;
```

```
s=add(m,n);
cout<<"这两个整数的和是:"<<s<<endl;
int i,j,k,l;
 cout<<"输入三个整数:"<<endl;
cin>>i>>j>>k;
l=add(i,j,k);
cout<<"这三个整数的和是:"<<l<<endl;
return 0;
}
```

6.6 模板函数

1. 模板的概念

6.5 节中讲到的重载函数可以让程序员对具有相同功能的函数进行重载。例如:

```
int max(int x,int y)
{
    return (x>y)?x:y;
}
float max(float x,float y)
{
    return (x>y)?x:y;
}
double max(double x,double y)
{
    return (x>y)?x:y;
}
```

这些函数的功能相同,只是参数的类型和返回值的类型不同,能否为这些函数只写一套代码? 答案就是使用模板。即将数据类型改为一个设计参数,这种类型的程序设计也称参数化(parameterize)程序设计。例如:

```
template<class type>
type max(type a,type b)
{
    return (a>b)?a,b;
}
```

所谓模板,就是写一个函数模子,用这个模子可以完成许多功能相同而参数类型和返回值不同的函数。所以模板真正解决了代码的可重用性问题。

函数重载和函数模板有着本质的区别。函数重载是指用同一个名字定义不同的函数。而函数模板是指用一个名字定义不同的函数,这些函数功能相同,但参数类型和返回值类型不同。

模板分函数模板和类模板,C++ 允许用户分别用它们构造出模板函数和模板类。当模板被实例化时，实际的内置类型或用户定义类型将替换模板的参数类型。如 int，double，char 等都是有效的模板实参类型。

2. 函数模板的定义

函数模板的定义如下：

```
template<类型 1 变量 1, 类型 2  变量 2, … >
返回值类型    函数名(函数形参表)
{
     函数体;
}
```

其中，template 是声明模板的关键字，它表示声明一个模板。

模板中的类型参数由一个普通的参数声明构成。模板类型参数表示该参数名代表了一个潜在的值，而该值代表了模板定义中的一个常量。例如，以下的模版定义中 size 就是一个模板类型参数，它代表 x 指向的数组长度。

```
template <class Type,int size>
Type max(const Type(&x)[size])        //定义了一个 Type 类型的函数，寻找数组中的最大值
{
     Type max=x[0];
     for(int i=1;i<size;i++)
         if(x[i]>max)max=x[i];
     return max;
}
```

在这个例子中，Type 表示 max() 的返回类型，size 表示 x 引用数组的长度。在程序运行过程中，Type 会被各种内置类型和用户定义的类型所替代，而 size 会被常量值所取代，这些常量值是由实际的 max() 决定的，类型和值的替换过程被称为模板的实例化。

当函数模板 max() 被实例化时，size 的值会被编译成已知的常量，函数定义或声明跟在模板参数表后，除模板参数是类型标识符或常量外，函数模板的定义与一般函数的定义相同。

【例 6.16】 编写求数组中最大值的函数，设计成函数模板。

```
#include <iostream>
using namespace std;
template <class Type,int size>
Type max(const Type(&x)[size])              //寻找数组中的最大值
{
     Type max=x[0];
     for(int i=1;i<size;i++)
         if(x[i]>max)max=x[i];
     return max;
}
int main()
```

```
{
    int a[]={10,6,8,14,5,25};
    double d[]={10.5,23.4,56.7,44.5,11.6,23.9};
    int i=max(a);                      //用数组实例化 max()
    cout<<"整数数组 a 的最大值是:"<<i<<endl;
    double df=max(d);                  //用数组 d 实例化 max()
    cout<<"实型数组 d 的最大值是:"<<df<<endl;
    return 0;
}
```

运行结果:

```
整数数组 a 的最大值是:25
实型数组 d 的最大值是:56.7
```

在运行该程序中的语句

```
int i=max(a);
```

时,函数模板 max() 被实例化为 max() 的整型实例,这里 Type 被 int 取代,size 被 6 取代。

3. 使用函数模板

函数模板只能声明,不能直接执行,需要实例化为模板函数后才能执行。当一个名字被声明为模板参数后,它就可以被使用了,一直到模板声明或定义结束。模板类型参数被用作一个类型标识符,可以出现在模板定义的余下部分。其使用方式与内置或用户定义的类型完全一样,如用来声明变量和强制类型转换。模板的非类型参数被用作一个常量,可以出现在模板定义的余下部分,它用在要求常量的地方,或在声明数组中指定数组的大小,或作为枚举常量的初始值。

在函数模板定义中声明的对象或类型不能与模板参数同名。例如:

```
template <class Type>
 Type max(Type a,Type b)            //错误的声明
{                                   //重新声明模板参数 Type
    Typedef double Type;
    Type temp=a>b?a:b;
    return  temp
}
```

模板类型参数名可以被用来指定函数模板的返回类型。例如:

```
template <class T1, class T2, class T3>   //T2 和 T3 表示参数类型
T1 max(T2,T3);                            //T1 表示 max()函数的类型
```

模板参数名在同一模板参数表中只能被使用一次。下面的代码是错误的:

```
template <class T1, class T1>
T1 max(T1 ,T1);
```

但模板参数名可以在多个函数模板声明或定义之间被重复使用。例如：

```
template <class T1>
T1 max(T1,T1);
template <class T1>
T1 add(T1,T1);
```

如果一个函数模板有一个以上的模板类型参数，则每个模板类型参数前都必须有关键词 class 或 typename。例如：

```
template <typename T, class X>        //typename 和 class 可以混用
T sum(T * ,X);                        //错误的说明
```

可以改为：

```
<typename T, class X>               //或<typename T, typename X>
template  <typename T, X>
T sum(T * ,X);
```

在函数模板参数表中，关键词 typename 和 class 意义相同，可以互换使用。关键词 typename 是新加入到标准 C++ 中的。

4. 函数模板应用举例

函数模板的应用使得程序员能够用不同类型的参数调用相同的函数，由编译器决定应该用哪种类型，并从模板函数中生成相应的代码。

【例 6.17】 定义一个函数后，把这个函数改为模板函数。

```
#include <iostream>
using namespace std;
#include <string>
void printstr(const string& str)
{
    cout<<str<<endl;
}
int main()
{
    string str("I am a student");
    printstr(str);
    return 0;
}
```

将这个函数改为模板：

```
#include <iostream>
using namespace std;
#include <string>
template<typename T>
void printstr(const T& str)
```

```
{
    cout<<str<<endl;
}
int main()
{
    string str("I am a student");
    printstr(str);
    return 0;
}
```

【例 6.18】　求 3 个数或字符串中的最大值。

```
#include<iostream>
using namespace std;
#include<string>
template<typename T>
T max(T a,T b,T c)
{
    if(b>a)a=b;
    if(c>a)a=c;
    return a;
}
int main()
{
    int x,y,z,k;
    cin>>x>>y>>z;                      //输入 3 个整数
    k=max(x,y,z);
    cout<<"最大整数值:"<<k<<endl;
    string st1,st2,st3,str;
    cin>>st1>>st2>>st3;                //输入 3 个字符串
    str=max(st1,st2,st3);
    cout<<"最大字符串是:"<<str<<endl;
    return 0;
}
```

6.7　内联函数

在 C++ 中,为了解决一些频繁调用的小函数大量消耗栈空间(或者称栈内存)的问题,特别引入了 inline 修饰符,表示为内联函数。所谓栈空间是指存放程序的内部数据的内存空间。在计算机系统中,栈空间是有限的,如果频繁、大量地使用,就会造成因栈空间不足导致程序出错,函数的死循环和递归调用都会导致栈内存空间枯竭。下面看一个例子。

【例 6.19】　判断数组元素的奇偶性。

```
#include <iostream>
#include <string>
using namespace std;
 inline string pac(int x);                    //定义了一个 string 类型的内联函数
   int a[10]={3,67,45,22,47,32,90,14,13,47};
int main()
{
    for(int i=0;i<10;i++)
    cout <<a[i] <<":" <<pac(a[i])<<endl;
    return 0;
}
string pac(int x)                    //这里不用再次 inline,也可以加上 inline
{
    return(x%2>0)?"奇":"偶";
}
```

上面的例子就是标准的内联函数的用法,使用 inline 修饰带来的好处是在每个 for 循环的内部所有调用 pac() 的地方都换成了"(x%2>0)?"奇":"偶""这样就避免了频繁调用函数对栈内存重复开辟所带来的消耗。

需要注意的是,引入内联函数的目的是解决程序中函数调用的效率问题。内联函数只适合函数体内代码简单的函数使用,不能包含复杂的结构控制语句,例如 for、while、goto 和 switch 等,并且内联函数本身不能是直接递归函数。在程序中,调用其函数时,内联函数在编译时被替代,而不是像一般函数那样是在运行时被调用。

内联函数可以在一开始仅定义或声明一次,但必须在函数被调用之前定义或声明。否则,编译器不认为那是内联函数,仍然将其当作普通函数来处理调用过程。从用户的角度看,调用内联函数和一般函数没有任何区别。

6.8 函数指针

在程序运行中,函数代码是程序的算法指令部分,它们和数组一样也占用存储空间,并都有相应的地址。可以使用指针变量指向数组的首地址,也可以使用指针变量指向函数代码的首地址,指向函数代码首地址的指针变量称为函数指针。因而"函数指针"就是一个指针变量,该指针变量指向函数,而函数的入口地址就是函数指针所指向的地址。有了指向函数的指针变量后,可用该指针变量调用函数,就如同用指针变量可引用其他类型变量一样。

函数指针有两个用途:调用函数和做函数的参数。

1. 函数指针声明

函数指针的声明方法为:

函数类型 (*指针变量名)(形参列表);

其中,函数类型说明函数的返回类型;＊指针变量名表示指向函数指针的名字;形参列表表示指针变量指向的函数所带的参数列表。

例如:

```
int fun(int x);                          //声明一个函数
int(＊f)(int x);                         //声明一个函数指针
f=fun;                                    //将 fun 函数的首地址赋给指针 f
```

赋值时函数 fun 不带括号,也不带参数,由于 fun 代表函数的首地址,因此经过赋值以后,指针 f 就指向函数 fun(int x)代码的首地址。

注意:如果将函数指针的定义写成"int ＊f(int x);"则是错误的,因为按照结合性和优先级来看是先和()结合,然后变成了一个返回整型指针的函数,而不是函数指针,这一点尤其需要注意。

另外,函数括号中的形参不能省略。在定义函数指针时,函数指针和它指向的函数的参数个数和类型都应该是一致的。函数指针的类型和函数的返回值类型也必须是一致的。

2. 函数指针调用函数的方法

【例 6.20】 任意输入 n 个数,找出其中最大数,并且输出最大数值。

```
#include <iostream>
using namespace std;
int f(int x,int y);
int a,b,z;
int main()
{
    int i;
    int(＊p)(int,int);                    /＊ 定义函数指针 ＊/
    cin>>a;
    p=f;                                   /＊ 给函数指针 p 赋值,使它指向函数 f ＊/
    for(i=1;i<9;i++)
    {
        cin>>b;
        a=(＊p)(a,b);                       /＊ 通过指针 p 调用函数 f ＊/
    }
    cout<<"The Max Number is:"<<a;
    return 0;
}
int f(int x,int y)
{
    z=(x>y)?x:y;
    return z;
}
```

运行结果:

```
23 - 40 99 45 1 - 47 43 234↙
The Max Number is:234
```

在这里 p 是指向函数的指针变量，所以可把函数 f(int x,int y)赋给指针 p 作为入口地址，以后就可以用 p 来调用该函数。实际上 p 和 f 都指向同一个入口地址，不同的是 p 为一个指针变量，可以指向任何函数。在程序中把哪个函数的地址赋给它，它就指向哪个函数，而后用指针变量调用它。不过注意，指向函数的指针变量没有＋＋和－－运算，使用时要小心。

注：定义指针函数时，指针函数中的形参不能省略，这是 Visual C++ 2015 与 Visual C++ 6.0 的区别。

【例 6.21】 观察下列程序的运行结果。

```cpp
#include <iostream>
using namespace std;
int test(int a);
int main()
{
    cout<<test<<endl;                      //显示函数地址
    int(* fp)(int a);
    fp=test;                                //将函数 test 的地址赋给函数指针 fp
    cout<<fp(15)<<"--"<<(* fp)(20)<<endl;
    return 0;
}
int test(int a)
{
    return a;
}
```

运行结果：

```
004110FF
15--20
```

3. 函数指针类型

可以利用 typedef 简化函数指针的定义，这种方式在定义一个函数指针的时候感觉不出来，但在定义较多的函数指针时就感觉方便了。

函数指针的一般格式为：

```cpp
typedef int(* fun_ptr)(int,int);
```

然后声明变量并赋值：

```cpp
fun_ptr max_func=max;
```

也就是说，赋给函数指针的函数应该和函数指针所指的函数原型是一致的。

【例 6.22】 改写 6.21 的程序如下。

```
#include <iostream>
using namespace std;
int test(int a);
int main()
{
    cout<<test<<endl;
    typedef int(* fp)(int a);          //定义一个函数指针类型,类型名为 tp
     fp tp;                            //利用自定义的类型名 tp 定义一个 fp 的函数指针!
     tp=test;
     cout<<tp(15)<<"--"<<(* tp)(20)<<endl;
    return 0;
}
int test(int a)
{
    return a;
}
```

运行结果：

```
004110FF
15--20
```

4. 指针函数

指针函数和函数指针的区别是：指针函数是指"带指针的函数",即本质是一个函数。因为函数一般都有返回类型(如果不返回值,则为无类型),所以指针函数返回类型是某一类型的指针。

其定义格式为：

```
返回类型标识符 * 返回名称(形式参数表)
{
    函数体
}
```

返回类型可以是任何基本类型和复合类型。返回指针的函数用途十分广泛。事实上,每一个函数,即使它不带有返回某种类型的指针,它本身都有一个入口地址,该地址相当于一个指针。例如函数返回一个整型值,实际上也相当于返回一个指针变量的值,不过这时的变量是函数本身而已,而整个函数相当于一个变量。

【例 6.23】　一个返回指针函数的例子。

```
#include <iostream>
using namespace std;
#include <string>
float * find(float(* point)[4],int n);
static float score[][4]={{70,75,83,94},{47,81,33,76},{56,76,58,75}};
int main()
```

```
{
    float * p;
    int i,m;
    cout<<"Enter the number to be found:";
    cin>>m;
    if(m>sizeof(score)/(sizeof(score[0]))-1)      //判断数组是否越界
    {
        cout<< "m is overflow the row of array!";
        return;
    }
    p=find(score,m);
    for(i=0;i<4;i++)
        cout<< " "<< * (p+i);
    return 0;
}
float * find(float(* point)[4],int n)                //定义指针函数
{
    float * pt;
    pt= * (point+n);
    return(pt);
}
```

本例中,输入的数据只能是 0、1、2。

学生学号从 0 号算起,函数 find()被定义为指针函数,形参 point 是指针指向包含 4 个元素的一维数组的指针变量。p+1 指向 score 的第一行。* (p+1)指向第一行的第 0 个元素。pt 是一个指针变量,它指向浮点型变量。main()函数中调用 find()函数,将 score 数组的首地址传给 p。

本 章 小 结

C++ 程序是由函数构成的。

C++ 必须知道函数的返回类型以及形参的个数、类型和次序。函数必须先定义,后调用。如果函数的定义出现在函数调用之后,则必须在程序的开始部分用函数原型进行说明。

局部变量是在函数内定义的,只能在定义该变量的函数内访问。

全局变量是在所有函数外定义的,其作用域和生命周期均为全局。

静态内部变量在函数内部定义,其作用域为函数内部。在函数内部定义的静态变量的初始值只在第一次被调用时有效,其后的调用随静态变量值的改变而改变。

静态全局变量与全局变量类似,具有全局作用域。其差别是:静态全局变量的作用域为定义该静态变量的源程序文件;而全局变量的作用域为程序的整个源程序文件。

函数可递归调用,但不能嵌套定义。

内联函数是为了提高编程效率而设置的。它克服了 # define 宏定义可能带来的副作用。

函数重载允许用一个函数名定义多个函数。连接程序会根据传递的实参数目、类型和顺序调用相应的函数,且函数重载使程序设计简单化,程序员只需要记住一个函数名就可完成一系列的相关任务。

函数中的形参可以被定义为带有默认值的形参,当调用函数没有给该形参赋值时,就使用该默认值。

作用域规定程序中变量和函数的有效范围。它给可见性提供了依据,这就为具有多文件的大型软件开发中增加了使用数据的灵活性和安全性。

习　题　六

一、选择题

1. 以下关于函数的说法,正确的是(　　)。
   A. 如果形参与实参类型不一致,以实参类型为准
   B. 如果函数值的类型与返回值的类型不一致,以函数值类型为准
   C. 形参的类型说明可以放在函数体内,以实参类型为准
   D. return 后面的值不能为表达式

2. 下列叙述中,不正确的是(　　)。
   A. 一个函数可以有多个 return 语句　　B. 函数可以通过 return 语句返回数据
   C. 必须有一个独立的语句来调用函数　　D. 函数 main()可以带有参数

3. 下列关于变量的叙述中不正确的是(　　)。
   A. 自动变量和外部变量的作用域为整个程序文件
   B. 函数内定义的静态变量的作用域为整个程序文件
   C. C++ 语言中将变量分为 auto,static ,extern ,register 4 种存储类型
   D. 外部静态变量的作用域为定义它的文件内

4. 下面关于函数重载的说法正确的是(　　)。
   A. 重载函数必须有不同的形参列表
   B. 重载函数必须有不同类型的返回值类型
   C. 重载函数的形参个数必须不同
   D. 重载函数名可以不同

5. 下列有关设置函数默认值的描述中,正确的是(　　)。
   A. 对设置函数参数默认值的顺序没有任何规定
   B. 函数具有一个参数时不能设置默认值
   C. 默认参数要设置在函数的定义语句中,而不能设置在函数的说明语句中
   D. 设置默认参数可以使用表达式,但表达式中不可用局部变量

6. 在函数的引用调用中,实参和形参正确的用法是(　　)。
   A. 常量值和变量　　　　　　　　　　B. 地址值和常量值

C. 变量值和引用　　　　　　　　　　　　　D. 地址值和引用

二、判断题

1. 内联函数是为了提高编程效率而实现的，它克服了用 #define 宏定义所带来的弊病。　　　　　　　　　　　　　　　　　　　　　　　　　　　（　　）

2. C++ 函数必须有返回值，否则不能使用函数。　　　　　　　　　（　　）

3. 函数的定义可以嵌套，函数的调用不可以嵌套。　　　　　　　　（　　）

4. 函数重载是指两个或两个以上的函数取相同的函数名，但形参的个数或类型不同。　　　　　　　　　　　　　　　　　　　　　　　　　　　　　（　　）

5. 设置参数的默认值只能在定义函数时设置。　　　　　　　　　　（　　）

6. 在不同的函数中，可以使用相同名字的变量。　　　　　　　　　（　　）

7. 函数的传址调用和引用调用都可以在被调用函数中改变调用函数的参数值。
　　　　　　　　　　　　　　　　　　　　　　　　　　　　　　　（　　）

三、阅读程序题

写出程序的运行结果或功能。

1. 程序 1。

```cpp
#include <iostream>
using namespace std;
int a=5;
int main()
{
    int i,a=10,b=20;
    cout<<a<<","<<b<<endl;
    {
        int a=0,b=0;
        for(i=1;i<9;i++)
        {
            a+=i;
            b+=a;
        }
    }
    cout<<a<<","<<b<<","<<::a<<endl;
    return 0;
}
```

2. 程序 2。

```cpp
long gcd1(int a,int b)
{
    if(a%b==0)
        return b;
    else return gcd1(b,a%b);
```

```
}
```

3. 程序 3。

```
long gcd2(int a,int b)
{
    int temp;
    while(b!=0)
    {
        temp=a%b;
        a=b;
        b=temp;
    }
    return a;
}
```

4. 程序 4。

```
#include <iostream>
using namespace std;
int fun(int x)
{
    cout<<x<<' ';
    if(x<=0){cout<<endl;return 0;}
    else return x * fun(x-1);
}
int main()
{
    int x=fun(5);
    cout<<x<<endl;
    return 0;
}
```

5. 程序 5。

```
void contrary(int x)
{
    if(x){
        cout<<x%10;
        contrary(x/10);
    }
    else cout<<endl;
}
```

四、编程题

1. 编写一个判断素数的函数, 证明哥德巴赫猜想: 任何一个充分大的偶数(大于 6), 都可以分解成两个素数的和。如"int prime(int n);",当参数值为素数时,返回 1,否则返回 0。

2. 编写一个函数，由实参传递一个字符串，统计该字符串中字母和数字的个数，并在主函数中输出结果。

3. 编写一个函数，从一个二维整型数组中查找具有最大值的元素及其位置。

4. 有若干个学生的成绩（设每个学生选修了 4 门课程），要求在用户输入学生序号以后，能输出该学生的全部成绩。用指针方法实现。

5. 使用函数重载的方法定义两个函数，分别计算两个整数间的距离和两个实型数之间的距离。

6. 从键盘上输入 10 个整数，去掉重复的，将剩余的数按由大到小的顺序排序。

第7章

结构体与联合

计算机程序设计处理的核心内容是数据,而数据具有不同的形式,例如企业员工的姓名为字符串,年龄为整型,为了描述不同类型的数据,C++语言提供了整型、字符型、浮点型、布尔型等数据类型,这些被称作基本数据类型。但是有些程序处理的内容较为复杂,不能单独使用一种基本数据类型定义,例如企业管理程序中处理的主要内容为"员工",一个"员工"拥有员工号、姓名、性别、年龄、工资等不同属性,对"员工"就不能只使用一种基本数据类型来定义。为了描述这些较为复杂的内容,C++语言允许用户自己定义某些数据类型,这些数据类型被称为用户自定义类型(user-defined type,UDT)。C++语言中用户自定义数据类型包括数组(array)、结构体(structure)、联合(union)、枚举(enum)、类(class)等。本章介绍结构体和联合类型。

7.1 结构体类型

7.1.1 结构体的定义

结构体与数组类型相似,都是用来存储数据的多个元素。数组中的各元素是属于同一种类型;而结构体中的元素可以是不同类型的。根据实际需要,将不同类型数据"组合"在一起作为一个整体,方便用户使用。这些组合在一个整体中的数据是相互联系的。如企业中的一个员工的员工号、姓名、年龄、工资等项,如图7.1所示,都是这个员工的属性。如果在程序中将这些属性分别定义为互相独立的变量,就很难反映出它们之间的内在联系。此时应当把它们定义为一个组合

图 7.1 "员工"中的不同属性

项,在这个组合项中包含若干个类型不同的数据项。C++允许用户自己定义这样的一种数据类型,称为结构体,相当于关系数据库中的记录(record)。

结构体中的不同属性被称作成员。定义一个结构体类型的格式为:

```
struct 结构体类型名
{
    数据类型名1   成员表列1;
    数据类型名2   成员表列2;
    …
    数据类型名n   成员表列n;
};
```

图 7.1 中的"员工"结构体类型就可以定义如下：

```
struct Employee                          //结构体类型名为 Employee
{
    string employeeid;                   //Employee 结构成员 1 员工号为字符串
    string name;                         //Employee 结构成员 2 姓名为字符串
    int age;                             //Employee 结构成员 3 年龄为整型
    double wage;                         //Employee 结构成员 4 工资为双精度型
};
```

以上过程表示在程序中定义了一个结构体类型，其类型名为 Employee，该结构体类型包括 4 个成员，分别为 employeeid、name、age 和 wage。需要注意的是，这个过程只是向 C++ 编译系统定义了一个新的类型，还不能立刻使用该结构体的成员。此时 Employee 只是一个类型名，相当于 C++ 编译系统提供的 int、double、char 等标准类型。只有使用 Employee 类型声明了一个结构变量后才能使用其中的成员。

关于结构体的定义，需要注意以下几点：

(1) struct 为定义结构体的关键字，不能省略。struct 后边的结构体类型名是所定义的结构体类型的名字，上面的声明中 Employee 就是结构体类型名。

(2) 结构体的成员需要用一对大括号括起来，在最后一个大括号末尾需要以分号结尾。

(3) 结构体中不同成员的定义一般写在不同行，每一行由分号结尾；不同成员的定义也可以写在同一行，中间由分号隔开。

(4) 结构体中的成员可以为标准的数据类型，也可以是另一个结构体类型的变量。例如：

```
struct Date                              //定义一个结构体类型 Date
{
    int month;
    int day;
    int year;
};
struct Employee                          //定义一个结构体类型 Employee
{
    string employeeid;
    string name;
    int age;
    double wage;
    Date worktime;          //使用 Date 类型声明了一个变量 worktime 表示"参加工作时间"
};
```

7.1.2 结构体变量的定义和初始化

前面只是定义了结构体类型，它相当于一个模型，其中并无具体数据，系统也不会为它分配实际的内存单元。只有使用结构体类型进行变量声明后,C++ 编译系统才会为该结构类型变量分配内存单元并存放具体数据。结构体类型变量的声明方法主要有以下几种:

(1) 先定义结构体类型再声明结构体变量。

如果使用前面定义的 Employee 结构体类型进行变量声明,语句为:

```
Employee  employee1, employee2;
```

以上语句表示使用 Employee 结构体类型声明了两个变量 employee1 和 employee2。这种声明方式与 C++ 标准类型变量声明是一样的。

C 语言中结构体变量声明时需要在结构体类型前面加上关键字 struct,C++ 中也允许这种方法。例如:

```
Struct  Employee  employee1, employee2;
```

但是 C++ 语言提倡使用不加关键字的方法,这种方法使得结构体变量的声明与标准类型变量的声明一致,更加容易理解。

(2) 定义结构体类型的同时声明变量。例如:

```
struct Employee
{
    string employeeid;
    string name;
    int age;
    double wage;
}  employee1, employee2;
```

(3) 直接声明结构体类型变量。例如:

```
struct
{
    string employeeid;
    string name;
    int age;
    double wage;
}  employee1, employee2;
```

这种方法直接声明了结构体类型变量而没有给出结构体类型名,在当前程序的其他地方不能再使用该结构体声明变量。这种方法虽然合法,但很少使用。C++ 语言中提倡使用第(1)种方法,即先定义数据类型再声明变量,这样程序结构清晰。

声明结构体类型变量的同时指定其成员的初始值,这称作结构体变量的初始化。如果使用第(1)种结构体变量声明方式,其初始化过程如下:

```
Employee  employee1={"20100001", "王军", 25, 2100.5};
```

如果使用第(2)种结构体声明方式,其初始化过程如下:

```
    struct
    {
        string employeeid;
        string name;
        int age;
        double wage;
    } employee1={"20100001", "王军", 25, 2100.5};
```

7.1.3 结构体变量的引用

声明一个结构体变量后就可以使用该变量。引用结构体变量一般指引用该结构体变量的成员。结构体变量成员的引用格式为：

结构体变量名.成员名

其中"."为成员访问运算符（member access operator），在 C++ 的所有运算符中，它与圆括号运算符"()"、下标运算符"[ ]"同属最高优先级别。

如给结构体变量 employee1 的成员 employeeid 赋值，可以写成以下方式：

```
employee1.employeeid="20100001";
```

如果某个结构体变量中的一个成员本身也是结构体类型，则其成员的引用方法是逐级使用成员访问运算符，直到找到最低级别的成员。如结构体变量 employee1 中包括了成员 worktime，而 worktime 本身为一个自定义的 Date 结构体类型变量，如果引用 employee1 的 worktime 成员中的 year 成员，其访问方式为：

```
employee1.worktime.year=2010;
```

可以使用一个结构体变量给另一个结构体变量赋值。需要注意的是，相互赋值的两个结构体变量必须为同一结构体类型。

假设使用 Employee 结构体类型声明了两个变量 employee1 和 employee2，并分别进行了成员赋值操作，可以使用以下语句把 employee1 的每个成员的值赋给 employee2 中相应的成员：

```
employee2=employee1;
```

以上代码相当于：

```
employee2.employeeid=employee1.employeeid;
employee2.name=employee1.name;
employee2.age=employee1.age;
employee2.wage=employee1.wage;
```

【例 7.1】 使用结构体保存员工的相关信息。

```
#include <iostream>
#include <string>
```

```
using namespace std;
struct Date                              //定义一个结构体类型 Date
{
    int month;
    int day;
    int year;
};
struct Employee                          //定义一个结构体类型 Employee
{
    string employeeid;
    string name;
    int age;
    double wage;
    Date worktime;
} employee1={"20100001", "王军", 25, 2100.5, 2, 20, 2010};
int main()
{
    Employee employee2;
    employee2.employeeid="20100002";
    employee2.name="李明";
    employee2.age=28;
    employee2.wage=3500.5;
    employee2.worktime.month=3;
    employee2.worktime.day=15;
    employee2.worktime.year=2010;
    cout<<"员工"<<employee2.name<<"的基本信息为:"<<endl;
    cout<<"员工号:"<<employee2.employeeid<<endl;
    cout<<"姓名:"<<employee2.name<<endl;
    cout<<"年龄:"<<employee2.age<<endl;
    cout<<"工资:"<<employee2.wage<<endl;
    cout<<"参加工作时间:"<<employee2.worktime.year<<"-"
            <<employee2.worktime.month<<"-"
            <<employee2.worktime.day<<endl;
    employee2=employee1;
    cout<<"员工"<<employee2.name<<"的基本信息为:"<<endl;
    cout<<"员工号:"<<employee2.employeeid<<endl;
    cout<<"姓名:"<<employee2.name<<endl;
    cout<<"年龄:"<<employee2.age<<endl;
    cout<<"工资:"<<employee2.wage<<endl;
    cout<<"参加工作时间:"<<employee2.worktime.year<<"-"
        <<employee2.worktime.month<<employee2.worktime.day<<endl;
    return 0;
}
```

运行程序,将会输出如下结果:

员工李明的基本信息为：
员工号：20100002
姓名：李明
年龄：28
工资：3500.5
参加工作时间：2010-3-15
员工王军的基本信息为：
员工号：20100001
姓名：王军
年龄：25
工资：2100.5
参加工作时间：2010-2-20

7.1.4 结构体数组

C++ 语言中，用数组来表示具有一组相同类型的数据集合。如果数组中的元素为结构体类型，那么该数组就称为一个结构体数组，其中的每一个元素都是一个结构体变量。

结构体数组的定义方式与普通数组类似，假设程序中已经定义了某一结构体类型，那么定义该结构体数组的格式为：

结构体类型名 数组名[常量表达式]

其中，数组名和常量表达式与普通数组的定义方式相同，结构体类型名为程序中事先定义好的结构体类型。如使用 7.1.1 中定义的 Employee 结构体类型可以定义以下数组：

```
Employee employee[10];
```

通过该语句定义了一个结构体数组 employee，其中包含有 10 个元素，元素的下标从 0 到 9，每一个元素都是一个 Employee 结构体类型的变量。

可以在定义结构体数组时给每一个结构体变量进行初始化。例如：

```
struct Student                    //定义一个结构体类型 Student
{
    int number;
    string name;
    float score;
}
stud[3] ={
    {120101,"zhangsan", 98.5},
    {120102,"wangfang", 65},
    {120103,"yuemeng",78.1}
};
```

也可以先定义结构体数组，再分别给每一个结构体变量赋值。需要注意的是，在给结

构体变量赋值时,需要分别给结构体变量的各个成员赋值。例如:

```
Student  stud[3];
//给第一个数组元素赋值
stud[0].number =120101;
stud[0].name ="zhangsan";
stud[0].score =98.5;
```

而不能写成:

```
stud[0]={120101,"zhangsan", 98.5};
```

【**例 7.2**】 有 4 名学生,每个学生有学号、姓名、一门课程的成绩共 3 个属性。输出平均成绩和分数最高者的学号、姓名、成绩。

```
#include <iostream>
#include <string>
using namespace std;
struct Student                    //定义一个结构体类型 Student
{
    int number;
    string name;
    float score;
};
int main()
{
    Student stud[4];              //定义一个有 4 个元素的结构体数组 stud
    int i,index;
    float sum,average,max;
    sum=0;
    for(i=0;i<4;i++)
    {    cin>>stud[i].number>>stud[i].name>>stud[i].score;
        sum +=stud[i].score;
    }
    average=sum/4;
    //求成绩最高的学生
    max=stud[0].score;
    index=0;
    for(i=1;i<4;i++)
        if(max<stud[i].score)
        {
            max=stud[i].score;
            index=i;
        }
    cout<<"平均分为: "<<average<<endl;
    cout<<"最高分的学生是:"<<stud[index].number<<" "<<stud[index].name<<"  "
```

```
            <<stud[index].score<<endl;
        return 0;
    }
```

输入：

```
101 liming  88
102 wangfang  92
103 zhaokai 72.5
104 sunli 82
```

运行结果：

平均分 83.625
最高分的学生是：102 wangfang 92

7.1.5　结构体与函数

结构体类型只要定义以后就可以和 C++ 语言的标准数据类型一样使用了，所以结构体也可以作为函数的参数来使用。

【例 7.3】　将例 7.1 程序中输出结构体成员部分改成函数来处理。

```cpp
#include <iostream>
#include <string>
using namespace std;
struct Date                          //定义一个结构体类型 Date
{
    int month;
    int day;
    int year;
};
struct Employee                      //定义一个结构体类型 Employee
{
    string employeeid;
    string name;
    int age;
    double wage;
    Date worktime;
} employee1={"20100001", "王军", 25, 2100.5, 2, 20, 2010};

void printemployee(Employee employee) //参数为 Employee 结构类型变量
{
    cout<<"员工"<<employee.name<<"的基本信息为:"<<endl;
    cout<<"员工号:"<<employee.employeeid<<endl;
    cout<<"姓名:"<<employee.name<<endl;
    cout<<"年龄:"<<employee.age<<endl;
```

```
        cout<<"工资:"<<employee.wage<<endl;
        cout<<"参加工作时间:"<<employee.worktime.year<<"-"
                <<employee.worktime.month<<"-"
                <<employee.worktime.day<<endl;
}
int main()
{
        Employee employee2;
        employee2.employeeid="20100002";
        employee2.name="李明";
        employee2.age=28;
        employee2.wage=3500.5;
        employee2.worktime.month=3;
        employee2.worktime.day=15;
        employee2.worktime.year=2010;
        printemployee(employee2);
        employee2=employee1;
        printemployee(employee2);
        return 0;
}
```

运行程序,将会输出如下结果:

员工李明的基本信息为:
员工号:20100002
姓名:李明
年龄:28
工资:3500.5
参加工作时间:2010-3-15
员工王军的基本信息为:
员工号:20100001
姓名:王军
年龄:25
工资:2100.5
参加工作时间:2010-2-20

在例 7.3 中,输出函数 printemployee 的参数为 Employee 结构体类型变量,在函数中可以直接访问该变量的各个成员。在 C++ 语言中,结构体作为函数的参数主要有 3 种方式。

(1) 将结构体变量作为函数参数。

(2) 将指向结构体变量的指针作为函数参数。

(3) 将结构体变量的引用变量作为函数参数。

后面两种方式在 7.1.6 节介绍结构体指针时再做具体介绍。

结构体变量可以作为函数参数,也可以作为函数返回值来使用,如果一个函数返回一个结构体类型变量，该结构体类型必须先定义。

【例 7.4】 函数的返回值类型为结构体类型。

```cpp
#include <iostream>
#include <string>
using namespace std;
struct Student                          //定义一个结构体类型 Student
{
    int number;
    string name;
    float score;
};
void printstu(Student   stu)           //参数为 Student 结构体类型的变量
{
    cout<<"学号:"<<stu.number<<endl;
    cout<<"姓名:"<<stu.name<<endl;
    cout<<"成绩:"<<stu.score<<endl;
}
//函数返回值为 Student 结构体类型变量
Student  modifyscore(Student stu, float addvalue)
{
    stu.score +=addvalue;
    return stu;
}
int main()
{
    Student stu;
    stu.number=101;
    stu.name="wanghan";
    stu.score=75;
    printstu(stu);                     //调用函数输出 stu 变量的各个成员
    stu=modifyscore(stu,10);           //调用函数修改 stu 变量 score 成员的值
    printstu(stu);                     //调用函数输出 stu 变量成员修改后的值
    return 0;
}
```

程序的输出结果如下：

学号:101
姓名:wanghan
成绩:75
学号:101
姓名:wanghan
成绩:85

7.1.6 结构体指针

C++ 中基本数据类型变量的指针用来表示该变量所占据的内存的起始地址,同样一个结构体类型变量的指针表示该结构体变量所在内存的起始地址,指向一个结构体变量的指针称作结构体指针变量,当声明了一个结构体变量后,就可以使用该指针变量来访问它所指向的结构体变量中的成员。

声明结构体指针变量的格式为:

结构体类型名　　*结构体指针变量名;

【例 7.5】 使用结构体变量指针。

```cpp
#include <iostream>
#include <string>
using namespace std;
struct Student                          //定义一个结构体类型 Student
{
    int number;
    string name;
    float score;
};
int main()
{
    Student stu, * p;
    stu.number=101;
    stu.name="wanghan";
    stu.score=75;
    p=&stu;
    cout<<"学号:"<<stu.number<<endl;
    cout<<"姓名:"<<stu.name<<endl;
    cout<<"成绩:"<<stu.score<<endl;
    cout<<"学号:"<<( * p).number<<endl;
    cout<<"姓名:"<<( * p).name<<endl;
    cout<<"成绩:"<<( * p).score<<endl;
    cout<<"学号:"<<p->employeeid<<endl;
    cout<<"姓名:"<<p->name<<endl;
    cout<<"成绩:"<<p->age<<endl;
    return 0;
}
```

运行结果:

学号:101
姓名:wanghan
分数:75

```
学号:101
姓名:wanghan
分数:75
学号:101
姓名:wanghan
分数:75
```

上述程序中,首先定义了 Student 结构体类型,在主函数中声明了一个 stu 变量并且赋值,声明了一个结构体指针变量 p,然后给 p 赋值为结构体变量 stu 的起始地址。也可以在声明指针 p 的同时赋值,语句如下:

```
Student stu, * p=&stu;
```

通过程序可以看出,直接使用结构体变量进行成员输出和使用结构体指针变量进行成员输出的效果是一样的。

使用结构体指针变量需要注意以下两点:

(1) 使用结构体指针变量访问结构体变量成员的格式有两种方式。

```
(* 结构体指针变量名).成员名;
结构体指针变量名->成员名;
```

当采用第一种方式时,(* 结构体指针变量名)两边的括号必须保留,这是因为"*"运算符的优先级低于"."，所以如果省略括号,上例中(* p). name 就变成 * p. name,等价于 * (p. name)。第二种方式为指针专用的指向运算符。这两种方式的访问效果是相同的。

(2) 结构体指针变量在程序中必须指向某一结构体变量,然后才能使用指针给结构体变量的各个成员赋值。例如,以下使用方式不正确:

```
Student stu, * p
stu.number=101;
```

当定义了该结构体指针后,指针的类型虽然是结构体类型,但是还没有完成初始化,还没有在内存中分配结构体变量所占的内存空间,应当首先让结构体指针变量 p 指向某一已经定义的结构体变量。例如:

```
Student stu, * p;
p=&stu;
(* p).number=101;
```

C++ 语言的指针使用非常灵活,如果使用恰当可以提高程序的执行效率。在例 7.3 中使用结构体变量作为函数参数,这种参数传递方式为值传递,即当传递参数时,会把参数值复制一份,当该结构变量很大时,会使程序所占内存增加,降低程序执行效率。如果改成使用结构体指针作为参数,函数参数传递方式为地址传递,不需要复制结构体变量,从而提高效率。

【例 7.6】 把例 7.3 改成使用结构体变量指针作为函数参数。

```
#include <iostream>
```

```cpp
#include <string>
using namespace std;
struct Date                              //定义一个结构体类型 Date
{
    int month;
    int day;
    int year;
};
struct Employee                          //定义一个结构体类型 Employee
{
    string employeeid;
    string name;
    int age;
    double wage;
    Date worktime;
} employee1={"20100001", "王军", 25, 2100.5, 2, 20, 2010};

void printemployee(Employee * p)         //参数为 Employee 结构类型变量
{
    cout<<"员工"<<(* p).name<<"的基本信息为:"<<endl;
    cout<<"员工号:"<<(* p).employeeid<<endl;
    cout<<"姓名:"<<(* p).name<<endl;
    cout<<"年龄:"<<(* p).age<<endl;
    cout<<"工资:"<<(* p).wage<<endl;
    cout<<"参加工作时间:"<<(* p).worktime.year<<"-"
        <<(* p).worktime.month<<"-"
        <<(* p).worktime.day<<endl;
}
int main()
{
    Employee employee2, * p;
    p=&employee2;
    employee2.employeeid="20100002";
    employee2.name="李明";
    employee2.age=28;
    employee2.wage=3500.5;
    employee2.worktime.month=3;
    employee2.worktime.day=15;
    employee2.worktime.year=2010;
    printemployee(p);
    employee2=employee1;
    printemployee(p);
    return 0;
}
```

运行程序,将会输出如下结果:

员工李明的基本信息为:
员工号:20100002
姓名:李明
年龄:28
工资:3500.5
参加工作时间:2010-3-15
员工王军的基本信息为:
员工号:20100001
姓名:王军
年龄:25
工资:2100.5
参加工作时间:2010-2-20

使用结构体指针作为函数参数可以提高程序运行效率,但是指针操作较为复杂,容易出错,在上例中,可以使用结构体引用变量作为函数参数传递,在提高效率的同时可以使程序保持原来的写法。

【例 7.7】 把例 7.3 改成使用结构体引用变量作为函数参数。

```cpp
#include <iostream>
#include <string>
using namespace std;
struct Date                        //定义一个结构体类型 Date
{
    int month;
    int day;
    int year;
};
struct Employee                    //定义一个结构体类型 Employee
{
    string employeeid;
    string name;
    int age;
    double wage;
    Date worktime;
} employee1={"20100001", "王军", 25, 2100.5, 2, 20, 2010};

void printemployee(Employee &employee)   //参数为 Employee 结构类型变量
{
    cout<<"员工"<<employee.name<<"的基本信息为:"<<endl;
    cout<<"员工号:"<<employee).employeeid<<endl;
    cout<<"姓名:"<<employee.name<<endl;
    cout<<"年龄:"<<employee.age<<endl;
    cout<<"工资:"<<employee.wage<<endl;
```

```cpp
    cout<<"参加工作时间:"<<employee.worktime.year<<"-"
        <<employee.worktime.month<<"-"
        <<employee.worktime.day<<endl;
}
int main()
{
    Employee employee2;
    employee2.employeeid="20100002";
    employee2.name="李明";
    employee2.age=28;
    employee2.wage=3500.5;
    employee2.worktime.month=3;
    employee2.worktime.day=15;
    employee2.worktime.year=2010;
    printemployee(employee2);
    employee2=employee1;
    printemployee(employee2);
    return 0;
}
```

运行程序,将会输出如下结果:

员工李明的基本信息为:
员工号:20100002
姓名:李明
年龄:28
工资:3500.5
参加工作时间:2010-3-15
员工王军的基本信息为:
员工号:20100001
姓名:王军
年龄:25
工资:2100.5
参加工作时间:2010-2-20

可以看到,采用引用变量作为函数参数时,程序的执行效果和使用指针变量作为函数参数是一样的,但是程序可读性较好。

7.1.7　结构体与链表

链表(linked list)是重要的数据结构之一。链表一般由结构体变量构成,链表中存储的信息保存在结构体变量的成员中。以下为一个表示链表的结构体类型的定义方式:

```cpp
struct Book
{
    int num;
```

```
    double price;;
    Book * next;
};
```

以上代码定义了结构体类型 Book，它有 3 个成员，前两个表示图书的编号和价格，最后一个成员是一个结构体指针变量 next，它所指向的结构体变量也是 Book 类型。图 7.2 显示了一个简单链表结构。

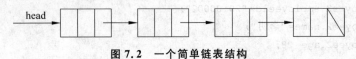

图 7.2   一个简单链表结构

在图 7.2 中，最左边有一个指针变量，指向链表中的第一个结构体变量，表示链表的开始，图中用 head 来表示。每一个块状部分代表链表中的一个基本组成部分，一般称作结点(node)。在该链表结构中，每个结点由 3 部分组成，分别对应结构体中的 3 个成员，其中最后一个成员为指针，指针的值为下一个结构体变量的起始地址，即指向链表中的下一个结点。链表中最后一个结点的最后一个成员为一个空指针，表示链表结束。在 C++ 中由"NULL"来表示。

【例 7.8】 建立一个表示图书信息的简单链表。

```
#include <iostream>
#include <string>
using namespace std;
struct Book
{
    int num;
    double price;;
    Book * next;
};
int main()
{
    Book book1,book2,book3;
    Book * head, * p;
    book1.num=10001;
    book1.price=21.5;              //对结点 book1 的 num 和 price 成员赋值
    book2.num=10002;
    book2.price=69.2;              //对结点 book2 的 num 和 price 成员赋值
    book3.num=10003;
    book3.price=28;                //对结点 book3 的 num 和 price 成员赋值
    head=&book1;                   //将结点 book1 的起始地址赋给头指针 head
    book1.next=&book2;             //将结点 book2 的起始地址赋给 book1 的 next 成员
    book2.next=&book3;             //将结点 book3 的起始地址赋给 book2 的 next 成员
    book3.next=NULL;               //book3 的 next 成员不存放其他结点地址
     p=head;                       //使 p 指针指向 book1 结点
```

```
        while(p!=NULL)
        {
            cout<<"书号："<<p->num<<" 价格："
                <<p->price<<endl;      //输出 p 指向的结点的数据
            p=p->next;                 //使 p 指向下一个结点
        }
        return 0;
    }
```

运行结果：

书号：10001 价格：21.5
书号：10002 价格：69.2
书号：10003 价格：28

在例 7.8 中，首先定义了 Book 结构体类型的 3 个变量。通过对变量的各个成员的赋值过程完成了链表的构建。其中"链接"不同结点的过程由以下语句实现：

```
book1.next=&book2;
book2.next=&book3;
book3.next=NULL;
```

第一个结点的成员 next 指针保存了第二个结点在内存中的起始地址，第二个结点的成员 next 指针保存了第三个结点在内存中的起始地址，最后一个结点由于不指向其他结点，因此定义其 next 指针的值为 NULL。这样 3 个结点就"链接"在了一起。程序中定义了用于指向第一个结点的 head 指针和用于循环遍历整个链表的 p 指针。遍历过程：首先通过"p＝head;"语句使 p 指向链表中的第一个结点，这时可通过 p－＞num 和 p－＞price 访问第一个结点的成员值。然后执行"p＝p－＞next"把第一个结点的成员 next 的值赋给 p，即 p 此时指向链表中的第二个结点，这时可以访问第二个结点中成员的值。最后把第三个结点的成员 next 的值赋给 p，此时 p 的值为 NULL，遍历结束。

链表和结构体数组都可以容纳大量结构体变量，链表和结构体数组的主要区别有：

（1）结构体数组的各个元素在内存中是连续的，而链表中的各个结点在内存中可以不连续，其访问方式是通过存储在结点中的指针来进行的。

（2）数组一般需要在定义时指定数组中元素的数目，而链表则可以动态添加、删除新的结点，所以链表不需要指定结点数目，根据需要随时开辟存储单元，不需要时随时释放，有效地利用存储空间。需要强调的是：在动态链表中，每个结点没有自己的名字，只能靠指针维系结点之间的接续关系。一旦某个结点的指针"断开"，后续的结点再也无法寻找。

7.2　联　　合

7.2.1　联合的定义

联合，也称共用体，也是一种自定义数据类型。联合中可以包括多种不同类型的变量作为成员，但这些不同数据类型的成员是"共享"同一段内存的。所谓"共享"，指当一个联合变量被声明之后，在某一个时刻该联合变量中只能有一个数据类型的成员在内存中存储，所以有些教材也称联合为共用体。联合可以理解为一种特殊的结构体，与结构体不同的是，一个结构体变量是结构体中多个成员的集合，其长度一般为结构体中各个成员长度之和（C++ 编译器为了计算方便一般会进行长度取整，所以一个结构体变量的长度可能不完全等于结构体中各个成员的长度之和）。而联合变量在某一时刻只有一个成员起作用，联合变量的长度为其长度最大的成员的长度。

定义联合类型的一般形式为：

```
union 联合类型名
{
    数据类型名 1   成员 1;
    数据类型名 2   成员 2;
    ...
    数据类型名 n   成员 n;
};
```

定义一个联合类型，其中两个成员分别为整型和双精度数，可以写成如下形式：

```
union data
{
    int  i;
    double x;
};
```

7.2.2 联合变量的定义

联合类型的变量声明方式与结构变量的声明类似，主要有以下 3 种方式。

（1）先定义联合类型再声明联合变量。例如：

```
union data
{
    int  i;
    double  x;
};
union  data  a, b;
```

以上语句表示使用 union data 联合类型声明了两个变量 a 和 b。这种声明方式与 C++ 标准类型变量声明是一样的。

（2）定义联合类型的同时声明变量。例如：

```
union data
{
    int  i;
    double x;
```

```
} a, b;
```

（3）直接声明联合类型变量。例如：

```
union
{
    int  i;
    double  x;
} a, b;
```

与结构体类似，联合类型变量也可以在声明时进行初始化。如果使用第（1）种联合变量声明方式，其初始化过程如下：

```
union  data  a={10};
```

如果使用第（2）种结构体声明方式，其初始化过程如下：

```
union data
{
    int  i;
    double  x;
} a={10};
```

需要注意的是，在 Visual C++ 2015 中初始化的时候只能对 union 的第一个成员赋初值，对 data 类型变量初始化操作如果写成以下形式：

```
data  a={10.5};
```

则编译器会给出如下警告提示：

```
warning C4244: "初始化":从"double"转换到"int",可能丢失数据
```

从该警告中可以得知，编译器仍然是对 data 类型的第一个成员赋初值，同时进行了从 double 到 int 隐式类型转换。

当联合类型进行初始化操作时，如果对该类型的第二个成员赋初值，例如：

```
union  un_1
{
    int  i;
    struct date1 { int month;  int day;  int year; } d;
} a={{8,10,2010}};
```

则编译器会给出以下错误提示：

```
error C2078: 初始值设定项太多
```

如果调换一下 data 类型中成员定义的顺序，再进行如下初始化操作，则编译器不会给出错误提示。

```
union  un_1
```

```
{
    struct  date1 { int month;  int day;  int year; } d;
    int  i;
} a={{8,10,2010}};
```

7.2.3 联合变量的引用

当使用联合类型声明了联合变量后，就可以使用该变量。引用联合变量时只能对联合变量的成员进行操作。与结构体变量成员的引用类似，联合变量成员的引用格式为：

联合变量名.成员名

由于联合变量中的成员在某一时刻只能有一个在起作用，因此在引用时需要注意当前起作用的是哪一个成员，如果把该成员当成了其他成员引用，编译器可能不会给出错误提示，但是结果可能会不正确。

7.2.4 联合类型数据的特点

联合类型的数据有以下几个特点：

（1）联合类型中的成员类型可以为 C++ 的基本数据类型或者自定义类型。例如：

```
union  un_1
{
    int  i;                      //成员 i 为基本数据类型
    struct  Date1
    {
        int month;
        int day;
        int year;
    } d;                         //成员 d 为用户自定义的结构体类型
};
```

当联合中使用自定义类型对成员定义时，该自定义类型不能有构造函数、析构函数和复制构造函数（这 3 种函数用作类的成员函数，在第 8 章会有详细介绍）。例如，在联合类型中就不能使用 string 来定义成员（string 是 C++ 标准库中定义的类，用来表示字符串，拥有构造函数、析构函数和复制构造函数）。如定义以下联合类型：

```
union  un_2
{
    int  i;
    string  s1;
};
```

编译器会给出如下错误提示：

error C2621: 成员"unknownvar::s1"(属于联合"unknownvar")具有复制构造函数

（2）使用联合类型变量的目的是希望同一段内存中存放几种不同类型的数据，也就是说所有成员共享同一段内存。例如：

```
union data1                struct data2
{                          {
    int  i;                    int  i;
    double x;                  double x;
} a, b;                    }c,d;
```

结构体变量 c、d 的所有成员都占有独立的内存，因此所占的内存长度是各个成员占的内存长度之和，即 4＋8＝12B。联合变量 a、b 所占的内存长度等于最长的成员的长度为 8B。

（3）能访问的是联合变量中最后一次被赋值的成员，在对新成员赋值后，原来的成员就失去作用。因此，使用联合变量时要特别注意是当前变量的哪一个成员起作用。

（4）联合变量的地址和它的各成员的地址是同一地址。

（5）不能对联合变量名赋值；不能企图引用变量名来得到一个值；不能用联合变量名作为函数参数。

【例 7.9】 使用联合进行两个数的比较。

```
#include <iostream>
using namespace std;
union data
{
    int  i;
    double x;
};
bool compare(data a,data b, int flag)
{
    if(flag==0)
    {
        if(a.i>b.i)return true;
        else return false;
    }
    if(flag==1)
    {
        if(a.x>b.x)return true;
        else return false;
    }
}
int main()
{
    data a,b,c,d;
    a.i=10;
    b.i=15;
```

```
        c.x=6.3;
        d.x=6.2;
        cout<<"整型和双精度数的长度分别为"
                <<sizeof(int)<<"和"<<sizeof(double)<<endl;
        cout<<"联合变量 a 的长度为"<<sizeof(a)<<endl;
        cout<<"联合变量 c 的长度为"<<sizeof(c)<<endl;
        if(compare(a,b,0)==true)
            cout<<a.i<<"大于"<<b.i<<endl;
        else
            cout<<a.i<<"小于"<<b.i<<endl;
        if(compare(a,b,1)==true)
            cout<<c.x<<"大于"<<d.x<<endl;
        else
            cout<<c.x<<"小于"<<d.x<<endl;
        return 0;
    }
```

运行结果:

整型和双精度数的长度分别为 4 和 8

联合变量 a 的长度为 8

联合变量 c 的长度为 8

10 小于 15

6.3 大于 6.2

在例 7.9 中,首先声明了一个 data 联合类型,其中包括两个成员,一个用来存储整数,一个用来存储双精度数。函数 compare 用来比较两个数的大小,有 3 个参数,前两个参数为 data 联合类型变量,最后一个参数 flag 作为选择标志:如果 flag 的值取 0,则表示引用联合类型变量的整数成员;如果 flag 的值取 1,则表示引用联合类型变量的双精度数成员。主函数中声明了 4 个 data 联合类型变量,使用这 4 个变量进行比较操作。从运行结果可以看出,尽管整型和双精度数的长度分别为 4 和 8,但是联合变量 a 和 c(尽管使用不同的成员的长度)均为所有成员中长度的最大值 8。

7.3 枚 举 类 型

在程序设计过程中,经常会出现某一个变量只有几种可能取值的情况,例如,交通信号灯的颜色有红、黄和绿 3 种不同颜色,一周中的某一天只能取周一至周日中的某一个值,一年中的某个月份只能为 1～12 月之间的某个值。在 C++ 中可以定义枚举(enumeration)类型,使用枚举来保存一组用户定义的值。枚举是指将变量的值一一列举出来,变量的值只能在列举出来的值的范围内。与结构体和联合一样,枚举也是一种自定义数据类型,使用时必须先声明一个枚举类型,然后才能使用该枚举类型定义变量。

声明枚举类型的一般形式为:

```
enum 枚举类型名 {枚举成员表列};
```

例如:

```
enum color{red,yellow,green};
enum day{sun,mon,tue,wed,thu,fri,sat};
enum season{spring,summer,fall,winter};
```

使用枚举类型定义变量的一般形式为:

```
枚举类型名 枚举变量表列;
```

例如:

```
color light;
day today,tommorow;
season oneseason;
```

这样,light 为枚举类型 color 的变量;today,tommorow 为枚举类型 day 的变量;oneseason 为枚举类型 season 的变量。

对枚举类型,需要注意以下几点:

(1) 声明一个枚举类型并使用该类型进行变量定义时,变量只能被赋值为枚举类型中的某一个枚举成员。

如对于 color 枚举类型,light 变量的值只能为 red、yellow 和 green 其中之一,其赋值语句可以写成如下形式:

```
light=yellow;
```

(2) 在 C++ 系统中,枚举元素按常量处理,也称枚举常量,它们是有值的。C++ 编译时按照定义时的顺序对它们赋值:在枚举成员列表中的第一个成员的值为 0,第二个为 1,依此类推。

对于以下语句:

```
light=yellow;
cout<<light<<endl;
```

程序会输出 1。

可以在枚举类型声明时指定某一个成员的值,如:

```
enum season{ spring,summer=3,fall,winter };
season a,b,c,d;
a=spring; b=summer; c=fall; d=winter;
cout<<a<<" "<<b<<" "<<c<<" "<<d<<endl;
```

上述语句执行的结果为:

```
0 3 4 5
```

从结果可以看出,当给一个枚举类型中的某一个成员赋一个整数值时,如果该成员为第一个成员，则后边的成员的值按照顺序依次加 1；如果该成员不是第一个成员，则第一个成员开始直到该成员前一个成员按照默认赋值的规则进行赋值，即第一个成员的值为 0，以后依次加 1。

（3）由于一个枚举变量的值为整数，所以枚举值可以用来做判断比较，比较规则是按照其在声明枚举类型时的顺序号比较。例如以下语句是正确的：

```
if(light==green){cout<<"绿灯"<<endl;}
if(ligth>red){cout<<"黄灯或绿灯"<<endl;}
```

C++ 中使用枚举类型主要目的是提高程序的可读性。枚举变量经常用于多个条件的判断，实际应用中枚举经常与 switch 或 if 等判断语句结合使用。例如：

```
void prinfcolor(int x)
{
    switch(x)
    {
        case 0:
            cout<<"红色"<<endl;
            break;
        case 1:
            cout<<"黄色"<<endl;
            break;
        case 2:
            cout<<"绿色"<<endl;
            break;
        default:
            cout<<"红黄绿以外的其他颜色"<<endl;
    }
}
```

上述函数中根据参数 x 的值来判断输出，其中的每一个分支选项用 0、1、2 来表示，具体含义不是很明确，可能造成程序理解困难。如果使用枚举类型 color，程序的可读性就会大大提高。例如：

```
void prinfcolor(color x)
{
    switch(x)
    {
        case red:
            cout<<"红色"<<endl;
            break;
        case yellow:
            cout<<"黄色"<<endl;
            break;
        case green:
```

```
            cout<<"绿色"<<endl;
            break;
        default:
            cout<<"红黄绿以外的其他颜色"<<endl;
    }
}
```

程序中 x 代表当前信号灯的颜色,如果是红色,执行如下语句结束:

cout<<"红色"<<endl;

如果是黄色,执行如下语句结束:

cout<<"黄色"<<endl;

如果是绿色,执行如下语句结束:

cout<<"绿色"<<endl;

其他颜色则执行如下语句结束:

cout<<"红黄绿以外的其他颜色"<<endl;

【例 7.10】　使用枚举类型。

```
#include <iostream>
#include <string>
using namespace std;
enum weekday{mon=1,tue,wed,thu,fri};
void prinfcourse(weekday day)
{
    switch(day)
    {
        case mon:
            cout<<"英语"<<endl;
            break;
        case tue:
            cout<<"数学"<<endl;
            break;
        case wed:
            cout<<"语文"<<endl;
            break;
        case thu:
            cout<<"体育"<<endl;
            break;
        case fri:
            cout<<"物理"<<endl;
            break;
        default:
```

```
                cout<<"输入的日期不正确!"<<endl;
        }
    }
    int main()
    {
        weekday searchday;
        int num;
        cout<<"请输入查询周几的课表(1代表周一,2代表周二,…,5代表周五):"
            <<endl;
        cin>>num;
        searchday= (weekday)num;
        prinfcourse(searchday);
        return 0;
    }
```

在例 7.10 中,声明了一个 weekday 枚举类型,有 mon、tue、wed、thu、fri 5 个枚举元素,且成员从 1 开始赋值。用户的输入一个整数,如果是 1~5 中的数字,则输出相应的课表;其他数字则提示"输入的日期不正确"。枚举变量 searchday 只能赋值为枚举类型 weekday 中的成员,而用户输入的为数字,所以程序中使用了"searchday =（weekday）searchnum;"做了转换,把用户输入的数字首先转换为枚举值,然后调用函数执行查询。

7.4   结构体与联合应用实例

联合类型变量的所有成员共享同一块内存空间,在某一时刻只能有一个成员起作用,为了防止引用联合变量成员时出错,可以引入"标志",利用标志的值来指示应该引用联合变量的哪个成员,这种情况下可以把联合变量和"标志"放在一个结构体中,当使用结构体变量时由其中的标志成员来确定如何引用联合变量的成员。

【例 7.11】   使用结构体和联合进行员工管理。

N 名教职工参加英语技能考评。设每个人的数据包括准考证号、姓名、性别、年龄、成绩。规定:35 周岁以下的职工考试成绩为百分制,60 分以上及格;35 周岁以上的职工考核成绩分为 A、B、C、D、E 共 5 个等级。D 级以上为合格。统计考试合格的人数并输出每位考生的信息。

```
#include <iostream>
#include <string>
using namespace std;
#define  N  3
struct Person
{
    long num;
    string name;
    char sex;
```

```
        int age;
        union
        {
            double score;
            char grade;
        }result;
}p[N];
int main()
{
    int i,count=0;
    for(i=0;i<N;i++)
    {
        cout<<"请输入第"<<i+1<<"个职工的考试信息"<<endl;
        cout<<"准考证号、姓名、性别、年龄、"<<endl;
        cin>>p[i].num;
        cin>>p[i].name;
        cin>>p[i].sex;
        cin>>p[i].age;
        if(p[i].age>=35)
         {
            cout<<"输入等级 A-E:"<<endl;
            cin>>p[i].result.grade;
            if(p[i].result.grade!='E')
                count++;
         }
        else
         {
            cout<<"输入百分制成绩:"<<endl;
            cin>>p[i].result.score;
            if(p[i].result.score>=60)
                count++;
         }
    }
    cout<<"职工的考试信息"<<endl;
    for(i=0;i<N;i++)
    {
        cout<<"准考证号\t 姓名\t 性别\t 年龄\t 等级/成绩"<<endl;
        cout<<p[i].num<<"\t";
        cout<<p[i].name<<"\t";
        cout<<p[i].sex<<"\t";
        cout<<p[i].age<<"\t";
        if(p[i].age>=35)
        {
            cout<<": ";
```

```
            cout<<p[i].result.grade<<"\t";
        }
        else
        {
            cout<<": ";
            cout<<p[i].result.score<<"\t";
        }
        cout<<endl;
    }
    cout<<"考试合格人数:"<<count<<endl;
    return 0;
}
```

运行结果：

请输入第 1 个职工的考试信息

　　准考证号、姓名、性别、年龄、

101 zhangan m 26

输入百分制成绩：

50

请输入第 2 个职工的考试信息

　　准考证号、姓名、性别、年龄、

102 lisi f 38

输入等级 A-E：

E

请输入第 3 个职工的考试信息

　　准考证号、姓名、性别、年龄、

103 wangwu m 30

输入百分制成绩：

75

考试合格人数:1

在例 7.11 中，首先定义了一个结构体类型 Person，该结构体中包含一个联合类型，该联合类型没有名字，在 C++ 中被称为匿名联合，代表职工的分数或者等级。第一个 for 循环中输入每一个职工的准考证号、姓名、性别、年龄信息，根据年龄判断输入分数或者等级。第二个 for 循环输出每个职工的信息和最终合格人数。

7.5　用 typedef 声明类型

C++ 中，除了可以用标准类型和用户自己声明的结构体、联合、指针、枚举类型外，还可以用 typedef 声明新的类型名代替已有的类型名。例如：

```
typedef  int  INTEGER;          //指定标识符 INTEGER 代替 int 类型
typedef  float  REAL;           //指定标识符 REAL 代替 float 类型
```

因此

```
int  i,j;                         //等价于  INTEGER  i,j;
float a,b;                        //等价于  REAL  a,b;
```

同样,可以声明结构体类型:

```
typedef struct                    //struct 之前用关键字 typedef,表示声明新名
{
    int month;
    int day;
    int year;
}DATE;                            //DATE 是新类型名,而不是结构体变量名
```

DATE 是声明的结构体类型名,之后可以用 DATE 定义变量:

```
DATE  today,* p;
```

声明一个新类型名的方法如下:按定义变量的方法写出变量定义语句(如"float a;")。将变量名换成新类型名(float REAL)。在语句最前面加上 typedef(typedef float REAL)。

之后就可以用新类型名定义变量了。按照上面步骤定义新的类型名举例如下:

```
typedef  int  NUM[30];            //声明 NUM 为整型数组类型
NUM a;                            //定义 a 包含 30 个整型元素的数组变量
typedef  int(* POINTER);          //声明 POINTER 为整型指针类型
POINTER  p;                       //定义 p 是 POINTER 类型(整型)的指针变量
```

说明:

(1) 习惯上把用 typedef 声明的类型名用大写字母表示,以便和系统提供的标准类型标识符区别。

(2) 用 typedef 只是为已经存在的类型增加一个类型名,并没有创造新的类型。

(3) typedef 和 #define 的区别。

```
typedef  int  INTEGER;
#define  int  INTEGER;
```

从表面看来都是用 INTEGER 代表 int,但实际是不同的:#define 是在预编译的时候处理的,只进行简单的字符串替换;而 typedef 是在编译时处理的,并不是用 INTEGER 代替 int,而是声明 int 的一个新类型名 INTEGER,可以用 INTEGER 来定义整型变量。

(4) 当不同的源文件中用到同一类型的数据(尤其是向数组、指针、结构体、联合等类型时),常用 typedef 声明一些数据类型,把它们单独放在一个文件中,然后在需要使用它们的文件中用 #include 命令把它们包含进来。

(5) 使用 typedef 有利于程序的通用与移植。假设不同的计算机存放整数时用不同的字节数,则要实现不同计算机之间的程序移植(如 2~4B),一般的方法是将程序中定义变量的每一个 int 都改为 long,显然数量越多越麻烦。若在程序开始时,用 INTEGER 来

声明 int：

```
typedef int INTEGER;
```

并且在程序中所有用到整型变量的地方都用 INTEGER 来定义，则程序移植时，只需改动 typedef 定义体即可。即将

```
typedef  int  INTEGER;
```

改为

```
typedef  long  INTEGER;
```

本 章 小 结

结构体和联合是 C++ 语言中重要的自定义数据类型。结构体把一组变量"组合"起来，从而形成一个能描述多个属性的记录。与使用标准数据类型一样，可以使用结构体声明变量，使用结构体作为函数的参数等。当结构体和指针结合使用时，可以生成重要的数据结构——链表。同时结构体也是 C++ 面向对象程序设计中"类"的一种表现形式。联合是多种数据类型成员"共享"同一段内存的自定义数据类型，每一瞬时只有一个成员起作用。一个联合变量的所占的内存空间为其所有成员中长度最大成员所占的内存空间的大小。可以用 typedef 声明一个新的类型名代替已有的类型名，这样有利于程序的通用与移植。

习 题 七

一、选择题

1. 设有定义：

```
struct {char mark[12];int num1;double num2;} t1,t2;
```

若变量均已正确赋初值，则以下语句中错误的是(   )。

    A. t1＝t2；   B. t2.num1＝t1.num1；

    C. t2.mark＝t1.mark；   D. t2.num2＝t1.num2；

2. 以下程序的输出结果是(   )。

    A. 1,2   B. 4,1   C. 3,4   D. 2,3

```cpp
#include <iostream.h>
struct  ord
{
    int x,y;
}dt[2]={1,2,3,4};
int main()
{
```

```
    struct ord * p=dt;
    cout<<(++(p->x));
    cout<<(++(p->y));
    return 0;
}
```

3. 以下程序的输出结果是(　　)。

   A. 10　　　　　　　B. 11　　　　　　　C. 20　　　　　　　D. 21

```
#include <iostream.h>
struct S
{
    int a,b;}
    data[2]={10,100,20,200
};
int main()
{
    struct S p=data[1];
    cout<<(++(p.a));
    return 0;
}
```

二、填空题

1. 结构体变量中的成员的引用形式为_____。

2. 设有程序"struct node{int x; int y;} * p;"且 p 已经指向一个 node 变量,指针 p 指向的 node 变量中的成员 y 的表示方法为_____。

3. 设有程序"union node{double x; int y;} node1={10.5};",则 node1. y 的值为_____。

4. 设有程序"enum flag{a,b=2,c,d}; flag flag1=c;",则 flag1 的值为_____。

三、分析题

1. 设有以下结构体和联合类型说明及变量定义,试分析变量 stu1、data 所占字节数。

```
struct student
{
    char name[10];
    double ave;
    struct Date
    {
        int month;
        int day;
        int year;
    } birthday;
} stu1;
union Data
```

```
{
    char ch[4];
    double d;
} data;
```

2. 分析以下程序片段存在的错误并改正。

```
struct student
{
    string id;
    string name;
    struct date
    {
        int month; int day; int year;
    }
    date birthday;
} stu1={"20100001","胡明", 10,15,1988};
```

四、编程题

1. 设计一个学生链表，每个学生的数据包括学号、姓名、年龄和入学成绩，程序要求如下：

（1）用户从键盘输入学生数据完成链表的创建过程；

（2）用户输入学生学号查找入学成绩。

2. 定义一个结构体变量（包括年、月、日），编写程序，要求输入年、月、日，能计算并输出该日期在本年中是第几天（注意闰年）。

第8章

类 与 对 象

8.1　面向对象程序设计方法概述

  C++语言是一门混合型程序设计语言,一方面用户可以使用C++进行面向过程的程序设计,把一个复杂的程序划分为多个模块,每个模块又可以划分为多个子模块,通过这种"自顶向下,逐步分解"的方法把一个复杂的问题变成多个小问题来实现,而每一个小问题可以设计为C++的函数,最后把这些函数有机组合在一起,就可以解决复杂程序的设计问题。另一方面C++又是一门重要的面向对象的程序设计语言。在面向对象程序设计方法中构成模块的基本单元是类和对象,通过设计类的属性和方法把数据和函数封装在一起,由类来完成单位模块的功能,通过设计不同类的相互关系来实现类和对象间合作,从而协作完成一个复杂问题的求解。

8.1.1　面向过程的程序设计

  在之前的章节中使用的程序设计方法主要是面向过程的,在面向过程的程序设计中,程序的核心部分是函数。把一个复杂的程序过程分解为不同的函数,每一个函数解决一个子问题,最后由这些函数协作来完成整个程序过程。这样就把一个大的复杂的问题变成了对若干个小的简单问题的求解,这种方法称作"自顶向下,逐步求解"。下面通过一个具体的例子来理解函数作为模块进行编程的方法。

  【例8.1】　使用函数作为模块的程序设计方法。

  假设某一个企业中员工岗位分为两类,一类为技术型,一类为管理型。现在企业需要根据员工类型和员工参加工作时间计算津贴。假设企业员工信息存储在一个结构数组中,该结构包括了员工的编号、姓名、类型、参加工作时间等信息,要求根据输入的员工编号,查找出该员工,然后根据员工类型和参加工作时间计算津贴。

```
#include <iostream>
#include <string>
using namespace std;
struct Date
{
    int month;
    int day;
    int year;
```

```cpp
};
struct Employee
{
    string employeeid;
    string name;
    int kind;                        //员工类型标识,技术类为1,管理类为2
    Date worktime;
};
//查找员工
int SearchEmployee(Employee * p,int n,string employeeid)
{
    int i;
    for(i=0;i<n;i++)
    {
        if((*(p+i)).employeeid==employeeid)
            return i;
    }
    return -1;
}
double ComputeAllowance(int kind,int workyear)
{
    if(kind==1)
    {
        if(workyear<=2000)
            return 10000;
        else
            return 5000;
    }
    else
    {
        if(workyear<=2000)
            return 6000;
        else
            return 3000;
    }
}
void PrintAllowance(Employee * p,int i)
{
    if(i==-1)
    {
        cout<<"没有与输入员工编号相匹配的员工记录"<<endl;
    }
    else
    {
```

```
        cout<<"员工"<<(*(p+i)).name<<"的津贴为:"
            <<ComputeAllowance((*(p+i)).kind,(*(p+i)).worktime.year)<<endl;
    }
}
int main()
{
    int i=0;
    string searchid;
    Employee employee[4]={
        {"19900001","王军",    1,3,15,1990},
        {"20000001","李明",    2,10,8,2000},
        {"20050001","刘云",    1,5,20,2005},
        {"20070001","赵涛",    2,8,18,2007}};
    cout<<"请输入员工编号:";
    cin>>searchid;
    i=SearchEmployee(employee,4,searchid);
    PrintAllowance(employee,i);
    return 0;
}
```

在例 8.1 中,程序的要求是输入员工编号,然后调用 SearchEmployee()函数,利用输入的员工编号在结构体数组中查找该员工,函数返回该员工在结构体数组中的位置。调用 PrintAllowance()函数,通过员工在数组中的下标查找到该员工的类型和工作时间,调用 ComputeAllowance()函数计算该员工的津贴(为了简单起见,津贴计算部分只是根据 2000 年前后参加工作和两种不同的员工类别进行处理),并将结果输出。整个程序过程分为 3 个部分:查找员工、计算津贴和打印输出,并利用 SearchEmployee( )、ComputeAllowance()和 PrintAllowance()3 个函数来实现。函数与数据的关系及函数间的调用关系如图 8.1 所示。

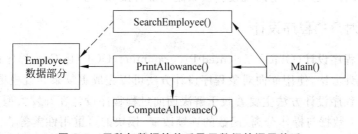

图 8.1　函数与数据的关系及函数间的调用关系

其中,实线代表函数间的调用关系,虚线代表函数对数据的使用关系,箭头代表函数调用或函数使用数据的方向。从程序中可以看到 SearchEmployee()和 PrintAllowance()两个函数的参数都包含结构体 Employee 的指针变量,即这两个函数直接调用了数据 Employee,函数与数据以及函数与函数之间依赖关系的紧密程度称作耦合度。耦合度越高,说明函数与数据或函数与函数之间的依赖性越强;反之则依赖性越差。在本例中,

SearchEmployee()和 PrintAllowance()两个函数通过参数直接访问数据 Employee，说明它们之间是紧密耦合的。

使用函数作为模块进行面向过程的程序设计主要存在以下几个缺点：

（1）数据与操作它们的函数分开，数据的内容可能会被不相关的函数"误访问"。而且当数据与函数为紧密耦合关系时，如果数据的形式和内容发生变化，操作它们的函数往往也要跟着变化。

（2）把一个较大规模程序分解成多个函数模块，这些模块间一般是具有一定耦合关系的（尽管可以通过良好的设计实现最低程度的耦合），此时如果上层调用函数发生变化，很有可能会引起下层被调用函数的变化，从而产生串联改变。在图 8.1 中函数只有 4 个，如果程序规模很大，函数的数目很多，调用关系很复杂，如图 8.2 所示，将会使连锁变得难以控制。

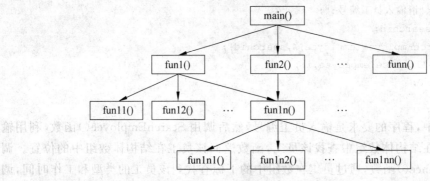

图 8.2　函数的复杂层级关系

（3）尽管可以通过良好的设计尽量消除函数间的依赖关系，但是依赖关系很难完全避免，具有依赖关系的函数重用性较差，很难移植到其他程序中。

上述情况均会导致程序的理解和维护难度增大，所以使用函数作为模块进行面向过程程序设计时，程序超出一定的规模会极大地增加开发和维护成本。

8.1.2　面向对象的程序设计

面向对象程序设计（Object-Oriented Programming，OOP）是 C++ 程序设计语言的一种重要程序设计方法，使用面向对象程序设计方法可以完成更复杂和规模更大的程序。

面向对象程序设计方法主要着眼于解决面向过程程序设计在开发大型程序时所面临的一系列缺点：数据与操作分离、函数的连锁改变、模块的可重用性差等。它的思路和人们日常生活中处理问题的思路是相似的。一个复杂的事物通常由许多部分组成，并且这些部分存在一定的联系。例如：生产汽车时，分别设计和制造发动机、底盘、车身和车轮，最后把它们组装在一起。在组装时，各部分之间有一定的联系，以便协调工作。这就是面向对象的程序设计思路。

C++ 引入了类和对象的概念来支持面向对象程序设计，此时构成一个程序的基本模块是类和对象。类把数据和相关的操作捆绑在一起，形成一个整体。所谓对象（object），是指客观世界的任何一个事物，既可以是自然物体（如桌子、一棵树、一个人、某种动物），也可以是一种逻辑结构(如家庭、班级、图形、计划)。对象可大可小,如学生、班级、一个军队等。对象有两个要素:一个是静态特征,称为属性(attribute);另一个是动态特征,称为行为(behavior)。例如课桌,它具有生产厂家、生产材料、颜色、价格等静态的属性特征,也具有移动等动态的行为。如果想从外部控制课桌的行为,可以向它发送一个信息,称为消息(message)。任何一个对象都应该具有上面两个特征,并且能根据外界给的信息进行相应的操作。一个系统的多个对象之间通过一定的渠道相联系。

采用面向对象的程序设计方法设计一个系统时,首要问题是确定组成该系统的对象,并设计这些对象。在 C++ 中,对象是由数据和函数组成的。数据体现了该对象的属性,函数实现对数据的操作。调用对象的函数就是向该对象传送一个消息,要求该对象实现某一行为。面向对象程序设计的主要特点有封装性、继承和多态性。

1. 封装性

类和对象把数据和相关的操作放在一起,作为一个整体对外界提供服务。当外部程序代码使用对象时,并不需要全部了解对象内部所有的数据和操作代码,只需要通过一个明确定义的接口来控制。就像平时看电视只需要操作遥控器的按钮,而不需要了解电视内部的元器件和电路控制原理。封装有两层含义:一是指把数据和相关操作捆绑在一起,使其成为一个单独的整体;二是隐藏内部实现细节,把部分数据和操作隐藏起来,只提供适当的接口供外界使用。封装降低了外部程序代码操作对象的复杂程度,同时避免了内部数据被外部程序代码因"误操作"而被修改。

2. 继承

继承为代码重用提供了一种解决机制。假设有一个"员工"类,里面包括员工编号、姓名、年龄等属性和计算工资等方法,现在需要定义一个"技术类员工"类,"技术类员工"是一种"员工",里面也包括编号、姓名、年龄等属性和计算工资的方法。另外还可能具有一些特殊的属性,如技术领域、技术职称等。在这种情况下,就可以让"技术类员工"类从"员工"类继承基本属性,然后再添加特殊属性。这种机制会大大提高程序的编写效率,对大型软件的开发具有很重要的意义。

3. 多态性

多态是面向对象程序设计的一个重要特征。多态可以理解为:给多个不同的对象下达同一个指令,不同的对象在接收到这一指令时会产生不同的行为。例如企业中不同的员工工作岗位不一样,工作方式也不一样。只要企业经理向所有员工下达工作的指令,每个人接收到指令后会按照自己的方式在自己的岗位上工作。C++ 中多态是在继承的基础上实现的。

在 C++ 中,面向对象程序设计主要是通过类(class)来实现,也可以通过给结构体(struct)增加成员函数的方法来实现。第 7 章中设计的结构体中只包括了数据成员,C++ 允许在结构体中增加成员函数,这样就把数据与相关的操作结合在了一起,从而实现了 C++ 面向对象的封装。

【例 8.2】　通过给结构体增加成员函数来实现封装。

```
#include <iostream>
```

```cpp
#include <string>
using namespace std;
struct Date
{
    int month;
    int day;
    int year;
};
struct Employee
{
    string employeeid;
    string name;
    int kind;                      //员工类型标识,技术类为 1,管理类为 2
    Date worktime;
    bool SearchEmployee(string searchid)
    {
        if(employeeid==searchid)
            return true;
        else
            return false;
    }
    double ComputeAllowance()
    {
        if(kind==1)
        {
            if(worktime.year<=2000)
                return 10000;
            else
                return 5000;
        }
        else
        {
            if(worktime.year<=2000)
                return 6000;
            else
                return 3000;
        }
    }
    void PrintAllowance()
    {
        cout<<"员工"<<name<<"的津贴为:"<<ComputeAllowance()<<endl;
    }
};
int main()
```

```
{
    string searchid;
    Employee employee[4]={
        {"19900001","王军",     1,3,15,1990},
        {"20000001","李明",     2,10,8,2000},
        {"20050001","刘云",     1,5,20,2005},
        {"20070001","赵涛",     2,8,18,2007}};
    cout<<"请输入员工编号:";
    cin>>searchid;
    for(int i=0;i<4;i++)
        {
        if(employee[i].SearchEmployee(searchid))
            {
            employee[i].PrintAllowance();
            return 0;
            }
        }
    cout<<"未找到与员工编号"<<searchid<<"相匹配的员工记录"<<endl;
    return 0;
}
```

在例 8.2 中,把 SearchEmployee()、ComputeAllowance()、PrintAllowance()3 个函数放在结构体内,使它们成为结构体 Employee 的成员函数,作为结构体的成员函数,它们可以直接操作结构体内的数据成员,所以这些函数不再需要包含 Employee 类型的函数参数,当结构体的名称发生变化时,只要内部数据成员没有变化,其成员函数不需要做改变。需要注意的是,这个例子中只是简单地把数据成员和成员函数捆绑在了一起,并没有对外部做内部信息的隐藏,外部程序代码仍然可以访问内部的所有成员(包括数据成员和成员函数),即该例中实现的是封装的第一层含义。

8.2　类　的　声　明

8.2.1　类和对象的关系

8.1.2 节中介绍了每一个实体都可以作为一个对象,对象具有属性和行为。每个对象都属于一个特定的类型。例如:计算机一班、计算机二班、计算机三班是 3 个不同的对象,但它们属于同一类型,且具有完全相同的结构和特征。

在 C++ 中对象的类型称为类(class)。类代表一批对象的共性和特征。类是对象的抽象,对象是类的具体实例(instance)。例如张三、李四是两个具体的对象,他们都属于人类这种类型。

类是抽象的,不占用内存,而对象是具体的,占用存储空间。

8.2.2　类的声明

C++ 中,任何变量的使用都需要先声明其数据类型,例如使用一个整型的数据 a,首先需要使用以下语句进行定义：

```
int a;
```

如果变量的类型为自定义类型，那么首先需要声明该自定义类型，然后再使用该自定义数据类型进行变量的定义。类的声明和结构体的声明是相似的。例如：

```
struct Date                              //声明了一个名为 Date 的结构体类型
{
    int month;
    int day;
    int year;
};
Date birthday;                           //定义结构体变量 birthday
```

上面语句声明一个结构体类型 Date，定义了结构体变量 birthday。该类型中只包括数据，没有操作。

作为 C++ 语言中的自定义类型，类在定义变量（对象）前同样需要先声明。其声明的方式为：

```
class 类名
{
  private:
      私有的数据成员；
      私有的成员函数；
  public:
      公有的数据成员；
      公有的成员函数；
  protected:
      保护的数据成员；
      保护的成员函数；
};
```

可以声明如下员工类：

```
class Employee
{
  private:
      string employeeid;
      string name;
      int age;
  public:
      void display()
      {
          cout<<"编号:"<<employeeid<<endl;
          cout<<"姓名:"<<name<<endl;
```

```
            cout<<"年龄:"<<age<<endl;
        }
};
```

class 为 C++ 中定义类的关键字，类名可以为 C++ 中所有合法的标识符，private、public 和 protected 为成员访问限定符(member access specifier)，用来表示类中数据成员和成员函数的访问特征。这 3 种访问控制方式分别为：

(1) 一个类中所有 private 成员(包括数据成员和成员函数)只能被本类中的成员函数访问。类的外部程序代码访问类中私有成员是非法的(友元函数和友元类例外)。

(2) 一个类中所有的 public 成员(包括数据成员和成员函数)既可以被本类中的成员函数访问，也可以被类外部的程序代码访问。

(3) protected 限定符一般用于类的继承，一个类的子类被称作派生类，类的protected 成员不能被类外部程序代码访问，但是可以被派生类的成员函数访问。

一个成员访问限定符在遇到另一成员访问限定符之前，对它后面所有的成员均有效，而且在一个类中可以按照任意顺序放置任意数目的 private、public 和 protected 限定符。例如以下声明是合法的：

```
class Employee
{
  public:
      string name;
      int age;
  private:
      string employeeid;
  public:
      void display()
      {
          cout<<"编号:"<<employeeid<<endl;
          cout<<"姓名:"<<name<<endl;
          cout<<"年龄:"<<age<<endl;
      }
};
```

以上类的声明首先包括两个公有数据成员，然后是一个私有数据成员，最后是一个公有成员函数，但是一般情况下在声明一个类时往往把使用相同访问控制的成员写在一个限定符下。

8.2.3　类的成员函数

当一个函数属于某一个类时，称其为类的成员函数。类的成员函数和 C++ 语言中的普通函数在定义时是一样的，只是现在该函数是这个类的成员。前边所定义的成员函数声明和定义都是写在类的大括号内；也可以把成员函数的声明和定义分开，把声明部分写在类内，把定义部分写在类的外部。例如：

```
class point
{
  private:
      float x,y;
      public:
      void display()
};
void point::display()
{
      cout<<"横坐标 x 为: "<<x<<endl;
      cout<<"纵坐标 y 为: "<<y<<endl;
};
```

上面定义了一个 point 点类，该类中有两个数据成员，代表点的横、纵坐标，类内只保留了成员函数 display() 的声明，而 display() 函数的定义写在类外。由于不同的类可以具有同名的成员函数，因此当在类外进行成员函数的定义时，需要在函数名前边加上类名，并使用作用域限定符"::"指示该函数是属于哪一个类的。在 Visual C++ 2015 中，当一个类规模较大时，可以让一个类的声明中只保留数据成员和成员函数的原型，然后把该声明放在一个扩展名为 .h 的头文件中，把类中成员函数的定义部分放在扩展名为 .cpp 文件中，同时使用 include 在该 .cpp 文件中引用类的声明文件。假设把以上 point 类的声明和类成员函数的定义部分分别存放在 point.h 和 point.cpp 文件中，那么需要在 point.cpp 文件的开始部分写上以下语句：

```
#include "point.h"
```

8.2.4 类与结构体

结构体是 C++ 中的一种重要的自定义数据类型，C++ 增加了 class 类型后，仍然保留了结构体类型，并扩充了其功能：C++ 语言中的结构体不仅可以拥有数据成员，还可以拥有成员函数，可以通过函数成员直接操作结构体中的数据成员。这样把数据与操纵数据的函数综合在一起，即实现了"封装"。

在 C++ 中，使用 struct 和 class 都可以定义一个类。以下代码所定义的类与之前使用 class 定义的类是完全相同的。

```
struct point
{
  private:
      float x,y;
  public:
      void display()
};
void point::display()
{
```

```
        cout<<"横坐标 x 为: "<<x<<endl;
        cout<<"纵坐标 y 为: "<<y<<endl;
};
```

C++ 中使用 struct 和 class 进行类声明的主要区别为: 在 struct 中,不使用 private、public 和 protected 限定符定义的数据成员和成员函数被编译器默认为是 public 的。而在 class 中没有使用限定符修饰的成员默认为 private。

```
struct point                        //使用 struct 声明的类
{
    float x,y;                      //两个数据成员为 public 成员
  public:
    void display()
    {
        cout<<"横坐标 x 为: "<<x<<endl;
        cout<<"纵坐标 y 为: "<<y<<endl;
    }
};
class point                         //使用 class 声明的类
{
    float x,y;                      //两个数据成员为 private 成员
  public:
     void display()
    {
        cout<<"横坐标 x 为: "<<x<<endl;
        cout<<"纵坐标 y 为: "<<y<<endl;
    }
};
```

class 是 C++ 为了进行面向对象程序设计而引入的关键字,而 struct 是从 C 语言继承而来的,虽然两者都可以实现类的声明,但是使用 class 更能体现面向对象的特点。所以 C++ 中进行类的声明主要使用 class。

8.3　定 义 对 象

8.3.1　对象的定义

C++ 中类是一种自定义数据类型,对象可以理解为使用"类"类型定义的变量。同结构体变量的定义方式相同,对象的定义方式也有 3 种:

(1) 先声明类,再定义对象。

如果使用 8.2.2 节中所声明的 Employee 类进行对象的定义,语句为:

```
Employee  employee1, employee2;
```

以上语句表示使用 Employee 类定义了两个变量 employee1 和 employee2。这种定

义方式与 C++ 标准类型变量定义是一样的。

（2）声明类的同时定义对象。例如：

```
class Employee                         //声明类类型
{
  public:                              //可以先声明公用部分
    void display()
    {
        cout<<"编号:"<<employeeid<<endl;
        cout<<"姓名:"<<name <<endl;
        cout<<"年龄:"<<age <<endl;
    }
  private:                             //后声明私有部分
      string employeeid;
      string name;
      int age;
} employee1, employee2;                //定义了两个 Employee 类的对象
```

（3）不出现类名，直接定义对象。例如：

```
class                                  //无类名
{
  private:                             //先声明私有部分
    string employeeid;
    string name;
    int age;
  public:                              //后声明共有部分
    void display()
    {
        cout<<"编号:"<<employeeid<<endl;
        cout<<"姓名:"<<name<<endl;
        cout<<"年龄:"<<age<<endl;
    }
} employee1, employee2;                //定义了两个无类名的类对象
```

以上3种对象定义方式都是合法的，不过第三种方式一般很少使用。由于 C++ 程序经常把类的声明和对象的定义分别放在.h 文件和.cpp 文件中，因此 C++ 程序中对象的定义主要使用第一种方式，当程序规模较小时也可以采用第二种方式。

定义一个对象时，编译系统会为这个对象分配存储空间，以便存放对象中的成员。

8.3.2 对象成员的引用

对象是类类型的变量，与结构体变量类似，对象在被使用时经常需要引用其成员。对象成员的引用包括数据成员的引用和成员函数的引用。需要注意的是，外部程序引用对象的成员时，只能引用对象的公有成员，而不能引用其私有和保护成员。

引用对象成员的一般形式为：

对象名.成员名

类作为自定义类型也可以定义指针变量,让指针变量指向一个具体的对象,当使用对象指针时,引用指针所指向的对象成员的形式可以为以下两种：

(＊指向对象的指针).成员名
指向对象的指针->成员名

需要注意的是,使用指针访问对象时,必须首先执行指针的指向操作,使指针指向一个具体的对象,然后使用指针进行对象成员的引用。

【例 8.3】 引用对象成员。

```cpp
#include <iostream>
using namespace std;
class Date
{
  public:
    int month;
    int day;
    int year;
    void display()
    {
        cout<<year<<"-"<<month<<"-" <<year<<endl;
    }
};
int main()
{
    Date date1, * date2;
    date1.month=5;
    date1.day =20;
    date1.year=2010;
    date1.display();
    date2=& date1;
    date2->month =6;
    date2->day =15;
    date2->year=2009;
    date2->display();
    return 0;
}
```

程序运行结果为：

2010-5-20
2009-6-15

这是一个简单的例子。类 Date 中只有数据成员，并且是公有成员，因此可以在类的外面通过对象引用这些成员进行操作。

说明：

（1）引用公有成员 year、month、day 时不要忘记在前面指定对象名。

（2）不能用类名引用数据成员。数据成员是有值的，需要占用存储空间，而类是一个抽象的数据类型，并不是一个占有存储空间的实体，因此不能用类名引用数据成员。

（3）定义对象后，不给数据成员赋值，则它们的值是不可预知的。

8.4　类和对象的简单应用实例

本节通过几个实例说明如何使用类来设计程序。

【例 8.4】　定义一个长方体类，数据成员包括长、宽、高，定义成员函数求长方体的体积。

```
#include <iostream>
using namespace std;
class Box
{
  public:
    int length;
    int width;
    int height;
    void display()
    {
        cout<<"length="<<length<<" width="<<width<<" height="
            <<height<<endl;
    }
    int volume()
    {
        return length * width * height;
    }
};
int main()
{
    Box box1;
    box1.length=3;
    box1.width=4;
    box1.height=5;
    box1.display();
    cout<<"the volume of  box1 is "<<box1.volume()<<endl;
    Box box2;
    cin>>box2.length;
```

```
    cin>>box2.width;
  cin>>box2.height;
    box2.display();
    cout<<"the volume of box2 is "<<box2.volume()<<endl;
    return 0;
}
```

程序运行结果为：

```
length=3  width=4  height=5
the volume of  box1 is 60
20   5   9
the volume of  box2 is 900
```

程序中定义了 box1 对象，通过 box1 引用它的数据成员并赋值，调用它的成员函数 display()输出长、宽、高的数值，调用成员函数 volume()计算 box1 的体积。接着定义了 box2 对象，通过键盘向 box2 的数据成员输入数据，并调用它的成员函数 volume()函数计算体积并输出结果。

程序的结构很清晰。但在主函数中，如果有很多对象，那么对每个对象一一写出操作，会使程序变得冗长，降低可读性。为了解决这个问题，可以用函数实现数据的输入。

【**例 8.5**】 用成员函数实现例 8.4 中的输入数据、计算体积、显示结果。

```
#include <iostream>
using namespace std;
class Box
{
  public:
   int length;
    int width;
    int height;
    void set_box()
    {
        cin>>length;
        cin>>width;
        cin>>height;
    }
    void display()
    {
        cout<<"length="<<length<<" width="<<width
            <<" height=" <<height<<endl;
    }
    int volume()
    {
        return length * width * height;
    }
```

```
    };
    int main()
    {
        Box box1;
        box1.set_box();
        box1.display();
        cout<<"the volume of box1 is "<<box1.volume()<<endl;
        Box box2;
        box2.set_box();
        box2.display();
        cout<<"the volume of box2 is "<<box2.volume()<<endl;
        return 0;
    }
```

程序运行结果为：

```
3   4   5
the volume of  box1 is 60
20   5   9
the volume of  box2 is 900
```

程序中，box1 和 box2 是分别用两个语句完成的。在 C++ 中，声明是作为语句处理的，可以出现在使用之前的任何位置。因此允许编程人员用到变量或者对象时才进行声明。这样，程序比较清晰，方便阅读。

8.5 构 造 函 数

8.5.1 构造函数的作用

使用类定义一个对象后，在引用对象成员时必须保证对象的数据成员已经被赋值，如果一个数据成员未赋值，它的值是不可预知的，因此可以在定义对象时初始化数据成员。而类的数据成员是不能在声明类时进行初始化。因为类是一种抽象数据类型，并不是一个实体，不占用存储空间，因而不能容纳数据。因此只能对对象的数据成员初始化。在例 8.3 中，使用以下语句给 date1 对象的各个数据成员赋值。

```
date1.month=5;
date1.day =20;
date1.year=2010;
```

以上赋值过程也可以通过定义对象时进行初始化来完成。date1 的初始化可以如下进行：

```
Employee employee1={5, 20, 2010};
```

需要注意的是，无论是对数据成员赋值还是执行对象的初始化，都只能针对对象的公有数据成员来进行，如果对一个对象的私有数据成员赋值，会出现编译错误。假设 date

类的 year 数据成员改成 private,则以下操作将会被 C++ 编译器报错:

```
employee1.year=2010;
```

在 Visual C++ 2015 中报告以下错误:

```
error C2248: "Date:: year": 无法访问 private 成员 (在"Date"类中声明)
```

那么如何对一个对象的私有数据成员进行初始化呢? 由于类内部的成员函数可以访问类中所有的数据成员,因此可以设计一个成员函数,使用该函数进行对象的初始化操作。

【例 8.6】　修改例 8.3,使用类的成员函数做对象的初始化操作。

```cpp
#include <iostream>
using namespace std;
class Date
{
  private:                          //设置私有数据成员
    int month;
    int day;
    int year;
  public:
    void display()
    {
        cout<<year<<"-"<<month<<"-"<<day<<endl;
    }
    void setDate(int m,int d,int y)
    {
        month=m;
        day=d;
        year=y;
    }
};
int main()
{
    Date date1, date2;
    date1.setDate(5,20,2010);
    date2.setDate(6,15,2009);
    date1.display();
    date2.display();
    return 0;
}
```

程序运行结果为:

```
2010-5-20
2009-6-15
```

在例 8.6 中，类 Date 中定义了一个公有函数 setDate()，使用该函数来给对象的数据成员赋值，从而完成初始化操作。使用这类函数进行对象的初始化具有以下两个缺点：

（1）为了实现对象的初始化引入了初始化函数，增加了类的复杂性，由于该函数被声明为公有的，增加了一个由外部程序访问内部私有数据成员的接口。

（2）定义对象后如果忘记了调用初始化函数或者对一个对象进行了多次初始化函数的调用都会引起程序出错。

为了解决对象的初始化问题，C++ 提供了一个特殊的成员函数来完成对象的初始化操作，即构造函数（constructor）。构造函数具有以下几个特点：

（1）构造函数的目的就是实现对象的初始化。

（2）构造函数的名字与类名相同，不能由用户命名。

（3）构造函数不具有任何类型，没有函数返回值。

（4）构造函数不需要用户调用，对象建立时构造函数会自动执行。

（5）如果用户自己没有定义构造函数，则 C++ 系统会自动生成一个构造函数，只是这个构造函数的函数体是空的，也没有参数，不执行初始化操作。

（6）构造函数的函数体中不仅可以对数据成员赋值，也可以包含其他的语句，但一般不提倡增加与初始化无关的语句，目的是保持程序清晰。

【例 8.7】 使用类的构造函数实现对象的初始化。

```cpp
#include <iostream>
using namespace std;
class Date
{
  private:
    int month;
    int day;
    int year;
  public:
    Date()                              //默认构造函数
    {
        month=0;
        day=0;
        year=0;
    }
    void display()
    {
        cout<<year<<"-"<<month<<"-"<<day<<endl;
    }
    void setDate(int m,int d,int y)
    {
        month=m;
        day=d;
        year=y;
```

```
    }
};
int main()
{
    Date date1, date2;
    date1.display();
    date1.setDate(5,20,2010);
    date1.display();
    date2.display();
    return 0;
}
```

程序运行结果为：

```
0-0-0
2010-5-20
0-0-0
```

在例 8.7 中，类 Date 提供了一个构造函数来设置数据成员的默认值，该构造函数没有参数。C++ 中把一个类的无参构造函数称作默认构造函数。构造函数不能像其他成员函数一样被显式调用。构造函数在对象被创建时由编译器隐式调用，在本例中语句"Date date1，date2;"执行后对象 date1 和 date2 会被创建，C++ 编译器会在创建对象时隐式地调用构造函数来完成对象的初始化，因此 date1、date2 的数据成员都初始化为 0，date1 第一次调用成员函数的显示结果为初始化结果 0，接着 date1 调用成员函数 setDate() 给数据成员赋值，因此 date1 第二次调用成员函数的显示结果为设置的数值 5,20,2010，而 date2 并没有重新赋值，因此显示结果只是初始化时的值 0。

8.5.2　带参数的构造函数

除了默认构造函数，C++ 的类还允许使用带有参数的构造函数。在执行初始化操作时，可以把参数值赋给对象的数据成员。当 C++ 使用带参数的构造函数时，对象的定义的形式必须和构造函数中参数的形式相一致。

如带参数的构造函数首部的形式为：

构造函数名 (类型 1　参数 1，类型 2　参数 2，…　)

实参的值是在定义对象时给出的。定义对象的一般格式为：

类名　对象名 (实参 1,实参 2,…　)

如 Date(int m,int d,int y)，则定义对象时必须按照以下形式进行：

Date date(5,15,2010);

对象名后面括号中的初值类型必须与构造函数对应的参数类型一致，否则会引发编译错误。用这种方法可以实现对不同对象进行不同的初始化。

【例 8.8】　使用类的带参数的构造函数实现对象的初始化。

```
#include <iostream>
using namespace std;
class Date
{
  private:
    int month;
    int day;
    int year;
  public:
    Date(int m,int d,int y)                //带参数的构造函数
    {
        month=m;
        day=d;
        year=y;
    }
    void display()
    {
        cout<<year<<"-"<<month<<"-"<<day<<endl;
    }
};
int main()
{
                                           //调用带参数的构造函数实现数据成员的初始化
    Date date1(5,20,2010), date2(6,15,2009);
    date1.display();
    date2.display();
    return 0;
}
```

程序运行结果为：

```
2010-5-20
2009-6-15
```

在例 8.8 中，类的构造函数有 3 个参数，当对象被定义时，构造函数被 C++ 编译器调用，此时对象的定义必须按照构造函数的格式来进行。

除此之外，C++ 还可以用参数初始化表来对数据成员进行初始化。这种方法不在函数体内对数据成员初始化，而是在函数首部实现。如例 8.8 中定义的构造函数可以改用下面形式：

```
Date(int m,int d,int y): month(m),day(d), year(y){    }
```

即在原来函数首部的末尾加冒号，然后列出参数的初始化表：用形参 m 的值初始化数据成员 month，用形参 d 的值初始化数据成员 day，用形参 y 的值初始化数据成员 year。这种方法的优势在于当初始化的数据成员较多时显得方便、简练。

8.5.3 构造函数重载

一个类可以拥有多个构造函数,实现类的对象的不同的初始化方法。这些构造函数具有相同的名字,只是参数的个数或者类型不同,这称为构造函数的重载。当一个类拥有多个构造函数时,对象初始化操作可以使用其中任何一个来进行。哪一个构造函数被调用取决于对象初始化时采用的形式。

【例 8.9】 构造函数的重载。

```cpp
#include <iostream>
using namespace std;
class Box
{
  private:
    int length;
    int width;
    int height;
  public:
    Box()                           //默认构造函数
    {
        length=0;
        width=0;
        height=0;
    }
    Box(int l,int w,int h)          //带参数的构造函数
    {
        length=l;
        width=w;
        height=h;
    }
    void display()
    {
    cout<<"length="<<length<<" width="<<width<<" height=" <<height<<endl;
    }
};
int main()
{
    Box Box1(3,4,5);                //调用构造函数 Box(int l,int w,int h)
    Box Box2;                       //调用构造函数 Box()
    Box1.display();
    Box2.display();
    return 0;
}
```

程序运行结果为:

```
length=3  width=4  height=5
length=0  width=0  height=0
```

使用构造函数需要注意以下两点：

（1）C++ 的每一次对象创建都会伴随着构造函数的调用，即使用户没有给类定义构造函数。在例 8.3 中并没有给 Date 类设计一个构造函数，在执行"Date date1，date2;"对象定义语句时 C++ 编译器会给该类提供一个空的默认构造函数。该构造函数虽然被调用，但是什么都不做。

（2）只要用户在类中定义了构造函数，C++ 编译系统将不会再提供默认构造函数。此时定义对象只能按照构造函数中参数的个数和类型进行。如例 8.8 中声明的 Date 类只有一个构造函数 Date(int m，int d，int y)，该构造函数提供了对象的定义规范。

```
Date birthday(10,15,1988);        //正确,对象的定义与类的构造函数形式一致
Date birthday;                    //错误,对象的定义与类的构造函数形式不一致
```

所以，在类的声明中，可以通过增加一个默认构造函数来消除以上对象定义时形式不一致引发的错误。

8.5.4　复制构造函数

类是 C++ 中的自定义类型，对象是一个类类型的变量。当声明了一个类 Date 后，可以使用以下语句进行对象定义：

```
Date birthday;
```

对于 C++ 的标准数据类型，可以在定义一个变量的同时使用另一变量对其进行初始化。例如：

```
int x=10;
int y=x;
```

作为 C++ 自定义类型的类，在定义对象时也可以使用基于同一个类的其他对象对其进行初始化。如使用例 8.8 中所定义的 Date 类，可以有如下定义：

```
Date date1(5,20,2010);
Date date2=date1;
```

在上述两个类的定义语句中，第一条语句调用了类 Date 的构造函数 Date(int m，int d，int y)进行对象的初始化。而第二条语句中对 date2 进行初始化时调用了类 Date 的一个特殊构造函数——复制构造函数（copy constructor）。复制构造函数用来创建一个新的对象，该对象是另外一个对象的副本。对于 Date 类，可以设计如下形式的复制构造函数：

```
Date::Date(const Date& d)
{
    length=d.length;
```

```
        day=d.day;
        height=d.height;
    }
```

上述复制构造函数只有一个参数,该参数是 Date 对象的引用形式,前面加上 const 声明,可以保证函数调用过程中函数体内不会修改该对象的值。当执行对象被复制时,复制构造函数被调用,它把被复制对象的各个数据成员的值分别赋给新对象的对应数据成员,从而完成对象的复制工作。

如果一个类没有定义复制构造函数,C++ 会提供一个默认的复制构造函数,该复制构造函数的功能是把被复制对象的数据成员一一对应地复制到新对象中。因此对 Date 类来说,系统提供的默认复制构造函数与设计的复制构造函数的功能是一样的。

【例 8.10】 使用复制构造函数。

```cpp
#include <iostream>
using namespace std;
class Date
{
  private:
    int month;
    int day;
    int year;
  public:
    Date(int m,int d,int y)          //带参数的构造函数
    {
        month=m;
        day=d;
        year=y;
    }
    Date(const Date& d)              //复制构造函数
    {
        month=d.month;
        day=d.day;
        year=d.year;
        cout<<"复制构造函数被调用!"<<endl;
    }
    void display()
    {
        cout<<year<<"-"<<month<<"-"<<day<<endl;
    }
};
int main()
{
    Date date1(5,20,2010);            //调用构造函数 Date(int m,int d,int y)
    Date date2=date1;                 //调用复制构造函数 Date(const Date& d)
```

```
      date1.display();
      date2.display();
      return 0;
}
```

程序运行结果为：

复制构造函数被调用！
2010-5-20
2010-5-20

8.6 析构函数

当一个对象被撤销时，撤销前会调用类的析构函数。析构函数（destructor）是类的一个特殊成员函数，析构函数的函数名是在类名的前边加上一个"～"符号。

当对象的声明周期结束时，会自动执行析构函数。调用析构函数的具体情况如下：

（1）一个函数内部定义的局部对象当函数调用结束时对象应该释放，在对象释放前调用析构函数。

（2）static 局部对象在它所在的函数调用结束时并不释放，当主函数结束或者调用 exit 函数结束程序时，调用 static 局部对象的析构函数。

（3）当程序的流程离开全局对象的作用域时（如主函数结束），调用该全局对象的析构函数。

（4）用 new 运算符建立的对象，当使用 delete 释放该对象时，调用该对象的析构函数。

- 与构造函数一样，析构函数没有函数返回值，但是与构造函数不同，析构函数没有函数参数，所以析构函数不能被重载。一个类只能拥有一个析构函数。
- 如果用户没有给类提供一个析构函数，那么 C++编译器会自动地提供一个默认析构函数，该析构函数不执行任何操作。
- 如果对象使用了动态内存或者其他资源，用户就必须为该类提供析构函数，在析构函数中完成内存或其他资源的回收工作以防止资源泄漏。

【例 8.11】 使用构造函数和析构函数。

```
#include <iostream>
#include <string>
using namespace std;
class Animal
{
  private:
    int age;
    float weight;
  public:
    Animal(int a,int w)              //带参数的构造函数
```

```
    {
        age=a;
        weight=w;
    }
    ~Animal()                          //析构函数
    {
        cout<<"age="<<age<<" weight="<<weight <<" 析构函数被调用!"<<endl;
    }
    void display()
    {
        cout<<"age="<<age<<" weight="<<weight <<endl;
    }
};
int main()
{
    Animal animal1(1,20);
    animal1.display();
    Animal animal2(2,15);
    animal2.display();
    return 0;
}
```

程序运行结果为：

```
age=1  weight=20
age=2  weight=15
age=2  weight=15  析构函数被调用!
age=1  weight=20  析构函数被调用!
```

Animal 类中定义了析构函数,由于对象没有执行动态申请内存或其他资源的操作,该析构函数不释放资源。本例在析构函数体内写了一条输出语句,可以通过程序是否执行了输出语句来判断析构函数是否被调用。对象 animal1、animal2 在 main()函数中定义为全局对象,当 main()函数运行结束后全局对象才会被撤销。当对象被撤销前析构函数被调用,从运行结果可以看出,首先被构造的对象最后被析构,即构造的顺序与析构的顺序相反。

8.7　类的静态成员

到目前为止,使用前面声明的类定义对象时,每一个对象都拥有各自的数据成员和成员函数。例如,使用例 8.11 中声明的 Animal 类定义两个对象 animal1、animal2：

```
Animal animal1(1,20);
Animal animal2(2,15);
```

则 animal1 和 animal2 分别拥有各自的 age、weight 数据成员并进行了数据成员的初始化。

有时,同类的对象除了拥有各自的数据成员的值以外,希望某一个或者几个数据成员归所有对象公有,以实现数据的共享。例如每个家庭拥有各自的卧室、厨房、餐厅,为了节省资源,要有公用运动场和公园等。如果改变运动场和公园的大小和建筑,会影响到每一个家庭。

C++ 提供了另外一种成员,这种成员只属于类本身,不属于类的对象,这种成员称作类的静态成员。类的静态成员包括静态数据成员和静态成员函数。

8.7.1 静态数据成员

如果给类的某一个数据成员的声明语句前面添加一个 static 关键字,则该成员就成为了类的静态数据成员。例如:

```
class Student
{
  private:
    int num;
    int age;
    float score;
  public:
    static int count;                //声明静态数据成员
}
```

静态数据成员不属于任何一个对象,只占有一份内存,每一个对象都可以引用这个静态数据成员,该数据成员的值是被所有该类的对象所共享的,如果修改了该静态数据成员的值,则该类所有对象中该静态数据成员的值都被修改了。有了静态数据成员,各对象之间实现了数据的共享。

静态数据成员可以被初始化,不过初始化语句只能放在类外。静态数据成员的初始化形式为:

数据类型 类名::静态数据成员名=初值;

例如:

int Student::count=0;

静态数据成员即可以通过对象名引用,也可以通过类名引用。格式如下:

对象名.静态数据成员名
类名::静态数据成员名

静态数据成员的作用域只限于定义该类的作用域内,在此作用域内,可以通过类名和域运算符":"引用静态数据成员,而不论对象是否存在。

【例 8.12】 使用类的静态数据成员。

```
#include <iostream>
```

```cpp
#include <string>
using namespace std;
class Student
{
  private:
    int num;
    int age;
    float score;
  public:
    static int count;                    //声明静态数据成员
    Student(int n,int a,float s)         //定义带参数的构造函数
    {
        num=n;
        age=a;
        score=s;
        count++;
    }
    Student(const Student& d)            //定义复制构造函数
    {
        num=d.num;
        age=d.age;
        score=d.score;
        count++;
    }
    ~Student()                           //定义析构函数
    {
        count--;
    }
    void display()
    {
        cout<<"num="<<num<<" age="<<age<<" score="<<score<<endl;
    }
};                                       //类定义结束
int Student::count=0;                    //在类外对公用静态数据成员初始化

int main()
{
    Student stu1(101,20,82.5);
    cout<<"Student 对象的个数为:"<<Student::count<<endl;
    cout<<"Student 对象的个数为:"<<stu1.count<<endl;

    Student stu2=stu1;                   //对象的复制
    cout<<"Student 对象的个数为:"<<Student::count<<endl;
    cout<<"Student 对象的个数为:"<<stu2.count<<endl;
```

```
        stu1.display();
        stu2.display();
        return 0;
}
```

程序运行结果为：

```
Student 对象的个数为:1
Student 对象的个数为:1
Student 对象的个数为:2
Student 对象的个数为:2
num=101   age=20   score=82.5
num=101   age=20   score=82.5
```

在例 8.12 中在类 Student 中定义了一个静态数据成员 count，用它来表示当前类 Student 类型的对象的个数，即 count 起到对象计数器的作用，用来统计当前程序中对象的个数。在类的构造函数和复制构造函数中，让静态数据成员 count 执行加 1 操作，在程序中当类 Student 的一个对象被创建时对象的个数加 1，其构造函数或复制构造函数被调用，count 随之加 1。在类的析构函数中让静态数据成员 count 执行减 1 操作，当类 Student 的一个对象被撤销时对象的个数减 1，其析构函数被调用，count 随之减 1。

8.7.2　静态成员函数

与静态数据成员的定义方式一样，在一个类中成员函数的声明前边加上 static，该成员函数就成为了类的静态成员函数。

```
class Student
{
  private:
    int num;
    int age;
    float score;
  public:
    static int   count;              //类的静态数据成员
    static float  sum;               //类的静态数据成员
    void total();
    static float  average();         //类的静态成员函数
};                                   //类定义结束
```

类的静态成员函数只能访问类的静态成员（包括静态数据成员和静态成员函数），不能访问类内的其他数据成员和成员函数。

【例 8.13】　使用类的静态数据成员和静态成员函数。

```
#include <iostream>
#include <string>
```

```
using namespace std;
class Student
{
  private:
    int num;
    int age;
    float score;
    static int count;              //声明静态数据成员
    static float sum;              //声明静态数据成员
  public:
    Student(int n,int a,float s)   //定义带参数的构造函数
    {
        num=n;
        age=a;
        score=s;
    }
    Student(const Student& d)      //定义复制构造函数
    {
        num=d.num;
        age=d.age;
        score=d.score;
    }
    ~Student()                     //定义析构函数
    {
        count--;
    }
    void display()
    {
        cout<<"num="<<num<<" age="<<age<<" score="<<score<<endl;
    }
    void total( );                 //声明函数成员
    static float average( );       //声明静态函数成员
};                                 //类定义结束

void Student::total()              //在类外定义非静态成员函数
{
    sum=sum+score;                 //统计总分
    count++;                       //累加已统计的人数
}

float Student::average()           //在类外定义静态成员函数
{
    return(sum/count);
}
```

```
int Student::count=0;              //在类外对公用静态数据成员初始化
float Student::sum=0;              //在类外对公用静态数据成员初始化

int main()
{
      Student stu1(101,20,82.5);
      stu1.total();
      Student stu2(102,19,70);
      stu2.total();
      Student stu3=stu1;           //对象的复制
      stu3.total();

      stu1.display();
      stu2.display();
      stu3.display();

      cout<<"平均分为:"<<Student::average()<<endl;
      return 0;
}
```

程序运行结果为：

```
num=101   age=20   score=82.5
num=102   age=19   score=70
num=101   age=20   score=82.5
平均分为:78.3333
```

在例 8.13 中把静态数据成员 count 声明为私有的，这样可以防止外部程序修改 count 的值。由成员函数 total() 计算总分并统计个数，由静态成员函数 average() 计算平均值。

8.8　友　　元

一个类的数据成员和成员函数可以分为公有的（public）、私有的（private），公有的成员可以被类外的程序代码访问，私有成员只能被本类内的成员函数访问。

有些情况下需要开放类的私有成员给特定的函数或类来访问，这时可以把该特定函数或类声明为一个类的友元（friend），友元可以访问具有友好关系的类的私有成员。友元包括友元函数和友元类。

8.8.1　友元函数

如果一个函数想成为一个类的友元函数，则必须在该类中声明该函数为友元函数。声明的方法是：在类中写上函数的声明，并在前边加上 friend 关键字。当声明了一个类的友元函数后,就可以使用该函数访问类中的私有成员。一个类的友元函数可以是另一个类的成员函数,也可以是不属于任何一个类的普通函数。

【例 8.14】 使用友元函数访问类的私有成员。

```cpp
#include <iostream>
#include <string>
using namespace std;
class Date
{
  private:
    int month;
    int day;
    int year;
  public:
    friend void modifyDate(Date& date,int month,int day,int year);
                              //声明类 Date 的友元函数
    Date(int m,int d,int y)        //带参数的构造函数
  {
        month=m;
        day=d;
        year=y;
    }
    Date(const Date& d)            //复制构造函数
    {
        month=d.month;
        day=d.day;
        year=d.year;
     }
    void display()
    {
        cout<<year<<"-"<<month<<"-"<<day<<endl;
    }
};
void modifyDate(Date& date,int month,int day,int year)        //友元函数的定义
{
    date.month=month;
    date.day=day;
    date.year=year;
}
int main()
{
    Date date1(5,20,2010);
    Date date2=date1;
    date1.display();
```

```
        date2.display();
        modifyDate(date1,6,15,2009);
        modifyDate(date2,8,8,2008);
        date1.display();
        date2.display();
        return 0;
    }
```

程序运行结果为：

```
2010-5-20
2010-5-20
2009-6-15
2008-8-8
```

在例 8.14 中，类 Date 的数据成员都是私有的，对象通过构造函数来初始化各个数据成员的值，通过 display 成员函数来显示各个数据成员的值。但是类 Date 的对象不能修改初始化后的各个数据成员的值。这里通过类 Date 的友元函数 modifyDate 来修改私有数据成员。把 modifyDate 函数的声明写在类 Date 内，加上关键字 friend 指示其为类 Date 的友元函数。在类外实现函数的定义，函数接受一个对象的引用和 3 个整型参数，在函数体内修改该对象的各个数据成员。

8.8.2　友元类

一个函数可以是一个类的友元，一个类也可以是另外一个类的友元。假设有两个类 A 和 B，如果声明 A 是 B 的友元类，则 A 中所有的函数都自动成为 B 的友元函数，可以通过 A 的成员函数来访问 B 类中的所有成员。

在 B 类中使用如下语句来声明 A 为其友元类：

```
friend A;
```

【例 8.15】　使用友元类。

```
#include <iostream>
#include <string>
using namespace std;
class DateFriend;                    //类声明
class Date
{
    private:
        friend DateFriend;           //定义友元类
        int month;
        int day;
        int year;
    public:
        Date(int m,int d,int y)
        {
```

```
        month=m;
        day=d;
        year=y;
    }
};
class DateFriend
{
  public:
    void modifyDate(Date& date,int month,int day,int year)
    {
        date.month=month;
        date.day=day;
        date.year=year;
    }
    void display(const Date& date)
    {
        cout<<date.year<<"-"<<date.month<<"-"<<date.day<<endl;
    }
};
int main()
{
    Date date1(5,20,2010);
    Date date2(6,15,2009);
    DateFriend DateFriend1;
    DateFriend1.modifyDate(date1,8,12,2008);
    DateFriend1.display(date1);
    DateFriend1.display(date2);
    return 0;
}
```

程序运行结果为：

```
2008-8-12
2009-6-15
```

在例 8.15 中，类 Date 只有一个构造函数，没有提供数据成员的修改功能。为了能在外部修改其私有数据成员，程序中定义了一个友元类来完成类 Date 私有成员的修改和显示。在类 Date 中使用 friend 关键字声明了一个友元类 DateFriend，在 DateFriend 中，通过 modifyDate() 函数来修改 Date 对象的私有数据成员，通过 display() 函数来显示 Date 对象的私有数据成员。

8.9 在 Visual C++ 2015 中使用类向导

在 Visual C++ 2015 中创建 Win32 控制台应用程序项目后，可以在新添加的 . cpp 文件中手工输入代码完成类的声明，也可以借助类向导来完成类的声明过程。添加一个类后，还可以通过向导添加数据成员和成员函数。使用类向导可以快速准确地声明一个类及添加相关成员。打开"添加类"向导的方法有两种：一是通过菜单选择"项目"→"添加类"命令，二是在解决方案资源管理器中，右键单击项目文件名，在右键快捷菜单中选择"添加"→"添加类"命令。结果如图 8.3 所示。

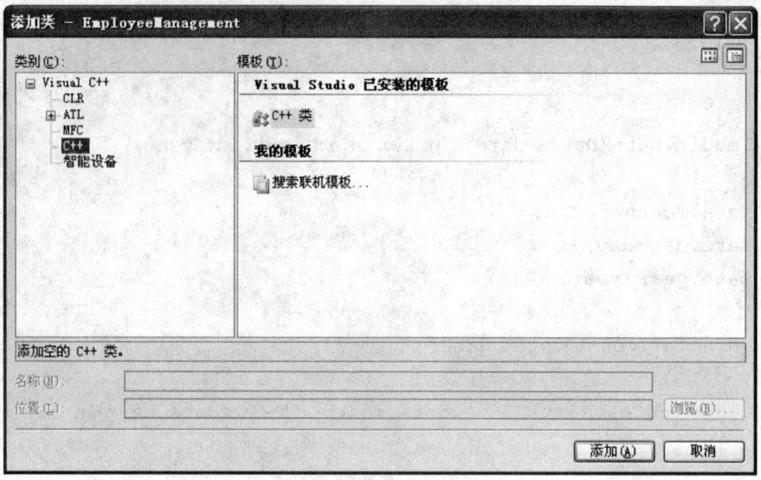

图 8.3   "添加类"向导

在向导左边的树状目录中选择 C++，在弹出的界面中单击右边 C++ 类，然后单击"添加"按钮。单击添加按钮后会出现"一般 C++ 类向导"，如图 8.4 所示。在图 8.4 中"类名"文本框中输入需要声明的类的名称。

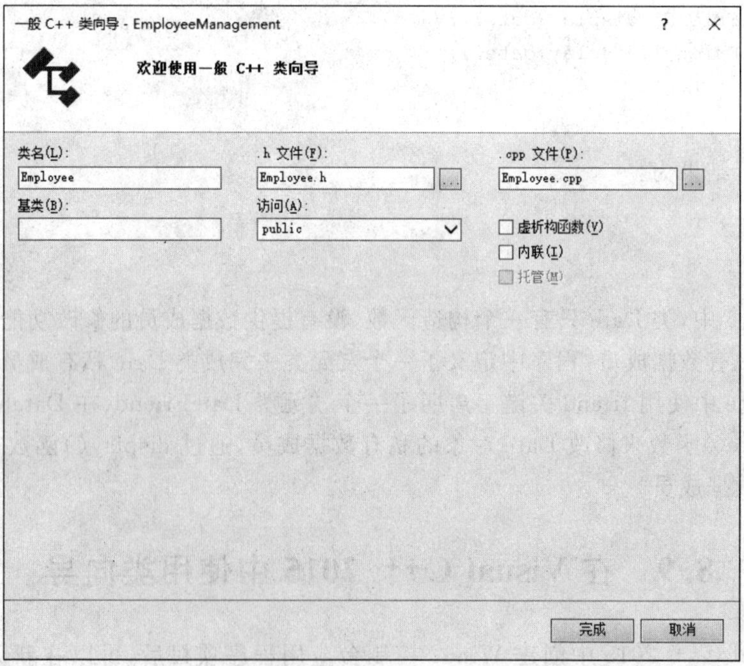

图 8.4   一般 C++ 类向导

如果想把当前声明的类放入以前的文件中,可以先删掉这两个文本框中的文件名,然后单击".h 文件"和".cpp 文件"文本框右边的按钮来选择需要加入的文件,如图 8.5 所示,最后单击"完成"按钮即可。向导中第二排文本框是做类的继承和继承访问控制的,如果当前声明的类没有父类,可以省略基类名称。

图 8.5 把类的声明存入其他文件

假设如图 8.4 所示,在一个空项目中声明了一个 Employee 类,其声明和实现分别存放在 Employee.h 和 Employee.cpp 文件中,打开 Employee.h 文件,会看到如下代码:

```
#pragma once
class Employee
{
  public:
    Employee(void);
  public:
    ~Employee(void);
};
```

第一行代码♯pragma once 为编译器指令,用来指示无论被多少个.cpp 文件包含,程序被编译时该.h 文件只被编译一次。后边的代码即为类 Employee 的声明,类中声明了一个构造函数和一个析构函数。在 Employe.cpp 文件中自动生成如下代码:

```
#include "Employee.h"
Employee::Employee(void)
```

```
{
}
Employee::~Employee(void)
{
}
```

选择"视图"→"类视图"命令，可以打开在当前程序中所声明的类及其结构视图，如图 8.6 所示。

在图 8.6 中 Employee 类上单击右键，在弹出的快捷菜单中（如图 8.7 所示）选择"添加变量"命令可以给 Employee 类增加数据成员。

图 8.6　类视图

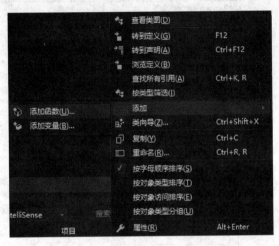

图 8.7　添加新成员

在图 8.8 中给 Employe 类添加了一个公有的 EmployeeID 数据成员，该成员设为字

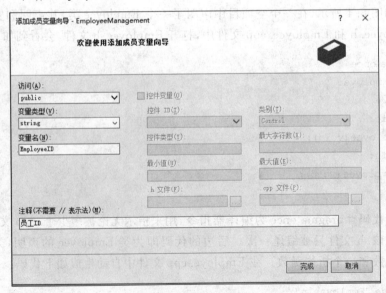

图 8.8　添加成员变量向导

符串。需要注意的是，由于 string 是 C++ 标准库提供的一个类，不是 C++ 的标准数据类型，因此在变量类型中不能通过下拉菜单选择，而是人工输入 string。单击"完成"按钮结束类数据成员的添加过程。

给类添加成员函数的过程与添加数据成员类似，在图 8.7 所示的菜单中选择"添加函数"命令，在图 8.9 的界面中可以设置成员函数的各个部分，包括返回类型、函数名、参数类型、参数列表、访问控制方法等。单击"完成"按钮结束成员函数的添加过程。

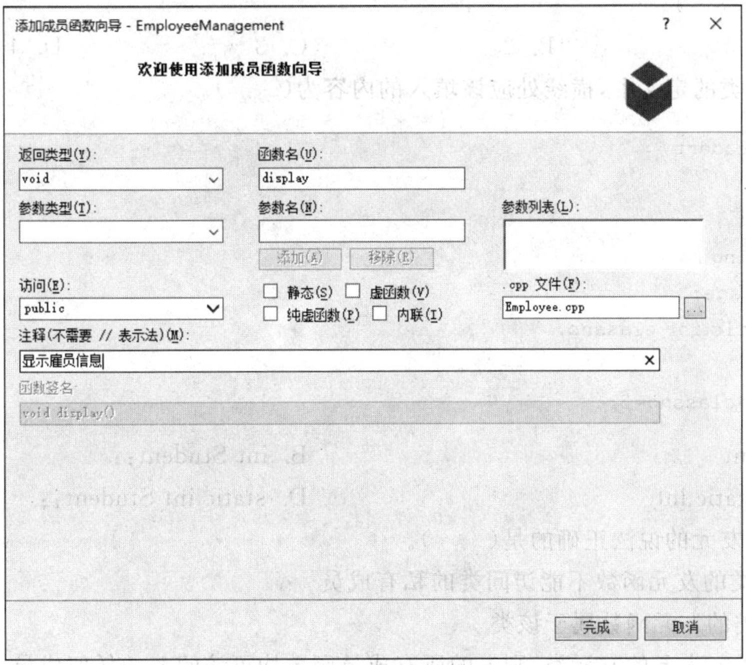

图 8.9　添加成员函数向导

本 章 小 结

类和对象是面向对象程序设计中的重要概念。类是事物的抽象，对象是类的实例。在 C++ 语言中类也是一种用户自定义类型，类中包括数据成员和成员函数，对象则是"类"类型的变量。构造函数和析构函数是类的特殊成员函数，它们分别用于对象创建时的初始化和对象撤销前的资源清理操作。可以通过设置静态成员实现对象间的数据共享。通过设计友元来实现对类私有成员的外部存取。友元破坏了类的封装特性，在使用过程中需要慎重选择。

习 题 八

一、选择题

1. 假定 Student 为一个类，则该类的复制构造函数的声明语句为（　　）。

A. student&(Student x);   B. student(Student x);

C. student(Student &x);   D. student(Student * x)

2. 对于使用 struct 定义的类,若其成员没有访问控制修饰符指明访问控制权限,则其隐含访问权限为(　　)。

    A. public   B. private   C. protected   D. static

3. 假定 student 为一个类,语句"student stu1,* p;"会自动调用类 Student 的构造函数的次数为(　　)。

    A. 1   B. 2   C. 3   D. 4

4. 以下类的定义中,横线处应该填入的内容为(　　)。

```
class student
{
  public:
    string name;
    int age;
    static int classno;
};

_____ classno=3;
```

    A. int   B. int Student::

    C. static int   D. static int Student::

5. 关于友元的说法正确的是(　　)。

    A. 类的友元函数不能访问类的私有成员

    B. 类的友元函数属于该类

    C. 类 a 为 b 的友元类,则 a 的所有成员函数均可访问 b 的任何成员

    D. 类的友元加强了类的封装性

二、分析题

分析程序的运行结果,并加以解释。

1. 程序 1。

```cpp
#include <iostream >
using namespace std;
class node
{
    int x,y;
    public:
        node(){x=y=0;}
    node(int a,int b){x=a;y=b;}
    ~node()
    {
        cout<<"node("<<x<<","<<y<<")被撤销"<<endl;
    }
```

```cpp
    void disp()
    {
        cout<<"x="<<x<<",y="<<y<<endl;
    }
};
int main()
{
    node n1, n2(10,15);
    n1.disp();
    n2.disp();
    return 0;
}
```

2. 程序 2。

```cpp
#include <iostream>
using namespace std;
class node
{
    int x;
    static int y;
    public:
        node(int a){x=a,y=2*a;}
        static void disp(node n);
};
void node::disp(node n)
{
  cout<<" node ("<<n.x<<","<<y<<") "<<endl;
}
int node::y=0;
int main()
{
        node n1(3),n2(5);
        node::disp(n1);
        node::disp(n2);
    return 0;
}
```

3. 程序 3。

```cpp
#include <iostream>
using namespace std;
class Time
{
  private:
    int hour;
```

```
        int minute;
        int second;
    public:
        Time(int,int,int);
        Time(int,int);
        Time();
        void display()
        {
            cout<<hour<<":"<<minute<<":"<<second<<endl;
        }
};
Time::Time(int h,int m,int s):hour(h),minute(m),second(s)
{   }
Time::Time(int m,int s):minute(m),second(s)
{ hour=13; }
Time::Time()
{ hour=13;
  minute=1;
  second=59;
}
int main()
{
    Time t1(23,12,30);
    Time t2(5,46);
    Time t3;
    t1.display();
    t2.display();
    t3.display();
    return 0;
}
```

三、简答题

1. 类和对象的关系是什么？

2. 构造函数和析构函数各自的功能是什么，都是在什么时候被调用？

3. 使用 class 定义的类和使用 struct 定义的类有什么区别？

4. 成员函数可以是私有的吗？数据成员可以是公有的吗？

5. 友元函数的作用是什么？在什么情况下需要使用友元函数？

6. 函数重载时通过什么来区分？

四、编程题

1. 设计一个圆类 Circle，包含数据成员 radius（半径）和两个成员函数 calculateArea（void）和 displayArea（void），计算并显示圆的面积。

2. 定义一个复数类，包含两个数据成员表示实部和虚部，至少定义两个构造函数实现初始化,定义一个函数显示复数。实现并测试这个类。

3. 某衣服商场打折,商场每天公布统一的折扣(discount),同时允许售货员在销售服装时灵活掌握售价(price):在此基础上,对一次购 10 件以上者享受 9 折优惠。已知某天 3 名售货员的销售情况如表 8.1 所示。

表 8.1　编程题 3 表

售货员编号 num	销售件数 count	单价 price/元
9001	7	128
9002	12	110
9003	83	96

请编写程序,计算当日该服装的总销售额 sum,以及每件衣服的平均售价。要求用静态数据成员和静态成员函数。

第9章

类的继承、派生与多态

9.1 类的继承与派生

9.1.1 继承与派生的概念

面向对象的重要特点就是派生与继承,C++允许在原有类(基类)的基础上快速创建新的类(派生类)来编写新的程序。

继承是面向对象的重要特性之一,应用继承可以实现代码重用,而达到快速编写程序的目的。C++中可以通过一个已有的类派生一个新类,这种机制称作类的继承。继承是C++的一个重要组成部分,是面向对象程序设计的重要特征。通过继承可以重用已有的程序代码和设计,从而提高程序开发效率。

从一个或多个以前定义的类(基类)产生新类的过程称为派生,这个新类又称派生类。由于派生类继承了基类的全部的性质(数据成员和成员函数),并且可以增加基类所没有的成员,以满足派生类的特殊要求。

类的继承与派生在认识世界的过程中实例比比皆是,例如"黑狗是黑毛的狗"是从一般的dog类通过特殊化而得到类blackdog的。这种通过特殊化已有的类来建立新类的过程,叫作"类的派生",原有的类叫作基类,新建立的类则叫作派生类。这里类dog就是基类,而blackdog是派生类。从类的成员的角度看,派生类自动地将基类的所有成员作为自己的成员,叫作继承。基类和派生类又可以分别叫作父类和子类。类的派生和继承是面向对象程序设计方法和C++语言最重要的特征之一。

以下以代码形式说明员工类和技术型员工类的继承和派生关系:

```cpp
class Employee
{
  protected:
    string employeeid;
    string name;
    int age;
  public:
    void display()
    {
        cout<<"编号:"<<employeeid<<endl;
        cout<<"姓名:"<<name <<endl;
```

```
        cout<<"年龄:"<<age <<endl;
    }
    void setEmployee(sting inputid,string inputname,int inputage)
    {
        employeeid=inputid;
        name=inputname;
        age=inputage;
    }
};
```

该员工类具有员工号、姓名、年龄 3 个数据成员和 2 个成员函数：一个用来显示数据成员的成员函数 display() 和一个用来输入数据成员的成员函数 setEmployee()。假设企业中员工岗位类型分为技术型和管理型，现在程序中需要设计一个新的类，用来描述技术型员工。由于"技术型员工"是"员工"的一种，也具有员工号、姓名、年龄这些基本属性，因此可以从"员工"类派生出"技术型员工"类，此时称"技术型员工"类为"员工"类的派生类，"员工"类为"技术型员工"类的基类。也可以把"技术型员工"类称作"员工"类的子类，"员工"类为"技术型员工"类的父类。

以下为"技术型员工"类的声明：

```
class Technican: public Employee
{
  protected:
      string level;                   //增加了一个数据成员,表示岗位级别
  public:
    void displaylevel()               //增加了一个显示岗位级别的成员函数
    {
        cout<<"岗位级别:"<<level<<endl;
    }
};
```

尽管从代码上看 Technican 类仅有一个数据成员和一个成员函数，但是实际上 Technican 类由于是继承 Employee 类而来的，它本身已经包含了基类的 3 个数据成员和 2 个成员函数，所有现在 Technican 类实际拥有 4 个数据成员以及 3 个成员函数。图 9.1 表示类 Employee 和 Technican 的继承关系，箭头从派生类指向基类。

图 9.1　类 Employee 和 Technican 的继承关系

9.1.2 派生类定义的格式

声明派生类的一般形式为：

class 派生类名 :[继承方式] 基类名
{
　　派生类新增加的成员
};

继承方式包括 public(公有的)、private(私有的)和 protected(保护的)，继承方式为可选项，如果在声明派生类时没有显式地指出继承方式则默认为 private(私有的)。

在 C++ 程序设计中，进行派生类的声明，给出该类的成员函数的实现之后，整个类就算完成了，这时就可以由它来生成对象进行实际问题的处理。仔细分析派生新类这个过程，实际是经历了 3 个步骤：吸收基类成员，改造基类成员和添加新的成员。面向对象的继承和派生机制，其最主要的目的是实现代码的重用和扩充。因此，吸收基类成员就是一个重用的过程，而对基类成员进行调整、改造以及添加新成员就是原有代码的扩充过程，二者是相辅相成的。

1. 吸收基类成员

在类继承中，第一步是将基类的成员全盘接收，这样派生类实际上就包含了它的所有基类中除构造和析构函数之外的所有成员。注意，在派生过程中，构造函数和析构函数都不被继承。

2. 改造基类成员

对基类成员的改造包括两个方面：第一是基类成员的访问控制，主要依靠派生类声明时的继承方式来控制。第二是对基类数据或函数成员的覆盖，就是在派生类中声明一个和基类数据或函数同名的成员。如果派生类声明了一个和某个基类成员同名的新成员(如果是成员函数，则参数表也要相同，参数不同的情况属于重载)，派生的新成员就覆盖了外层同名成员。这时，在派生类中或者通过派生类的对象直接使用成员名就只能访问到派生类中声明的同名成员，这称为同名覆盖。

3. 添加新的成员

派生类新成员的加入是继承与派生机制的核心，是保证派生类在功能上有所发展的关键。可以根据实际情况的需要，给派生类添加适当的数据和函数成员，以实现必要的新增功能。

【例 9.1】 使用派生类。

```cpp
#include <iostream>
#include <string>
using namespace std;
class Employee
{
  protected:
```

```cpp
    string employeeid;
    string name;
    int age;
public:
    void display()
    {
        cout<<"编号:"<<employeeid<<endl;
        cout<<"姓名:"<<name <<endl;
        cout<<"年龄:"<<age <<endl;
    }
    void setEmployee(string inputid,string inputname,int inputage)
    {
        employeeid=inputid;
        name=inputname;
        age=inputage;
    }
};
class Technican: public Employee
{
  private:
    string level;                    //派生类的数据成员
  public:
    void display()                   //派生类的成员函数
    {
        cout<<"编号:"<<employeeid<<endl;
        cout<<"姓名:"<<name <<endl;
        cout<<"年龄:"<<age <<endl;
        cout<<"岗位级别:"<<level<<endl;
    }
    void setTechnican(string inputlevel)
    {
        level=inputlevel;
    }
};
int main()
{
    Employee employee1;
    Technican technican1;
    employee1.setEmployee("20100001","王军",25);
    employee1.display();
    technican1.setEmployee("20100002","李明",26);
    technican1.setTechnican("助理工程师");
    technican1.display();
    return 0;
```

```
}
```

程序运行结果为：

```
编号:20100001
姓名:王军
年龄:25
编号:20100002
姓名:李明
年龄:26
岗位级别:助理工程师
```

在例 9.1 中，派生类 Technican 和基类 Employee 具有相同的成员函数 display()，在派生类中该成员函数实现了对基类同名函数的覆盖。

```
technican1.display();
```

上述语句会调用派生类的 display() 成员函数。

例 9.1 中声明的 Employee 和它的派生类 Technican 都是没有构造函数的，它们提供公有函数来实现内部数据成员的初始化。当基类和派生类都使用构造函数进行数据成员的初始化时，需要注意以下两点：

(1) 构造函数是特殊的成员函数，不能被派生类继承。

(2) 当需要进行数据成员初始化时，派生类的构造函数不仅要初始化自己新增加的数据成员，还要注意对基类数据成员执行初始化操作。

派生类构造函数的一般形式为：

派生类构造函数名 (总参数表列) : 基类构造函数名 (参数表列)
{派生类中新增的数据成员初始化语句}

当派生类的构造函数被调用时，首先会执行基类中的构造函数对基类数据成员进行初始化，然后再初始化派生类中新增加的数据成员。

【例 9.2】 派生类的构造函数。

```
#include <iostream>
#include <string>
using namespace std;
class Employee
{
  protected:
    string employeeid;
    string name;
    int age;
  public:
    void display()
    {
        cout<<"编号:"<<employeeid<<endl;
```

```
        cout<<"姓名:"<<name <<endl;
        cout<<"年龄:"<<age <<endl;
    }
    employee(string inputid,string inputname,int inputage)
    {
        employeeid=inputid;
        name=inputname;
        age=inputage;
    }
};
class technican: public employee
{
  private:
    string level;                    //派生类的数据成员
  public:
    void display()                   //派生类的成员函数
    {
        cout<<"编号:"<<employeeid<<endl;
        cout<<"姓名:"<<name <<endl;
        cout<<"年龄:"<<age <<endl;
        cout<<"岗位级别:"<<level<<endl;
    }
    //派生类的构造函数
    technican(string inputid,string inputname, int inputage,
            string inputlevel):employee(inputid,inputname,inputage)
    {
        level=inputlevel;
    }
};
int main()
{
    employee employee1("20100001","王军",25);;
    technican technican1("20100002","李明",26,"助理工程师");
    employee1.display();
    technican1.display();
    return 0;
}
```

程序运行结果为：

```
编号:20100001
姓名:王军
年龄:25
编号:20100002
姓名:李明
```

年龄:26

岗位级别:助理工程师

与构造函数类似,析构函数也不能被派生类继承,派生类中的析构函数用来清理派生类所申请的资源,基类的清理工作仍然由基类的析构函数负责。当执行派生类的析构函数时,系统会自动调用基类的析构函数和派生类的构造函数。析构函数的调用顺序与构造函数相反,先执行派生类自己的析构函数,然后再调用基类的析构函数。

9.1.3 继承方式

在声明了派生类后,派生类就继承了基类的数据成员和成员函数,但是这些成员并不是都能直接被派生类所访问。采用不同的继承方式决定了基类成员在派生类中的访问属性。在派生类中,对基类的继承方式包括 public(公有的)、private(私有的)和 protected(保护的)3 种。

1. 公有继承(public inheritance)

基类的公有成员和保护成员在派生类中保持原有访问属性,其私有成员仍为基类私有。

采用公有继承声明的派生类可以访问基类中的公有成员和保护成员,而基类的私有成员则不能被访问,如表 9.1 所示。

表 9.1　公有继承中派生类对基类的访问属性

基类成员	基类成员在派生类中的访问属性
公有成员	公有
保护成员	保护
私有成员	不能被访问

【例 9.3】　使用公有继承方式。

```cpp
#include <iostream>
#include <string>
using namespace std;
class employee
{
  public:
    string employeeid;
    string name;
  private:
    double wage;
  protected:
    int age;
  public:
    void display()
    {
```

```
        cout<<"编号:"<<employeeid<<endl;
        cout<<"姓名:"<<name <<endl;
        cout<<"年龄:"<<age <<endl;
        cout<<"工资:"<<wage<<endl;
    }
    void setemployee(string inputid,string inputname,
                     int inputage,double inputwage)
    {
        employeeid=inputid;
        name=inputname;
        age=inputage;
        wage=inputwage;
    }
};
class eechnican: public employee
{
  private:
    string level;                      //派生类的数据成员
  public:
    void display()                     //派生类的成员函数
    {
        cout<<"编号:"<<employeeid<<endl;   //正确!在派生类内访问基类的公有成员
        cout<<"姓名:"<<name <<endl;        //正确!在派生类内访问基类的公有成员
        cout<<"年龄:"<<age <<endl;         //正确!在派生类内访问基类的保护成员
        cout<<"工资:"<<wage<<endl;         //错误!在派生类内访问基类的私有成员
        cout<<"岗位级别:"<<level<<endl;
    }
    void settechnican(string inputlevel)
    {
        level=inputlevel;
    }
};
int main()
{
    technican technican1;
    technican1.setemployee("20100002","李明",26,2500);
    technican1.settechnican("助理工程师");
    technican1.display();
    return 0;
}
```

2. 私有继承(private inheritance)

基类的公有成员和保护成员在派生类中成了私有成员。其私有成员仍为基类私有。私有继承中派生类对基类的访问属性如表 9.2 所示。

表 9.2　私有继承中派生类对基类的访问属性

基类成员	基类成员在派生类中的访问属性
公有成员	私有
保护成员	私有
私有成员	不能被访问

【例 9.4】　使用私有继承方式。

```cpp
#include <iostream>
#include <string>
using namespace std;
class Employee
{
  public:
    string employeeid;
    string name;
  private:
    double wage;
  protected:
    int age;
  public:
    void display()
    {
        cout<<"编号:"<<employeeid<<endl;
        cout<<"姓名:"<<name <<endl;
        cout<<"年龄:"<<age <<endl;
        cout<<"工资:"<<wage<<endl;
    }
    void setEmployee(string inputid,string inputname,
                     int inputage,double inputwage)
    {
        employeeid=inputid;
        name=inputname;
        age=inputage;
        wage=inputwage;
    }
};
class Technican: private Employee          //私有继承方式
{
  private:
    string level;                          //派生类的数据成员
  public:
    void display()                         //派生类的成员函数
    {
```

```
        cout<<"编号:"<<employeeid<<endl;      //正确!在派生类内访问基类的公有成员
        cout<<"姓名:"<<name<<endl;            //正确!在派生类内访问基类的公有成员
        cout<<"年龄:"<<age<<endl;             //正确!在派生类内访问基类的保护成员
        cout<<"工资:"<<wage<<endl;            //错误!在派生类内访问基类的私有成员
        cout<<"岗位级别:"<<level<<endl;
    }
    void setTechnican(string inputlevel)
    {        level=inputlevel;      }
};
int main()
{
    Technican technican1;
                //错误!setEmployee 现在为 Technican 类的私有函数,不能在类外被访问
    technican1.setEmployee("20100002","李明",26,2500);
    technican1.setTechnican("助理工程师");
    technican1.display();
    return 0;
}
```

在例 9.4 中,由于采用私有继承,基类中的公有函数成了派生类中的私有函数,因此不能使用以下语句进行对象的初始化。

```
technican1.setEmployee("20100002","李明",26,2500);
```

3. 保护继承(protected inheritance)

基类的公有成员和保护成员在派生类中成了保护成员。其私有成员仍为基类私有。保护继承中派生类对基类的访问属性如表 9.3 所示。

表 9.3　保护继承中派生类对基类的访问属性

基类成员	基类成员在派生类中的访问属性
公有成员	保护
保护成员	保护
私有成员	不能被访问

【**例 9.5**】　使用保护继承方式。

```
#include <iostream>
#include <string>
using namespace std;
class employee
{
  public:
    string employeeid;
    string name;
  private:
```

```
        double wage;
    protected:
        int age;
    public:
        void display()
        {
            cout<<"编号:"<<employeeid<<endl;
            cout<<"姓名:"<<name<<endl;
            cout<<"年龄:"<<age<<endl;
            cout<<"工资:"<<wage<<endl;
        }
        void setemployee(string inputid,string inputname,
                         int inputage,double inputwage)
        {
            employeeid=inputid;
            name=inputname;
            age=inputage;
            wage=inputwage;
        }
};
class technican: protected Employee            //保护继承方式
{
    private:
        string level;                           //派生类的数据成员
    public:
        void display()                          //派生类的成员函数
        {
            cout<<"编号:"<<employeeid<<endl;      //正确!在派生类内访问基类的公有成员
            cout<<"姓名:"<<name<<endl;            //正确!在派生类内访问基类的公有成员
            cout<<"年龄:"<<age<<endl;             //正确!在派生类内访问基类的保护成员
            cout<<"工资:"<<wage<<endl;            //错误!在派生类内访问基类的私有成员
            cout<<"岗位级别:"<<level<<endl;
        }
        void settechnican(string inputlevel)
        {       level=inputlevel;       }
};
int main()
{
    technican technican1;
                //错误!setemployee 现在为 technican 类的保护函数,不能在类外被访问
    technican1.setemployee("20100002","李明",26,2500);
    technican1.settechnican("助理工程师");
    technican1.display();
    return 0;
}
```

在例 9.5 中,由于采用保护继承,基类中的公有函数成了派生类中的私有函数,因此不能使用以下语句进行对象的初始化。

```
technican1.setemployee("20100002","李明",26,2500);
```

从例 9.3～9.5 可以看到,不同的继承方式会使基类的成员(包括数据成员和成员函数)在派生类中具有不同的访问控制属性,如表 9.4 所示。

表 9.4　基类成员访问属性在继承和派生中的变化

成员在基类中的属性	基类成员在派生类中的访问属性		
	私有继承	保护继承	公有继承
private	不可访问	不可访问	不可访问
protected	private	protected	protected
public	private	protected	public

对于公有继承,基类的公有和保护成员在派生类中仍为公有和保护成员,所以在派生类中使用这些成员仍然可以按照基类中的访问控制方式来进行。

对于私有继承,基类中的公有和保护成员在派生类转变为私有成员,这些成员只能在派生类内被访问,不能提供给外部程序使用。

对于保护继承,基类中的公有和保护成员在派生类转变为保护成员,与私有继承一样,这些成员也只能在派生类内被访问。

无论是公有继承、私有继承还是保护继承,基类中的私有成员在派生类中都不可访问,只能被基类自身的成员所访问。如果想在派生类中访问基类的私有数据成员,只有通过使用基类的公有成员函数间接地来访问。

【例 9.6】　在派生类中使用基类的公有成员函数访问基类私有成员。

```
#include <iostream>
#include <string>
using namespace std;
class employee
{
  public:
    string employeeid;
    string name;
  private:
    double wage;
  protected:
    int age;
  public:
    void display()
    {
      cout<<"编号:"<<employeeid<<endl;
      cout<<"姓名:"<<name<<endl;
```

```cpp
            cout<<"年龄:"<<age<<endl;
            cout<<"工资:"<<wage<<endl;
        }
        void setemployee(string inputid,string inputname,
                         int inputage,double inputwage)
        {
            employeeid=inputid;
            name=inputname;
            age=inputage;
            wage=inputwage;
        }
};
class technican: public employee              //公有继承
{
   private:
       string level;                          //派生类的数据成员
   public:
       void display()                         //派生类的成员函数
       {
           employee::display();               //调用基类的公有成员函数
           cout<<"岗位级别:"<<level<<endl;
       }
       void settechnican(string inputid,string inputname,
                         int inputage,double inputwage,string inputlevel)
       {
       //调用基类的公有成员函数
           setemployee(inputid,inputname,inputage,inputwage);
           level=inputlevel;
       }
};
int main()
{
    technican technican1;
    technican1.settechnican("20100002","李明",26,2500,"助理工程师");
    technican1.displaytechnican();
    return 0;
}
```

程序运行结果为：

```
编号:20100002
姓名:李明
年龄:26
工资:2500
岗位级别:助理工程师
```

在例 9.6 中,在派生类 Technican 中,通过使用基类的公有成员函数 setemployee()
和 display()间接地访问了基类中的私有成员。由于存在同名的 display()成员函数,在派
生类中使用基类的公有成员函数 display()时需要显式地指明基类名称,使用形式如下:

```
employee::display();
```

使用基类公有成员函数访问基类私有成员的方法在应用时需要慎重考虑,因为基类
的设计者把数据成员声明为私有的,说明设计者想把这些成员对外隐藏起来,不被外界所
访问。这种间接访问方式破坏了类设计者的封装意图,可能引入基类私有数据成员被修
改的风险。

例 9.6 的继承方式为公有继承,如果改成保护继承和私有继承,程序的运行结果是一
样的。

9.1.4　多重继承

在过去的学习中接触的都是单个类的继承,但在现实生活中,一些新事物往往会拥有
两个或者两个以上事物的属性,为了解决这个问题,
C++引入了多重继承的概念,C++允许为一个派生类
指定多个基类,这样的继承结构被称为多重继承。

例如,交通工具类可以派生出汽车和船两个子类,
但拥有汽车和船共同特性水陆两用汽车就必须继承来
自汽车类与船类的共同属性。

由此不难想出如图 9.2 所示的多重继承关系。

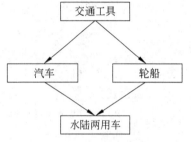

图 9.2　多重继承关系

C++多重继承的一般形式为:

class 派生类名:[继承方式] 基类名 1,[继承方式] 基类
名 2,…[继承方式] 基类名 n
{
　　派生类新增加的成员;
};

同单继承一样,继承方式为可选项,包括 public(公有的)、private(私有的)和
protected(保护的),如果没有显式地指出继承方式,默认继承方式为 private(私有的)。

在多重继承中,派生类继承了多个基类的成员,基类中的成员按照继承方式来确定其
在派生类中的访问方式。

【例 9.7】　使用多重继承描述车、船和水陆两栖车的关系。

```
#include <iostream>
#include <string>
using namespace std;
class Car
{
    public:
        Car(int w=0,int a=0)
```

```
            aird=a;
            weight=w;
            cout<<"载入 Car 类构造函数"<<endl;
        }
        void ShowMe()
        {
            cout<<"我是汽车!"<<endl;
        }
        void SetWeight(int w)
        {
            cout<<"重新设置重量"<<endl;
            weight=w;
        }
    protected:
        int aird;                          //排气量
        int weight;                        //自重
    };


    class Boat
    {
        public:
        Boat(int w=0,float t=0)
        {
            tonnage=t;
            cout<<"载入 Boat 类构造函数"<<endl;
        }
        void ShowMe()
        {
            cout<<"我是船!"<<endl;
        }
        void SetWeight(int w)
        {
            cout<<"重新设置重量"<<endl;
            weight=w;
        }
    protected:
        float tonnage;                     //排水量
        int weight;                        //自重
    };
    class AmphibianCar:public Car,public Boat  //水陆两栖汽车,多重继承的体现
    {
        public:
        AmphibianCar(int w,int a,float t)
```

```
    //多重继承要注意调用基类构造函数
    {
        Car::weight=w;
        Boat::weight=w;
        aird=a;
        tonnage=t;
        cout<<"载入 AmphibianCar 类构造函数"<<endl;
    }
    void ShowMe()
    {
        cout<<"我是水陆两栖汽车!"<<endl;
    }
    void ShowMembers()
    {
        cout<<"重量:"<<Car::weight<<"吨,"<<"空气排量:"
            <<aird<<"CC,排水量:"<<tonnage<<"吨"<<endl;
    }
};
int main()
{
    AmphibianCar a(4,200,1.35f);
    a.ShowMe();
    a.ShowMembers();
    a.Car::SetWeight(3);
    a.ShowMembers();
    return 0;
}
```

程序运行结果为：

载入 Car 类构造函数
载入 Boat 类构造函数
载入 AmphibianCar 类构造函数
我是水陆两栖汽车!
重量:4 吨,空气排量:200CC,排水量:1.35 吨
重新设置重量
重量:3 吨,空气排量:200CC,排水量:1.35 吨

在例 9.7 中,派生类 AmphibianCar 是从 Car 和 Boat 两个基类继承而来的,在 Car 和 Boat 类中都有 weight 数据成员,它们都会被派生类继承。当在派生类中访问 weight 成员时,程序会不知道用户到底在访问哪个基类的成员,这就是 C++ 多重继承的二义性。为了消除多重继承的二义性,在派生类中访问两个基类中都有的成员时,需要显式地指明访问的是哪一个基类的成员,如下所示：

```
cout<<"重量:"<<Car::weight;
```

9.2　多态与虚函数

9.2.1　多态

多态(polymorphism)是面向对象程序设计的一个重要特征。polymorphism 一词源自希腊文,表示"多种形态"的含义。如果一个语言只支持类而不支持多态,只能说明它是基于对象的,而不是面向对象的。C++ 中的多态性具体体现在运行和编译两个方面:运行时多态是动态多态,其具体引用的对象在运行时才能确定;编译时多态是静态多态,在编译时就可以确定对象使用的形式。

同一操作作用于不同的对象,可以有不同的解释,产生不同的执行结果。在运行时,可以通过指向基类的指针来调用实现派生类中的方法。

C++ 中,实现多态有以下方法:虚函数,抽象类,重载,覆盖,模板。以后章节内容重点讲解虚函数、抽象类以及重载 3 种方法。

下面通过一个例子来阐述多态的特点。假设企业员工类型分为两种,每一种都设计为"员工"类的派生类,设每一个派生类都通过 display() 成员函数用来输出自己的数据成员,在程序中,可以借助 C++ 的多态机制使用统一的调用方式［使用 display() 函数］来分别执行两种输出操作。即实现了使"一个事物"(统一的函数调用方式)呈现"多种形态"(可以执行不同的输出操作)的效果。

【例 9.8】 使用多态。

假设企业员工分为技术型员工和管理型员工,分别设计技术型员工类和管理型员工类,它们都继承自"员工"类,分别改写了基类的 display() 函数用来做数据成员的输出。

```cpp
#include <iostream>
#include <string>
using namespace std;
class employee
{
  protected:
      string employeeid;
      string name;
      int age;
  public:
    virtual void display()                    //基类中被改写的成员函数声明为虚函数
      {
          cout<<"编号:"<<employeeid<<endl;
          cout<<"姓名:"<<name<<endl;
          cout<<"年龄:"<<age<<endl;
      }
    void setemployee(string inputid,string inputname,int inputage)
      {
          employeeid=inputid;
```

```cpp
            name=inputname;
            age=inputage;
        }
};
class technican: public Employee
{
  private:
        string level;                      //派生类的数据成员表示岗位级别
    public:
        virtual void display()             //把派生类中与基类的同名函数声明为虚函数
        {
            cout<<"编号:"<<employeeid<<endl;
            cout<<"姓名:"<<name<<endl;
            cout<<"年龄:"<<age<<endl;
            cout<<"岗位级别:"<<level<<endl;
        }
        void settechnican(string inputid,string inputname,
                          int inputage,string inputlevel)
        {
            setemployee(inputid,inputname,inputage);
            level=inputlevel;
        }
};
class manager: publicemployee
{
  private:
        string post;                       //派生类的数据成员表示职位
    public:
        virtual void display()             //把派生类中与基类的同名函数声明为虚函数
        {
            cout<<"编号:"<<employeeid<<endl;
            cout<<"姓名:"<<name <<endl;
            cout<<"年龄:"<<age <<endl;
            cout<<"职位:"<<post<<endl;
        }
        void setmanager(string inputid,string inputname,
                        int inputage,string inputpost)
        {
            setemployee(inputid,inputname,inputage);
            post=inputpost;
        }
};
int main()
{
```

```
          employee * p;
          technican technican1;
          technican1.settechnican("20100001","王军",26,"助理工程师");
          manager manager1;
          manager1.setmanager("20100002","李明",32,"副总经理");
          p=&technican1;
          p->display();
          p=&manager1;
          p->display();
          return 0;
      }
```

程序运行结果为：

编号:20100001

姓名:王军

年龄:26

岗位级别:助理工程师

编号:20100002

姓名:李明

年龄:32

职位:副总经理

在例 9.8 中，主函数中首先定义了一个 employee 类的指针，然后分别定义一个 technican 类的对象 technican1 和一个 manager 类的对象 manager1，让指针指分别指向这两个对象，使用相同的函数调用方式（p—>display()）来调用它们的成员函数 display()，得到了不同的输出结果。这就是 C++ 中的多态。

需要注意在基类 Employee 中，display() 成员函数声明前增加了 virtual 修饰符，表示这是一个虚函数。虚函数是实现多态的前提条件，如果去掉 virtual 修饰符，重新执行程序，会得到如下结果：

编号:20100001

姓名:王军

年龄:26

编号:20100002

姓名:李明

年龄:32

从结果可以看到，p—>display() 执行的是基类中的成员函数 display()。当派生类改写了基类中的同名成员函数，且该成员函数不是虚函数时，p 是什么类型的指针，p—>display() 就会执行该类型中的成员函数 display()。此时无论 p 指向哪个派生类对象，所执行的都是基类中的成员函数 display()。

9.2.2　虚函数

从例 9.8 可以看到，虚函数是 C++ 实现多态的重要条件。当基类中的某个成员函数被声明为虚函数后,派生类中可以改写该函数,实现不同的功能;当使用指向基类的指针指向某一派生类时,通过指针调用该成员函数会执行指针所指向的派生类中的成员函数。

1. 虚函数的使用方法

虚函数的使用方法如下:

(1) 在基类中某一个成员函数前加上关键字 virtual,该成员函数被声明为虚函数。

(2) 在派生类中改写该成员函数,改写时使用与基类完全相同的函数声明方式。

(3) 定义一个指向基类的指针,让该指针指向派生类的某一对象。

(4) 通过指针调用该虚函数,所调用的就是指向的派生类中的同名成员函数。

另外,在 C++ 中只要声明了基类中的虚函数,其派生类中的同名函数会自动成为虚函数。所以在派生类中声明该函数时可以省略 virtual 关键字。

2. 使用虚函数需要注意的事项

使用虚函数需要注意以下几点:

(1) 虚函数必须是类的非静态成员函数。

(2) 类的构造函数不能定义为虚函数,类的析构函数可以定义为虚函数。

(3) 只需在类中声明虚函数时使用关键字 virtual,在类外进行函数的定义时不需要使用关键字 virtual。

9.2.3 多态的实现机制

在 C++ 中实现多态需要有以下几个前提条件:

(1) 必须存在基类和派生类,即多态依赖类的继承。

(2) 在基类和派生类中具有同名的虚函数。

(3) 对派生类中虚函数的调用必须使用指向基类的指针或引用来进行。

把函数的调用和函数在内存中的地址建立起对应关系的操作称作关联(binding),只有执行了关联后,对函数的调用才能找到函数所在内存中的地址,即才能执行该函数中的代码。

关联有两种方式:静态关联和动态关联。在程序的编译期进行的关联操作称作静态关联;在程序运行过程中发生了函数调用后才关联到被调用函数内存中的地址的方式称作动态关联。

【例 9.9】 多态与虚函数。

```cpp
#include <iostream>
using namespace std;
class B
{
  protected:
    int x;
    int y;
  public:
    virtual void display()
```

```
        {
            cout<<"基类 B 的 display 函数被调用!"<<endl;
        }
};
class D1: public B
{
public:
        virtual void display()
        {
            cout<<"派生类 D1 的 display 函数被调用!"<<endl;
        }
};
class D2: public B
{
  public:
        virtual void display()
        {
            cout<<"派生类 D2 的 display 函数被调用!"<<endl;
        }
};
int main()
{
        B b1;
        D1 d1;
        D2 d2;
        cout<<"对象 b1 的大小为:"<<sizeof(b1)<<endl;
        cout<<"对象 d1 的大小为:"<<sizeof(d1)<<endl;
        cout<<"对象 d2 的大小为:"<<sizeof(d1)<<endl;
        B * p;
        p=&d1;
        p->display();
        p=&d2;
        p->display();
        return 0;
}
```

程序运行结果为：

对象 b1 的大小为:12
对象 d1 的大小为:12
对象 d2 的大小为:12
派生类 D1 的 display 函数被调用!
派生类 D2 的 display 函数被调用!

例 9.9 定义了一个基类 B 和两个派生类 D1、D2。B 中有两个整型数据成员。B 中定义了虚函数 display(),在派生类 D1 和 D2 中分别进行了改写。下面通过这个简单的继承结构来分析 C++ 中是如何实现多态的。

　　类和对象的大小为其中数据成员大小之和,基类 B 中有两个整数成员,D1、D2 继承自 B,也分别拥有两个整数成员。但是从程序运行结果可以看出,3 个对象的大小均为 12B(32 位整数大小为 4B),多出了 4B。

　　在 C++ 中,当一个基类中含有虚函数时,编译器在编译时会给每一个基类和派生类提供一个虚函数表和一个指针 VPTR,虚函数表中存放着类的虚函数的地址,VPTR 指针位于类中,指向虚函数表中的第一个虚函数。上述 3 个对象多出来的 4B 就是 VPTR 指针的大小。图 9.3 表示的是基类对象 b1 的 VPTR 指针和虚函数表。如果基类 B 存在多个虚函数,虚函数表中会存放多个函数地址,它们的排列顺序与在类中声明的现有次序一致。

　　主函数中首先声明了一个基类指针变量,然后让该指针指向派生类 D1 的对象 d1,如图 9.4 所示。当执行"p=&d1;"语句时,C++ 编译器进行了隐式类型转换,把 p 由基类指针变量转变成了派生类 D1 指针变量,当执行"p->display();"语句时,p 根据 d1 的 VPTR 找到对应虚函数表,获取 D1 的 display() 函数地址然后调用执行。

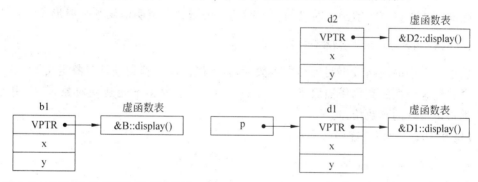

图 9.3　对象 b1 的 VPTR 和虚函数表　　　图 9.4　指针 p 指向 d1

　　同样地,在图 9.5 中,当执行下面语句时

```
p=&d2;
```

C++ 编译器通过隐式类型转换,把 p 由派生类 D1 指针变量转变成了派生类 D2 指针变量,然后执行

```
p->display();
```

语句,通过 d2 的 VPTR 找到 D2 的 display() 函数并进行调用。

　　通过以上分析可知,指针 p 是当程序执行到函数调用语句时通过 VPTR 找到对应的虚函数地址的,所以该函数调用过程是动态关联。C++ 的多态就是通过虚函数和动态关联机制实现的。

9.2.4　纯虚函数与抽象类

　　在例 9.8 中,基类 Employee 中的 display() 虚函数中有数据成员的输出操作,是一个

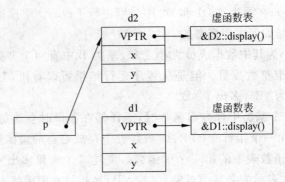

图 9.5　指针 p 指向 d2

完整的成员函数。可以使用基类 Employee 定义对象，使用 display()成员函数实现对象中数据成员的输出。假设程序中所有的对象都是基于 Employee 的派生类定义的，没有使用基类定义的对象，那么可以把基类的虚函数改成没有任何操作代码的空函数，具体的功能留给派生类改写时根据需要来定义。此时可以把基类中的虚函数声明为纯虚函数（pure virtual function）。

纯虚函数指在声明虚函数时被"初始化"为 0 的函数。声明虚函数一般形式为：

virtual 函数类型 函数名(参数表列)=0;

当把基类中的虚函数声明为纯虚函数后，就不能使用该基类进行对象定义了。

含有纯虚函数的类称作抽象类（abstract class）。抽象类不能建立对象，其作用为给派生类提供统一的函数接口。

【例 9.10】　使用纯虚函数和抽象类。

```cpp
#include <iostream>
#include <string>
using namespace std;
class Employee
{
  protected:
    string employeeid;
    string name;
      int age;
  public:
    virtual void display()=0;
};
class Technican: public Employee
{
  private:
    string level;                        //派生类的数据成员
  public:
    virtual void display()                //派生类的成员函数
```

```
    {
        cout<<"编号:"<<employeeid<<endl;
        cout<<"姓名:"<<name <<endl;
        cout<<"年龄:"<<age <<endl;
        cout<<"岗位级别:"<<level<<endl;
    }
    void setTechnican(string inputid,string inputname,
                        int inputage,string inputlevel)
    {
        employeeid=inputid;
        name=inputname;
        age=inputage;
        level=inputlevel;
    }
};
class Manager: public Employee
{
  private:
    string post;                        //派生类的数据成员表示职位
    public:
    virtual void display()              //派生类的成员函数
    {
        cout<<"编号:"<<employeeid<<endl;
        cout<<"姓名:"<<name<<endl;
        cout<<"年龄:"<<age<<endl;
        cout<<"职位:"<<post<<endl;
    }
    void setManager(string inputid,string inputname,
                    int inputage,string inputpost)
    {
        employeeid=inputid;
        name=inputname;
        age=inputage;
        post=inputpost;
    }
};
int main()
{
    Employee * p;
    Technican technican1;
    technican1.setTechnican("20100001","王军",26,"助理工程师");
    Manager manager1;
    manager1.setManager("20100002","李明",32,"副总经理");
    p=&technican1;
```

```
        p->display();
        p=&manager1;
        p->display();
        return 0;
    }
```

程序运行结果为：

编号:20100001
姓名:王军
年龄:26
岗位级别:助理工程师
编号:20100002
姓名:李明
年龄:32
职位:副总经理

在例 9.10 中,把基类的虚函数重新声明为纯虚函数,此时基类 Employee 成了抽象类,不能定义该抽象类的对象,但是可以定义指向抽象数据的指针变量,然后把指针变量指向具体的派生类对象,通过指针调用虚函数来实现多态。

9.3 多态与运算符重载

在面向对象的程序设计中,运算符重载是多态实现方法的一种。这里,运算符运算被当作多态函数,它们的行为随着其参数类型的不同而不同。

C++ 中预定义的运算符的操作对象只能是基本数据类型。但实际上,对于许多用户自定义类型(例如类),也需要类似的运算操作。

【例 9.11】 定义一个复数类 Complex,并编写成员函数 add 实现两个复数之间的加法。

```cpp
#include <iostream>
using namespace std;
class Complex
{
    public:
    Complex(double r=0.0,double i=0.0)      //复数类的构造函数
    {
        real=r;imag=i;
    }
    void display()
    {
        if(imag>=0)
            cout<<real<<"+"<<imag<<"i"<<endl;
        else
```

```
            cout<<real<<imag<<"i"<<endl;
    };
    Complex add(Complex a)
    {
            Complex ctmp;
            ctmp.real=real+a.real;
            ctmp.imag=imag+a.imag;
            return ctmp;
    }
    private:
        double real;
        double imag;
};
int main()
{
    Complex c1(1,2),c2(2,3),c3;
    c3=c1.add(c2);
    cout<<"c3=";
    c3.display();
    return 0;
}
```

程序运行结果为：

```
c3=3+5i
```

可以想象，当需要计算多个复数相加运算的时候，函数表达式会是多么复杂的一个事情，C++ 是否有一种类似数学上面的复数加法来实现多个复数连加的方法呢？答案是必须在 C++ 中重新定义这些运算符，赋予已有运算符新的功能，使它能够用于特定类型执行特定的操作。

9.3.1 运算符重载的方法与规则

运算符重载的实质是函数重载，就是定义一个重载运算符的函数，在需要执行被重载的运算符时，系统自动调用该函数，以实现相应的运算。

运算符函数定义的一般格式如下：

函数类型　operator　运算符符号 (形参表列)
{
　　函数体
}

运算符重载是通过创建运算符函数实现的，运算符函数定义了重载的运算符将要进行的操作。运算符函数的定义与其他函数的定义类似，唯一的区别是运算符函数的函数名是由关键字 operator 和其后要重载的运算符符号构成的。例如想将"＋"用于上面 Complex(复数类)的加法运算，可以这样定义：

```
Complex operator +(Complex a);
```

【**例 9.12**】 改写例 9.11,定义一个复数类 Complex,并重载两个复数之间的加法。

```cpp
#include <iostream>
using namespace std;
class Complex
{
    public:
    Complex(double r=0.0,double i=0.0)        //复数类的构造函数
    {
        real=r;imag=i;
    }
    void display()
    {
        if(imag>=0)
            cout<<real<<"+"<<imag<<"i"<<endl;
        else
            cout<<real<<imag<<"i"<<endl;
    };
    Complex operator+(Complex a)
    {
        Complex ctmp;
        ctmp.real=real+a.real;
        ctmp.imag=imag+a.imag;
        return ctmp;
    }
    private:
        double real;
        double imag;
};
int main()
{
    Complex c1(1,2),c2(2,3),c3;
    c3=c1+c2;
    cout<<"c3=";
    c3.display();
    return 0;
}
```

程序运行结果为:

```
c3=3+5i
```

通过运算符重载,扩大了 C++ 已有运算符的作用范围,使之能用于类对象。

运算符重载对 C++ 有重要的意义,把运算符重载和类结合起来,可以在 C++ 程序中

定义出很有实用意义且使用方便的新的数据类型。运算符重载使 C++ 具有更强大的功能、更好的可扩充性和适应性,这是 C++ 最吸引人的特点之一。

在重载运算符的时候要注意以下事项:

(1) C++ 不允许用户自己定义新的运算符,只能对已有的 C++ 运算符进行重载。

(2) 除去以下 5 个运算符不能进行重载外,C++ 其他运算符均能重载。

.	成员访问运算符
.*	成员指针访问运算符
::	域运算符
sizeof	长度运算符
?:	条件运算符

前两个运算符不能重载是为了保证访问成员的功能不能被改变,域运算符和 sizeof 运算符的运算对象是类型而不是变量或一般表达式,不具重载的特征。

(3) 重载不能改变运算符运算对象(即操作数)的个数。

(4) 重载不能改变运算符的优先级别。

(5) 重载不能改变运算符的结合性。

(6) 重载运算符的函数不能有默认的参数,否则就改变了运算符参数的个数,会与前面第(3)点矛盾。

(7) 重载的运算符必须和用户定义的自定义类型的对象一起使用,其参数至少应有一个是类对象(或类对象的引用)。也就是说,参数不能全部是 C++ 的标准类型,以防止用户修改用于标准类型数据的运算符的性质。

(8) 用于类对象的运算符一般必须重载,但有两个例外,运算符＝和 & 不必用户重载。

① 赋值运算符＝可以用于每一个类对象,可以利用它在同类对象之间相互赋值。

② 地址运算符 & 也不必重载,它能返回类对象在内存中的起始地址。

(9) 应当使重载运算符的功能类似于该运算符作用于标准类型数据时所实现的功能。例如例 9.12 中的复数之间的重载加法运算,不要把＋重载成复数之间其他类型运算。

(10) 运算符重载函数可以是类的成员函数,也可以是类的友元函数,还可以是既非类的成员函数也不是友元函数的普通函数。

下面举例说明重载为类的友元函数。

【例 9.13】 定义一个复数类 Complex,并重载两个复数之间的加法为友元函数。

```cpp
#include <iostream>
using namespace std;
class Complex
{
    public:
    Complex(double r=0.0,double i=0.0)          //复数类的构造函数
    {
```

```
        real=r;imag=i;
    }
    void display()
    {
        if(imag>=0)
            cout<<real<<"+"<<imag<<"i"<<endl;
        else
            cout<<real<<imag<<"i"<<endl;
    };
    friend Complex operator + (Complex a,Complex b)
    {
        Complex ctmp;
        ctmp.real=a.real+b.real;
        ctmp.imag=a.imag+b.imag;
        return ctmp;
    }
    private:
        double real;
        double imag;
};
int main()
{
    Complex c1(1,2),c2(2,3),c3;
    c3=c1+c2;
    cout<<"c3=";
    c3.display();
    return 0;
}
```

程序运行结果为:

```
c3=3+5i
```

在例 9.13 中有以下需要注意学习的地方:

(1) 有的 C++ 编译系统(如 Visual C++ 6.0)没有完全实现 C++ 标准,它所提供不带扩展名.h 的头文件不支持把成员函数重载为友元函数。但是 Visual C++ 所提供的老形式的带扩展名.h 的头文件可以支持此项功能,因此将程序前两行修改如下,即可顺利运行:

```
#include<iostream.h>
```

(2) 例 9.12 中由于重载函数是 Complex 类中的成员函数,有一个参数是隐含的,运算符函数是用 this 指针隐式地访问类对象的成员,因此只在参数列表中给出第二个参数即可;而在例 9.13 中由于重载函数是类的友元函数,没有隐含参数,因此必须把运算符需要的参数一一给出,这样例 9.13 中函数重载需要两个参数。

9.3.2　重载双目运算符

双目运算符(或称二元运算符)是 C++ 中最常用的运算符。双目运算符有两个操作数,通常在运算符的左右两侧,如 3+5、i<10 等。在重载双目运算符时,在函数中应该有两个参数。上面关于复数类的运算符重载均是双目运算符重载,下面再举例说明重载双目运算符的应用。

【例 9.14】　定义一个日期类 Cdate,并重载日期之间的关系运算,其中 == 和 != 要求重载为友元函数,> 和 >= 运算重载为成员函数。

```cpp
#include <iostream>
using namespace std;
class CDate
{
    private:
    int year;
    int month;
    int day;
    public:
    CDate()
    {
        year=month=day=1;
    };
    void SetValue(int ayear=1,int amonth=1,int aday=1)
    {
        year=ayear;
        month=amonth;
        day=aday;
    };
    void Display();
    bool operator> (CDate aDate);
    bool operator>= (CDate aDate);
    friend bool operator== (CDate aDate1,CDate aDate2);
    friend bool operator!= (CDate aDate1,CDate aDate2);
};
void CDate::Display()
{
    cout<<year<<"年"<<month<<"月"<<day<<"日"<<endl;
};
bool CDate::operator > (CDate aDate)
{
                                //只要两个 Date 的年份不同就可以得到比较结果
    if(year!=aDate.year)return year>aDate.year;
                                //只要两个 Date 的月份不同就可以得到比较结果
```

```
        if(month!=aDate.month)return month>aDate.month;
                                //只要两个 Date 的日期不同就可以得到比较结果
        if(day!=aDate.day)return day>aDate.day;
        return false;                   //代码执行到此说明两个日期相等,则返回 false
};
bool CDate::operator >= (CDate aDate)
{
        if(year!=aDate.year)return year>aDate.year;
        if(month!=aDate.month)return month>aDate.month;
        if(day!=aDate.day)return day>aDate.day;
        return true;                    //代码执行到此说明两个日期相等,则返回 true
};
bool operator == (CDate aDate1,CDate aDate2)
{
        if(aDate1.year!=aDate2.year)return false;
        if(aDate1.month!=aDate2.month)return false;
        if(aDate1.day!=aDate2.day)return false;
        return true;
};
bool operator != (CDate aDate1,CDate aDate2)
{
        return(aDate1.year!=aDate2.year||aDate1.month
                !=aDate2.month||aDate1.day!=aDate2.day);
};
int main()
{
    CDate d1;
    CDate d2;
    bool bResult;
    d1.SetValue(2005,5,4);
    d2.SetValue(2005,5,5);
    cout<<"d1 日期为:";d1.Display();
    cout<<"d2 日期为:";d2.Display();
    bResult=d1>d2;
    cout<<"d1>d2 的结果为"<<bResult<<endl;
    bResult=d1>=d2;
    cout<<"d1>=d2 的结果为"<<bResult<<endl;
    bResult=d1==d2;
    cout<<"d1==d2 的结果为"<<bResult<<endl;
    bResult=d1!=d2;
    cout<<"d1!=d2 的结果为"<<bResult<<endl;
    return 0;
}
```

程序运行结果为：

```
d1 日期为:2005 年 5 月 4 日
d2 日期为:2005 年 5 月 5 日
d1>d2 的结果为 0
d1>=d2 的结果为 0
d1==d2 的结果为 0
d1!=d2 的结果为 1
```

在上面的例子中实现了一个日期的类，由于日期的主要信息是年、月、日，因此使用了 3 个整型变量分别代表年、月、日 3 个要素，并用成员函数实现了日期之间的＞和＞＝运算，用友元函数实现了日期之间的＝＝和!＝运算。读者可以自行仿照上面的例子，把日期之间的关系运算补充完整。

9.3.3　重载单目运算符

单目运算符只有一个操作数，如!a、－b、&c、*p，还有最常用的＋＋i 和－－i 等。重载单目运算符的方法与重载双目运算符的方法是类似的。但由于单目运算符只有一个操作数，因此运算符重载函数只有一个参数，如果运算符重载函数作为成员函数，则还可省略此参数。

尽管很多运算符都可以重载，但一般只重载合理的、有意义的运算，例如复数的－运算，或者日期的＋＋运算等。

【例 9.15】　定义一个复数类 Complex，并重载单目运算符－运算。

```cpp
#include <iostream>
using namespace std;
class Complex
{
    public:
    Complex(double r=0.0,double i=0.0)          //复数类的构造函数
    {
        real=r;imag=i;
    }
    void display()
    {
        if(imag>=0)
            cout<<real<<"+"<<imag<<"i"<<endl;
        else
            cout<<real<<imag<<"i"<<endl;
    };
    Complex operator - ()
    {
        return Complex(-real,-imag);
    };
```

```
    private:
        double real;
        double imag;
};
int main()
{
    Complex c1(1,2),c2(2,3),c3;
    c3=-c1;
    c3.display();
    c3=-c2;
    c3.display();
    return 0;
}
```

程序运行结果为：

```
-1-2i
-2-3i
```

【例 9.16】 定义一个时间类 Time,并重载单目运算符＋＋以完成时间对象的秒增 1 的效果。

```
#include <iostream>
using namespace std;
class Time
{
    public:
    Time(){minute=0;sec=0;}                          //默认构造函数
    Time(int m,int s):minute(m),sec(s){ }            //构造函数重载
    Time operator++();                               //声明运算符重载函数
    void display(){cout<<minute<<":"<<sec<<endl;}    //定义输出时间函数
    private:
    int minute;
    int sec;
};
Time Time::operator++()                              //定义运算符重载函数
{
    if(++sec>=60)
    {
        sec-=60;                                     //满 60 秒进 1 分钟
        ++minute;
    }
    return * this;                                   //返回当前对象值
}
int main()
{
```

```
    Time time1(34,55);
    for(int i=0;i<10;i++)
    {
        ++time1;
        time1.display();
    }
return 0;
}
```

程序运行结果为：

```
34:56
34:57
34:58
34:59
35:0
35:1
35:2
35:3
35:4
35:5
```

在上面的例子中对运算符＋＋进行了重载，使它能用于 Time 类对象。＋＋和－－运算符有两种使用方式：前置自增运算符和后置自增运算符，它们的作用是不一样的，在重载时怎样区别二者呢？

针对＋＋和－－这一特点，C++ 约定：在自增（自减）运算符重载函数中，增加一个 int 型形参，就是后置自增（自减）运算符函数。

【例 9.17】　定义一个时间类 Time，并重载前置与后置的单目运算符＋＋以完成时间对象的秒增 1 的效果。

```
#include <iostream>
using namespace std;
class Time
{
    public:
    Time(){minute=0;sec=0;}
    Time(int m,int s):minute(m),sec(s){}
    Time operator++();                    //声明前置自增运算符++重载函数
    Time operator++(int);                 //声明后置自增运算符++重载函数
    void display(){cout<<minute<<":"<<sec<<endl;}
    private:
    int minute;
    int sec;
};
Time Time::operator++()                   //定义前置自增运算符++重载函数
```

```
{
    if(++sec>=60)
    {sec-=60;
    ++minute;}
    return * this;                          //返回自加后的当前对象
}
Time Time::operator++(int)                  //定义后置自增运算符++重载函数
{
    Time temp(* this);
    sec++;
    if(sec>=60)
    {sec-=60;
    ++minute;}
    return temp;                            //返回的是自加前的对象
}
int main()
{
    Time time1(34,59),time2;
    cout<<" time1 : ";
    time1.display();
    ++time1;
    cout<<"++time1:";
    time1.display();
    time2=time1++;                          //将自加前的对象的值赋给 time2
    cout<<"time1++:";
    time1.display();
    cout<<" time2 :";
    time2.display();                        //输出 time2 对象的值
    return 0;
}
```

　　请注意前置自增运算符＋＋和后置自增运算符＋＋二者作用的区别。前者是先自加，返回的是修改后的对象本身。后者返回的是自加前的对象，然后对象自加。请仔细分析后置自增运算符重载函数。

　　可以看到：重载后置自增运算符时，多了一个 int 型的参数，增加这个参数只是为了与前置自增运算符重载函数有所区别，此外没有任何作用。编译系统在遇到重载后置自增运算符时，会自动调用此函数。

　　程序运行结果为：

```
time1 : 34:59          (time1 原值)
++time1: 35:0          (执行++time1 后 time1 的值)
time1++: 35:1          (再执行 time1++后 time1 的值)
time2 : 35:0           (time2 保存的是执行 time1++前 time1 的值)
```

本 章 小 结

继承与多态是面向对象程序设计的重要特征,C++ 在继承时根据继承方式的不同来确定基类成员在派生类中的访问控制方式。C++ 同时支持单继承和多继承,C++ 的多继承容易引起二义性,需要慎重使用。

C++ 的多态有多种实现方法。

使用基类指针来引用派生类对象,通过指针调用虚函数的方式来完成对应派生类对象虚函数的调用。C++ 实现多态的前提是虚函数的使用。如果不需要使用基类定义对象,可以声明基类中的虚函数为纯虚函数,此时该基类变成抽象类,不能用抽象类定义对象,抽象类用以给继承结构提供一个公有接口。

C++ 实现多态的另一个重要方法就是重载运算符。利用运算符重载能使用户程序易于编写、阅读和维护。运算符重载中可以重载为类的成员函数,也可以重载为类的友元函数。一般把单目运算符重载为类的成员函数,把双目运算符重载为类的友元函数。

习 题 九

一、选择题

1. 派生类的对象对它的基类成员中(　　)是可以访问的。

 A. 公有继承的公有成员   B. 公有继承的私有成员

 C. 公有继承的保护成员   D. 私有继承的公有成员

2. 以下有关虚函数的描述,不正确的是(　　)。

 A. 基类中的成员函数被声明为虚函数,派生类同名函数自动成为虚函数

 B. 虚函数是 C++ 中实现多态的前提条件

 C. 基类和派生类中的虚函数的都必须函数声明前使用 virtual 关键字

 D. 抽象类中一定有纯虚函数

3. 关于派生类生成过程描述正确的是(　　)。

 A. 派生类包含基类的所有成员

 B. 派生类中不可以定义与基类同名的函数

 C. 派生类根本不存在基类的私有成员

 D. 派生类的构造函数中对基类构造函数的调用顺序与初始化列表中声明的顺序
  一致

4. 公有继承方式中,基类非私有成员在派生类中的访问权限(　　)。

 A. 全部改变为公有访问权限 B. 全部改变为保护访问权限

 C. 全部改变为私有访问权限 D. 保持不变

5. 以下为类 B 和派生类 D 的声明,类 D 中保护的成员(包含数据成员和成员函数)的个数为(　　)。

```
class B
{
    int b1;
    public:
    int b2;
    int display(){return b2;};
};
class D: protected B
{
    protected:
    int d1;
    public:
    int d2;
    int display(){return d2;};
};
```

    A. 1   B. 2   C. 3   D. 4

6. 以下程序执行后的输出结果为（   ）。

```
#include <iostream>
using namespace std;
class B
    { public:
        ~B(){cout<<"B";}
};
class D
{
  public:
    ~D(){cout<<"D";}
};
int main()
{
    D d1;
    return 0;
}
```

    A. B   B. D   C. BD   D. DB

7. 以下虚函数的定义中，不正确的是（   ）。

    A. class a{void virtual f(){ };};

    B. class a{virtual void f(){ };};

    C. class a{static virtual void f(){ };};

    D. class a{public: virtual void f(){ };};

8. 有关运算符重载的叙述，不正确的是（   ）。

    A. 运算符重载的实质就是函数重载

B. 运算符重载是要为运算符扩展新的功能

C. C++ 中所有运算符都可以重载

D. 重载运算符的参数至少有一个是用户自定义的类对象

二、简答题

1. 简述 3 种不同继承方式的特点。

2. 简述虚函数的使用原则和方法。

三、分析题

分析程序的执行结果。

```cpp
#include <iostream>
using namespace std;
class  B
{
    int n;
    public:
    B(){};
    B(int a)
      {
        cout<<"构造基类"<<endl;
        n=a;
        cout<<"n="<<n<<endl;
       }
    ~B()  { cout<<"析构基类"<<endl;  }
};
class D : public B
{
    int m;
    public:
    D(int a, int b): B(a)
    {
        cout<<"构造派生类"<<endl;
        m=b;
        cout<<"m="<<m<<endl;
    }
    ~D(){ cout<<"析构派生类"<<endl;  }
};
int main()
{
    D d(1,2);
    return 0;
}
```

四、编程题

1. 建立一个基类"圆"circle，具有数据成员"半径"radius 和成员函数"面积"area（）。然后使用基类圆创建派生类"球"ball，该派生类具有数据成员"半径"radius 和成员函数"体积"volume（），建立这两个类调用其成员函数。要求：

（1）使用类的构造函数实现对象的初始化。

（2）使用公有函数来实现对象的初始化。

2. 建立一个日期类，具有数据成员表示年、月、日，重载前置以及后置的十十运算。

3. 建立一个复数类，重载复数之间的加、减、乘和除运算。

4. 建立一个时间类，具有数据成员表示时、分、秒，重载时间与一个整数的加法，返回该时间延后相应整数秒的时间。

第 10 章

C++ 流与文件操作

10.1 C++ 流的概念

C++ 中流是指数据的流动。流既可以表示数据从内存传送到某个载体或设备中，即输出流；也可以表示数据从某个载体或设备传送到内存缓冲区变量中，即输入流。数据的输入和输出（简称为 I/O）包括以下两方面的内容：

（1）标准的输入输出（简称标准 I/O），即从键盘输入数据，从屏幕输出数据。

（2）文件的输入输出（简称文件 I/O），即从存储介质上的文件输入数据，然后将结果输出到外存储介质。

10.2 输入输出标准流类

C++ 系统在内存中为每一个数据流开辟了一个缓冲区用于存放流中的数据。如编程中经常用 cin 和 cout 语句进行输入和输出，用＞＞运算符将数据从键盘缓冲区输入到内存中的变量；用＜＜运算符将缓冲区中的全部数据传送到显示器显示。

Visual C++ 2015 系统提供了功能强大的 I/O 流类库，可以使用不同的类去实现各种功能。

10.2.1 C++ 中的 I/O 流库

I/O 库中常见的流类有：

（1）ios。根基类，它直接派生 4 个类：输入流类 istream、输出流类 ostream、文件流基类 fstreambase 和字符串流基类 strstreambase。

（2）istream。通用输入流类，支持输入操作，同时继承了输入流类和文件流基类。

（3）ostream。通用输出流类，同时继承了输出流类和文件流基类。

（4）iostream。通用输入输出流类，由类 istream 和类 ostream 派生，支持输入输出操作。

（5）ifstream。输入文件流类，由类 istream 所派生，支持输入文件操作。

（6）ofstream。输出文件流类，由类 ostream 所派生，支持输出文件操作。

（7）fstream。输入输出文件流类，由类 iostream 所派生，支持输入输出文件操作。

I/O 库常用的流类继承关系如图 10.1 所示。

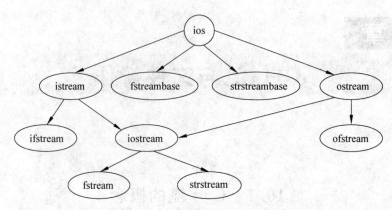

图 10.1　I/O 库中类的继承关系图

10.2.2　标准输入输出流对象

1. 输入流对象

在 C++ 中可以有 3 种输入流对象的操作方式。

（1）cin 是类 istream 的对象，用于从标准输入设备获取数据，使用运算符＞＞将输入的数据传送给程序中的变量。cin＞＞除可以输入数据外，也可以输入字符。

（2）用 get()函数输入单个字符，一般的使用方式为：

输入流对象.get();

该函数返回输入的字符，若遇到输入流中的结束符，则函数返回文件结束标志 EOF (End of File)。

（3）用 getline()函数读入字符串，一般使用格式为：

输入流对象.getline(字符指针,字符个数 n)

如果输入的字符串中，字符个数小于 n，则字符指针指向字符串实际输入的字符；如果输入的字符串个数大于等于 n，则指针指向存储位置为 n−1 的字符。

【例 10.1】　输入流对象操作符应用举例。

```
#include <iostream>
using namespace std;
int main()
{
    int x,y;
    char ch1;
    cout<<"输入整数给 x,y;输入一个字符给 ch1"<<endl;
    cin>>x>>y;
    ch1=cin.get();
    cout<<"x,y的值为:"<<x<<"   "<<y<<endl;
    cout<<"输入的字符为:";
    cout<<ch1;
```

```
        cout<<endl;
        return 0;
}
```

运行程序后屏幕显示：

输入整数给 x,y;输入一个字符给 ch1

从键盘输入 3 5h,按 Enter 键,输出结果为：

x,y 的值为:3 5
输入的字符为:h

【例 10.2】 用 getline()输入字符串应用举例。

```
#include <iostream>
using namespace std;
int main()
{
        char ch1[10];
        cout<<"从键盘输入一个少于 10 个字符的字符串:";
        cin.getline(ch1,10);
        cout<<ch1<<endl;
        return 0;
}
```

程序运行后屏幕显示：

从键盘输入一个少于 10 个字符的字符串：
从键盘输入如一行字符：
I Love China!

运行结果为：

I Love Ch

注：当连续输入多个数据时,各数据之间应使用空格隔开,输入的数据类型应与定义的变量的类型一致,使用 get()提取符号时,不能使用空格,否则,输入的空格也被当作输入字符对待。

2. 输出流对象

在 C++ 中提供了 2 种输出流对象的操作方式,即 cout>>和 put()操作方式。

(1) 输出流类对象 cout。cout 是输出流类 ostream 的对象,输出结果流向标准的输出设备显示器。其应用方式在前面的章节中都使用过,在此主要介绍输出流格式控制。

在前面章节中大多数的例题没有指定输出格式,由系统根据数据类型选择默认的格式,但用户有时希望数据能按照指定的格式输出,如保留 2 位小数,左对齐或右对齐等。

输入格式状态是在类 ios 中定义的枚举值,用于指定输出数据的格式。所以在引用时应加上类名 ios 和作用域运算符"::",常用的输出格式状态如表 10.1 所示。

表 10.1　常用的输出格式状态

输出格式状态	功　能
ios::left	按左对齐输出
ios::right	按右对齐输出
ios::skipws	跳过从当前位置开始的空白符
ios::dec	按十进制数输出
ios::oct	按八进制数输出
ios::hex	按十六进制数输出
ios::scientific	以科学记数法格式输出
ios::fixed	以定点格式输出
ios::showbase	在数据输出前面加"基指示符"，如 ox 表示十六进制
ios::showpoint	强制输出的浮点数中带有小数点和无效数字 0
ios::pos	使输出的数值前带有正号＋
ios::uppercase	使输出的浮点数中使用的字母为大写

【例 10.3】 输出格式控制符应用举例。

```cpp
#include <iostream>
using namespace std;
int main()
{
    double a=13.5,b=3.14259,c=-123.657;
    cout<<a<<"  "<<b<<"  "<<c<<endl;
    cout.setf(ios::left);               //设置按左对齐方式输出
    cout.fill('*');                     //设置填充字符为 *
    cout<<"a 的值为:";
    cout.width(10);                     //设置输出下一个数据值的域宽
    cout<<a<<endl;
    cout.unsetf(ios::left);             //终止左对齐方式
    cout.setf(ios::right);              //设置按右对齐方式输出
    cout<<"b 的值为:";
    cout.width(10);                     //设置输出下一个数据值的域宽
    cout<<b<<endl;
    cout.setf(ios::showpoint);          //强制显示小数点和无效的
    cout<<a<<"  "<<b<<"  "<<c<<endl;
    cout.unsetf(ios::showpoint);        //恢复默认格式输出
    cout<<a<<"  "<<b<<"  "<<c<<endl;
    return 0;
}
```

程序运行结果为：

```
13.5 3.14259  -123.657
a 的值为: 13.5******
b 的值为:***3.14259
```

```
13.5000   3.14259   -123.657
13.5  3.14259   -123.657
```

输出流控制符是在头文件 iomanip 中定义的,因此要使用输出流控制符,应在程序中加上头文件 #include<iomanip>。常用输出流控制符如表 10.2 所示。

表 10.2　常用输出流控制符

控制标识符	功 能 说 明
. dec	转换为按十进制输出的整数
. oct	转换为按八进制输出的整数
. hex	转换为按十六进制输出的整数
. ws	从输入流中一次性读取所有连续的空白符
. endl	输出换行符'\0'并刷新流
. ends	输出一个空字符'\0'
. flush	刷新一个输出流
. setw(int n)	设置下一个数据的输出域宽度为 n
. setiosflags(long f)	设置 f 对应的格式化标志,功能与 setf(long f)相同

【例 10.4】　输出流控制符应用举例。

```cpp
#include <iostream>
#include <iomanip>
using namespace std;
int main()
{
    int a=10,b=20,c=2000;
    cout<<a<<"  "<<b<<"  "<<c<<endl;
    cout<<oct<<a<<"  "<<b<<"  "<<c<<endl;      //按八进制输出
    cout<<hex<<a<<"  "<<b<<"  "<<c<<endl;      //按十六进制输出
    cout<<setw(10)<<a<<setw(10)<<b<<setw(10)<<c<<endl;
    cout<<setiosflags(10);                      //设置当前进位计数制的标志
    cout<<setw(10)<<a<<setw(10)<<b<<setw(10)<<c<<endl;
    cout<<dec<<a<<"  "<<b<<"  "<<c<<endl;      //按十进制输出
    return 0;
}
```

程序运行结果为:

```
10   20   2000
11   24   3720
a   14   7d0
        a        14        7d0
     0xa     0x14     0x7d0
10   20   2000
```

另外,ios 类提供公有的成员函数对流的状态进行检测和输入输出格式设置等,

表 10.3 给出每个成员函数的格式和功能说明。

表 10.3   常用 ios 类中的成员函数表

成员函数名及格式	功 能 说 明
int bad();	操作出错时返回非 0 值
int eof()	读取到文件最后结束符时返回非 0 值
int fail();	操作失败时返回非 0 值
void clear();	清除 bad、eof、fail 对应的标识状态,恢复为 0 值
char fill();	返回当前使用的填充字符
char fill(char c);	重新设置流中用于输出数据的填充字符为字母 c
long flags(long f);	重新设置格式状态字为 f 的值
int good()	操作正常时返回非 0 值,否则返回 0
int precision(n)	省略 n 时为返回浮点数输出精度,即有效数字的位数
int restate()	是 good() 的反函数
int width(n)	省略 n 时,返回当前的输出域宽度,n 为设置的输出域宽度

(2) 输出流类成员函数 put()。在 C++ 中,如果想输出单个字符,除了可以使用 cout<<语句外,还可以使用输出流函数 put(),其一般格式为:

输出流对象.put(ch);

其中,ch 为要输出的字符。

【例 10.5】 用输出流成员函数 put() 输出单个字符。

```
#include <iostream>
using namespace std;
int main()
{
    char str[]="I Love China!";
    for(int i=0;i<strlen(str);i++)
        cout.put(str[i]);
    cout<<endl;
    return 0;
}
```

程序运行结果为:

I Love China!

10.3   文 件 操 作

文件是一组相关数据的有序集合。文件被保存到磁性介质上,按一定的组织形式存储。每个文件都对应一个文件名。文件名由文件主名和扩展名组成,中间用圆点(即小数点)分开。

文件主名是一个有效的 C++ 标识符,扩展名一般由 1~3 个字符组成,利用扩展名可以区分文件的类型。如在 C++ 系统中,用.cpp 表示程序文件,用.obj 表示目标文件,用.exe 表示可执行文件。对于用户建立的用于保存数据的文件,通常扩展名用.dat 表示,由字符构成的文本文件则用.txt 作为扩展名。

从用户角度看,文件可分为普通文件和设备文件两种。普通文件是指存储在磁盘或外部存储介质上的数据文件,可以是源文件、目标文件和可执行文件等。设备文件是指与主机相连的各种外部设备,如显示器、打印机和键盘等。在操作系统中,把外部设备也当作文件来进行管理。通常把显示器作为标准的输出设备,把键盘作为标准的输入设备,磁盘既可以作为输入设备,也可以作为输出设备。

从文件编码方式的角度看,可将文件分为两种类型:一种为字符格式文件,又称 ASCII 码文件或文本文件;另一种为内部格式文件,又称二进制文件或字节文件,二进制文件可更多地节省存储空间和转换时间。

C++ 中的文件流实际上就是以外存文件为输入输出对象的数据流。输入文件流是指从外存文件流向内存的过程,输出文件流是指从内存流向外存的过程。

C++ 将文件流分为 3 类:输入流、输出流以及输入输出流。

(1) ifstream 流类,是从 istream 类派生的,用于外存文件的输入操作。

(2) ofstream 流类,是从 ostream 类派生的,用于外存文件的输出操作。

(3) fstream 流类,是从 iostream 类派生的,用于外存文件的输入和输出操作。

要对外部文件进行操作,应先定义一个文件流类的对象,然后通过文件流对象操作数据。定义流文件对象的一般格式为:

```
fstream   流对象名;
```

10.3.1　文件的打开与关闭

1. 打开文件

要对外存文件进行操作,首先要在开始包含 ♯include＜fstream＞命令,因为该文件包含了支持文件读写的 I/O 流类的定义。

文件在进行读写操作前,应先打开,其目的是为文件流对象和特定的外存文件建立关联,并指定文件的操作方式。打开方式的一般格式为:

```
文件流对象名.open("文件名",文件打开模式)
```

其中,文件名可包含路径说明,文件打开模式为表 10.4 中的文件操作方式之一。

在默认情况下以文本方式打开文件,若需要以二进制方式打开文件,则需要将打开方式设置为 binary。

文件打开模式用于说明是输入操作还是输出操作,是对 ASCII 码操作还是对二进制文件操作等。C++ 中提供的打开文件模式如表 10.4 所示。

每一个被打开的文件,其内部都有一个文件指针,指向当前要进行读写操作的位置。每读出一个字符,指针自动后移 1B。当指针指向文件尾时,将遇到文件结束符 EOF,此时用 eof()函数检测,得到非 0 的一个数值,表示文件结束了。

表 10.4　文件的打开模式（mode）

文件操作方式	功　　能
ios::in	打开文件进行读操作，如果文件不存在则出错
ios::out	打开文件进行写操作，如果文件不存在，则建立一个文件，否则将清空文件。该方式为默认方式
ios::ate	打开文件后，指针定位到文件尾部
ios::app	以追加方式打开文件，所有追加内容都在文件尾部进行
ios::trunc	如果文件已存在则清空原文件，否则创建新文件
ios::binary	打开二进制文件（非文本文件）

2. 关闭文件

当对一个文件的读写操作完成后，为了保证数据安全，切断文件与流的联系，应及时关闭文件。关闭文件的一般格式为：

流对象名.close()

注：如果未指明以二进制方式打开文件，则默认是以文本方式打开文件。对于 ifstream 流，mode 参数的默认值为 ios::in；对于 ofstream 流，mode 的默认值为 ios::out。

10.3.2　文本文件读写操作

文本文件的读写操作分为顺序读写和随机读写两种。本节只介绍顺序读写。

顺序读写是指从文件头一直读或写到文件尾，通常采用 get()，getline()，put()，read()或 write()等函数来完成对文件的读写操作。

【例 10.6】　用文件流对象，将整型数组 a[10]中的数据写入到指定的文本文件中，然后再将这个文件中的数据读入内存，并显示在屏幕上。

```cpp
#include <iostream>
#include <fstream>                            //文件流操作的预编译处理命令
using namespace std;
int main()
{
    int a[10]={3,5,6,2,13,45,67,23,44,55},x;
    fstream f;                                //定义流对象名
    f.open("myfile.txt",ios::out);            //以输出方式打开文件，即建立一个文本文件
    if(f.fail())
    {
        cout<<"打开文件失败"<<endl;exit(1);}    //打开文件失败退出程序
        for(int k=0;k<10;k++)
            f<<a[k]<<" ";                     //将数据输出到当前路径下的 myfile 文本文件中
    f.close();                                //关闭文件
    f.open("myfile.txt",ios::in);             //以输入方式打开文件
```

```
    if(f.fail())
    {
        cout<<"打开文件失败"<<endl;exit(2);}        //打开文件失败退出程序
        while(!f.eof())                           //从文件中输入数据到 x
        {
            f>>x;
            cout<<x<<"  ";
        }
    cout<<endl;
    f.close();
    return 0;
}
```

程序运行结果为：

3,5,6,2,13,45,67,23,44,55

程序中 f<<a[k]<<" ";语句用于在各个数据后加一个空格,若没有空格,则文本文件中所有数据之间无分隔符。

【例 10.7】 从键盘上输入若干行文本字符到 txt 文件中,直到按下 Ctrl+Z 组合键为止(此组合键代表文件结束符 EOF)。

```
#include <iostream>
#include <fstream>
using namespace std;
int main()
{
    char ch;
    ofstream f2("wr2.txt");                    //定义 f2 为流对象名,并在当前目录下建立
                                               //(默认打开)一个 wr2 的文本文件
    if(!f2){cerr<<"file of wr2.txt not open!"<<endl;
    exit(1);}
    ch=cin.get();                              //从 cin 字符中提取一个字符到 ch 中
    while(ch!=EOF){
        f2.put(ch);                            //把 ch 字符写入到 f2 流中
        ch=cin.get();}
    f2.close();
    return 0;
}
```

此程序运行后,将在当前目录下建立了一个 wr2. txt 的文本文件。

【例 10.8】 用 get()函数,将例 10.7 中 wr2.txt 文件中的字符串读入内存,并依次显示到屏幕上,统计出字符串的个数。

```
#include <iostream>
#include <fstream>
```

```
using namespace std;
int main()
{
    ifstream f2("wr2.txt",ios::in);          //以默认方式 open 一个文本文件
    if(!f2){cout<<"文件打不开"<<endl;exit(1);}
    char ch;
    int i=0;
    while(f2.get(ch))
    {
        cout<<ch;
        if(ch=='\n')i++;
    }
    cout<<endl<<"字符串的个数是:"<<i<<endl;
    f2.close();
    return 0;
}
```

程序的运行结果是将 wr2 中的字符串读入 ch 变量中，并按行输出，最后输出字符串的个数。

【例 10.9】　用 getline() 函数，从文本文件中每次读入一行字符，并依次显示到屏幕上。

```
#include <iostream>
#include <fstream>
using namespace std;
int main()
{
    ifstream f2;                           //定义文件流对象 f2
    char s[200],fname[20];
    cout<<"请输入文本文件名";
    cin>>fname;
    f2.open(fname);                        //打开指定的文件
    if(f2.fail())
    {
        cout<<"打开文件失败"<<endl;
        exit(1);
    }
    f2.getline(s,200);                     //从文件中读入一行字符
    while(!f2.eof())
    {
        cout<<s<<endl;
        f2.getline(s,200);
    }
    f2.close();
```

```
    return 0;
}
```

该程序运行后在屏幕上显示：

"请输入文本文件名"
从键盘输入：

wr2.txt

按 Enter 键，将按行显示 wr2.txt 中的所有字符串内容。

10.3.3　二进制文件的读写操作

二进制文件不同于文本文件，它可用于任何类型的文件（包括文本文件）。存储到二进制文件中的字符不作任何转换就可保存到外存文件中。

一般地，对二进制文件的读写可采用两种方法：一种是使用 get() 和 put()；另一种是使用 read() 和 write()。

1. 用 read() 和 write() 读写二进制文件

对二进制文件的读写主要用文件流类成员函数 read() 和 write() 来实现，这两个成员函数的一般格式为：

文件流对象.read(字符指针 buffer，长度 len);
文件流对象.write(字符指针 buffer，长度 len);

其中，字符指针 buffer 用于指向内存中的一块存储区域，长度 len 指读写数据的字节数。

【例 10.10】　将例 10.6 中整型数组 a[10] 中的数据写入到二件制文件中，然后再将这个文件中的数据读入内存，并显示在屏幕上。

```
#include <iostream>
#include <fstream>                      //文件流操作的预编译处理命令
using namespace std;
int main()
{
    int a[10]={3,5,6,2,13,45,67,23,44,55},x;
    fstream f;                          //定义流对象名
    f.open("myfile.dat",ios::out|ios::binary);    //以输出方式打开一个二进制文件
    if(f.fail())
    {
        cout<<"打开文件失败"<<endl;exit(1);
    }                                   //打开文件失败退出程序
    for(int k=0;k<10;k++)
    //将数据输出到当前路径下的 myfile 文件中
    f.write((char*)&a[k],sizeof(int));
    f.close();                          //关闭文件
```

```
        f.open("myfile.dat",ios::in|ios::binary);          //以输入方式打开文件
        if(f.fail())
        {
            cout<<"打开文件失败"<<endl;exit(2);
        }                                                   //打开文件失败退出程序
        f.read((char*)&x,sizeof(int));                      //从文件中输入数据到 x
        while(!f.eof())
        {
            cout<<x<<"  ";
            f.read((char*)&x,sizeof(int));
        }
        cout<<endl;
        f.close();
        return 0;
}
```

程序运行后，将在屏幕上显示：

```
3,5,6,2,13,45,67,23,44,55
```

本例中，要写入的数据是整型，而 read() 和 write() 函数中的第一个参数要求为字符指针，因此使用了（char*）&a[k]和（char*）&x 进行强制类型转换。

在程序中，下面两条语句的作用是将数据一个一个地写入到文件中：

```
for(int k=0;k<10;k++)
    f.write((char*)&a[k],sizeof(int));
```

如果将这两条语句合并为如下的一条语句：

```
f.write((char*)&a[0],sizeof(a));
```

则可以将 a 数组中的数据一次性写入到文件中，效率更高。

2. 用 put() 和 get() 读写二进制文件

【例 10.11】 将一字符串写入到二进制文件 mybinary.dat 中，然后再依次读取二进制文件中的字符，并显示在屏幕上，最后输出数字字符的个数。

```
#include <iostream>
#include <fstream>                                          //文件流操作的预编译处理命令
using namespace std;
int main()
{
    char ch;
    int n=0;
    fstream f1;
    f1.open("mybinary.dat",ios::out|ios::binary);
    if(!f1)
    {
```

```
        cout<<"mybinary.dat can't open"<<endl;
        exit(1);
    }
    ch=cin.get();                        //从 cin 流中提取一个字符给 ch
    while(ch!=EOF)                       //输入字符串,按 Ctrl+Z 结束
    {
        f1.put(ch); ch=cin.get();
    }
    f1.close();
    f1.open("mybinary.dat",ios::in|ios::binary);
    if(!f1)
    {
        cout<<"mybinary.dat can't opan"<<endl;   exit(1);}
        while(!f1.eof())                 //读入字符串,并输出在屏幕上
        {
            f1.get(ch);
            cout<<ch;
            if(ch>='0'&& ch<='9')n++;    //统计数字字符的个数
        }
        cout<<"数字字符的个数是:"<<n<<endl;
        f1.close();
        return 0;
}
```

运行该程序后在屏幕上输入:

abcdef 1234 gh

按 Ctrl+Z 组合键结束字符串的输入,则屏幕上显示:

abcdef 1234 gh
数字字符的个数是:4

3. 用与文件指针有关的流成员函数实现对二进制文件的访问

在 C++ 中,二进制文件的读写操作允许用指针进行控制,目的是将指针移动到指定的位置后,再对文件进行读写操作。文件流提供了如表 10.5 所示的常用文件指针成员函数。

表 10.5　文件流与文件指针有关的成员函数

文件操作方式	功　　能
seekg(位置)	将输入文件到指针移动到指定位置
seekg(位移量,参考位置)	以参照位置为基础移动指定的位移量
seekp(位置)	将输出位置指针移动到指定位置
seekp(位移量,参考位置)	以参照位置为基础移动指定的位移量
tellg()	返回输入文件指针的当前位置
tellp()	返回输出文件指针的当前位置

表 10.5 中函数名的最后一个字符 p 和 g 分别代表 put 和 get。参数中的位置和位移量均为长整型，以字节为单位。参照位置可以是以下几个：

```
ios::beg          表示文件头,为默认值
ios::cur          当前位置
ios::end          文件尾
```

例如：

```
f1.seek(100);        表示将文件指针移动到第 100 字节位置
f1.seek(50,ios::cur) 表示将文件指针从当前位置前移 50 字节
f1.seek(-50,ios::cur) 表示将文件指针从当前位置后移 50 字节
```

【例 10.12】　编写程序，将随机函数产生的 10 个整数值排序后存储到磁盘文件中，然后再从文件中读入排序后的数据，并在屏幕上显示出来。

```cpp
#include <iostream>
#include <ctime>                    //调用系统时间
#include <cstdlib>                  //调用随机数的函数
#include <fstream>
using namespace std;
int main()
{
    int a[10];
    int i,j,k,x;
    rand((unsigned)time(0));        //使每次产生的随机数不同
    for(i=0;i<10;i++)
        a[i]=rand()%100;            //保证产生的随机数在以内
    for(i=0;i<9;i++)                //排序
      for(j=i+1;j<10;j++)
        if(a[i]<a[j]){k=a[i];a[i]=a[j];a[j]=k;}
    ofstream f1("internum.dat",ios::out|ios::binary);  //建立二进制文件
    if(!f1){cout<<"文件打不开!"<<endl;exit(1);}
    for(int i=0;i<10;i++)
        f1.write((char*)&a[i],sizeof(int));  //将 a 数组中的数据写入文件
    f1.close();                             //关闭文件
    ifstream f2("internum.dat",ios::in|ios::binary); //打开文件
    if(!f2){cout<<"文件打不开!"<<endl;exit(1);}
    for(i=0;i<10;i++)                       //依此读出数据
    {
        f2.read((char*)&x,sizeof(int));
        cout<<x<<" ";                       //在屏幕上显示数据
    }
    cout<<endl;
    f2.close();
    return 0;
```

```
}
```

程序运行后,屏幕上将显示排序后的 10 个数据。

10.4　应用举例

【例 10.13】　学生成绩综合管理。

分析:学生成绩综合管理应包括如下内容。

(1) 建立数据档案。从键盘输入若干条学生记录到指定的文件中,如:

g:\student\student\xscjgl.dat

(2) 向文件尾追加一条记录;从文件中查找给定姓名的记录,并返回查找信息;读入文件中的多条记录,并输出到屏幕上。

学生记录一般应包括学生姓名 name 和学生成绩 grade 两个字段。

下面首先建立数据档案(假设有 5 条记录)。

```cpp
#include <iostream>
#include <fstream>                    //文件流操作的预编译处理命令
#include <string>
using namespace std;
struct stu
{
    char name[10];
    int graed;
};
int main()
{
    char * p="g:\\student\\student\\xscjgl.dat";
    fstream fout(p,ios::out|ios::trunc|ios::binary);
    if(!fout){cout<<"文件没打开,退出\n";exit(1);}
    stu x;
    cout<<"请输入学生记录,按 Ctrl+Z 结束输入:"<<endl;
    while(cin>>x.name)
    {
        cin>>x.graed;
        fout.write((char *)&x,sizeof(x));
    }
    fout.close();
    cout<<"输入过程结束!"<<endl;
    return 0;
}
```

程序运行后,显示:

请输入学生记录，按 Ctrl+Z 结束输入：

然后从键盘输入如下内容：

张静 90
李莉新 78
章胜利 85
齐鑫 93
赵明明 87
^z
输入过程结束！

然后，向文件尾追加一条记录，并从文件中查找给定姓名的记录，并返回查找信息，最后读入文件中的多条记录，并输出到屏幕上。

```cpp
#include <iostream>
#include <string>
#include <fstream>
using namespace std;
struct stu
{
    char name[10];
    int grade;
};
void append(fstream& fio,int &n,const stu& rec)
{
    fio.seekp(0,ios::end);
    fio.write((char * )&rec,sizeof(rec));
    n++;
}
bool find(fstream&fio,int n,stu& rec)
{
    fio.seekg(0);
    stu x;
    for(int i=0;i<n;i++)
    {
        fio.read((char * )&x,sizeof(x));
        if(strcmp(x.name,rec.name)==0)
        {
            cout<<"找到姓名为"<<x.name<<"的记录,成绩为:"<<x.grade<<endl;
            rec=x;
            return true;
        }
    }
    cout<<"没有找到姓名为"<<rec.name<<"的记录"<<endl;
    return false;
```

```
}

bool update(fstream& fio,int n,const stu&rec)
{
    fio.seekg(0);
    stu x;
    for(int i=0;i<n;i++)
    {
        fio.read((char * )&x,sizeof(x));
        if(strcmp(x.name,rec.name)==0)
        {
            fio.seekg(-sizeof(x),ios::cur);
            fio.write((char * )&rec,sizeof(x));
            cout<<rec.name<<"的记录被修改!"<<endl;
            return true;
        }
    }
    cout<<"没有找到姓名为"<<rec.name<<"的记录!"<<endl;
    return false;
}
void print(fstream&fio,int n)
{
    fio.seekg(0);
    stu x;
    for(int i=0;i<n;i++)
    {
        fio.read((char * )&x,sizeof(x));
        cout<<x.name<<" "<<x.grade<<endl;
    }
}
int main()
{
    char * p="g:\\student\\student\\xscjgl.dat";
    fstream f1(p,ios::in|ios::out|ios::binary);
    if(!f1){cout<<"没有打开文件\n";exit(1);}
    stu x;
    int k;
    f1.seekg(0,ios::end);
    int n=f1.tellg()/sizeof(x);
    while(1){
        cout<<"学生成绩综合管理系统"<<endl<<endl;
        cout<<"1.追加一条记录"<<endl;
        cout<<"2.按学生姓名查找 "<<endl;
        cout<<"3.按姓名修改学生记录"<<endl;
```

```
cout<<"4.输出文件中的所有学生记录"<<endl;
cout<<"5.结束程序的运行"<<endl;
cout<<"请输入您的选择:"<<endl<<endl;
cin>>k;
switch(k)
{
case 1:
    cout<<"输人要追加的学生的记录:";
    cin>>x.name>>x.grade;
    append(f1,n,x);
    break;
case 2:
    cout<<"输人要查找的学生的记录:";
    cin>>x.name;
    find(f1,n,x);
    break;
case 3:
    cout<<"输入要修改的学生的记录:";
    cin>>x.name>>x.grade>>x.grade;
    update(f1,n,x);
    break;
case 4:
    cout<<"学生档案中的全部记录如下:"<<endl;
    print(f1,n);
    break;
case 5:
    cout<<"程序运行结束,谢谢使用!欢迎再来!!"<<endl;
    return    ;
}
}
f1.close();
}
```

程序运行后,将在屏幕上显示 1～5 项功能,供用户选择。如选择 1,则追加记录。例如输入:

程莉敏 97

然后选择 4 输出文件中的所有学生记录,则屏幕上显示:

张静 90
李莉新 78
章胜利 85
齐鑫 93
赵明明 87
程莉敏 97

本 章 小 结

C++ 流包括标准的 I/O 流、文件流和字符串流 3 种。标准 I/O 流用于对常用设备的输入和输出,即键盘和显示器;文件 I/O 流用于对磁盘上的文件进行输入和输出;字符串流用于对内存中的字符和字符数组以文件的形式进行输入和输出的操作。

对文件流来说,无论是输入还是输出,都可以利用相同的成员函数和格式标识符进行处理。C++ 中可以建立两种类型的数据文件,即字节文件和二进制文件。对数据文件的访问方式包括输入输出方式和追加方式。

要使用一个数据文件,第一步是在文件开始写一个预处理命令 #include<fstream>;第二步是定义一个数据流对象变量,如 fstream f1;第三步是利用 open 命令打开(或是建立)一个数据文件;第四步是利用 read()、write()、get()、put()、getline()命令对文件进行读写操作;第五步是关闭文件,如 f1. close()。

习 题 十

一、选择题

1. 进行文件操作时,需要包含一个(　　　)文件。

    A. iostream　　　　　B. string　　　　　　C. fstream　　　　　D. cstdlib

2. 使用函数 setw()对数据进行格式控制输出时,应该包含(　　　)文件

    A. iostream　　　　　B. string　　　　　　C. fstream　　　　　D. iomanip

3. 格式化输入输出的控制符中,下面(　　　)是设置域宽的。

    A. ws　　　　　　　B. setw()　　　　　　C. setfill　　　　　　D. oct

4. 利用 ifstream 流类定义一个流对象打开一个文件时,文件的隐含打开方式是(　　　)。

    A. ios::binary　　　B. ios::out　　　　　C. ios::trunk　　　　D. ios::in

二、分析题

分析程序的运行结果或指出程序功能。

1. 程序 1。

```
#include <iostream>
#include <strstream>
using namespace std;
int main()
{
    char a[]="35 12 67 47 -10 -1";
    istrstream str(a);
    int n;
    str>>n;
```

```
    while(n!=-1)
    {
        cout<<dec<<n<<" "<<oct<<n<<" "<<hex<<n<<endl;
        str>>n;
    }
    return 0;
}
```

2. 程序2。

```
#include <iostream>
using namespace std;
int main()
{
    cout.fill('*');
    cout.width(10);
    cout<<123.56<<endl;
    cout.width(6);
    cout<<123.56<<endl;
    cout.width(2);
    cout<<123.56<<endl;
    return 0;
}
```

3. 程序3。

```
#include <iostream>
#include <fstream>
using namespace std;
void fun1(char * fname)
{
    ofstream fout(fname);
    char a[20];
    cout<<"输入一个字符串少于个字符"<<endl;
    while(1)
    {
        cin>>a;
        if(strcmp(a,"end")==0)break;
        fout<<a<<endl;
    }
    fout.close();
}
int main()
{
    char * p="g:\\student\\abc.dat";
    fun1(p);
```

```
        return 0;
    }
```

4. 程序 4。

```cpp
#include <iostream>
#include <fstream>
using namespace std;
int main()
{
    ofstream ostrm;
    ostrm.open("f1.txt");
    ostrm<<120<<endl;
    ostrm<<310.85<<endl;
    ostrm.close();
    ifstream istrm("f1.txt");
    int n;
    double d;
    istrm>>n>>d;
    cout<<n<<','<<d<<endl;
    istrm.close();
    return 0;
}
```

5. 程序 5。

```cpp
#include <iostream>
#include <fstream>
#include <stdlib.h>
using namespace std;
int main()
{
    fstream infile;
    infile.open("f2.dat",ios::in);
    if(!infile)
    {
        cout<<"f2.dat cannt open.\n";
        abort();
    }
    char s[80];
    while(!infile.eof())
    {
        infile.getline(s,sizeof(s));
        cout<<s<<endl;
    }
    infile.close();
```

```
    return 0;
}
```

6. 程序 6。

```
#include <iostream>
#include <fstream>
#include <cstdlib>
using namespace std;
struct person
{
    char name[20];
    double height;
    unsigned short age;
};
person people[40]={ "Wang",1.65,25,"Zhang",1.74,24,
                        "Li",1.89,21,"Hang",1.70,22};
int main()
{
    fstream infile,outfile;
    outfile.open("f5.dat",ios::out|ios::binary);
    if(!outfile)
    { cout<<"f5.dat cannt open.\n"; abort(); }
    for(int i=0;i<4;i++)
        outfile.write((char * )&people[i],sizeof(people[i]));
    outfile.close();
    infile.open("f5.dat",ios::in|ios::binary);
    if(!infile)
        { cout<<"f5.dat cannt open.\n"; abort(); }
    for(int i=0;i<4;i++)
        {
            infile.read((char * )&people[i],sizeof(people[i]));
            cout<<people[i].name<<"   "<<people[i].height
                    <<" "<<people[i].age<<endl;
        }
    infile.close();
    return 0;
}
```

第 11 章

Visual C++ 2015 应用程序开发实例

进入 20 世纪 90 年代中期以后,随着 Windows 操作系统在全球的盛行,GUI(图形用户界面)应用程序设计也在全球领域内风靡起来。随着计算机多媒体技术、图形图像技术、计算机通信与网络技术的发展,应用程序设计也需要有强大的可视化设计工具来支持。Visual Studio 是微软公司推出的开发环境,是目前最流行的 Windows 平台应用程序开发环境,目前已经开发到 14.0 版本,也就是 Visual Studio 2015。其中 Visual C++ 2015 就是支持 C++ 可视化编程的集成化开发环境。

MFC(Microsoft Foundation Classes),是微软公司提供的类库(classlibraries),以 C++ 类的形式封装了 Windows 的 API,并且包含一个应用程序框架,以减少应用程序开发人员的工作量。

本章的内容主要针对 Visual C++ 2015 中 MFC 编程方法进行讨论。首先介绍如何用 MFC AppWizard(应用程序向导)来生成并建立应用程序的基本框架,然后讨论应用程序基本框架的构成,以及基于 MFC 类库的应用程序的执行,最后主要介绍了两个编程实例,希望有助于更快地学习并掌握 Visual C++ 2015 的编程方法。

11.1 MFC 应用程序

11.1.1 创建应用程序

Visual C++ 2015 提供的应用程序向导能自动生成应用程序的标准框架,该框架定义了程序的基本结构,大大减轻了编程的工作量,收到事半功倍的效果。

启动 Visual C++ 2015,选择"文件"→"新建"→"项目"命令,弹出界面如图 11.1 所示。

选择项目类型为 MFC,选择模板为 MFC 应用程序,在"名称"文本框中输入 MyDialog,单击"确定"按钮。然后会出现"MFC 应用程序向导"界面,第一个界面没有可以修改内容,直接单击"下一步"按钮,弹出界面如图 11.2 所示。

单击"下一步"按钮,弹出界面如图 11.3 所示。

Visual C++ 2015 可以创建多种类型的应用程序,如单文档、多文档和对话框类型的程序,选择"基于对话框的类型";MFC 的使用是指应用程序引用 API 函数的方式,为了今后可以方便地发布用户自己编写的程序,选择"在静态库中使用 MFC"。继续单击"下一步"按钮进行其他设置,也可以单击"完成"按钮,那么以后的设置均采用默认值,如

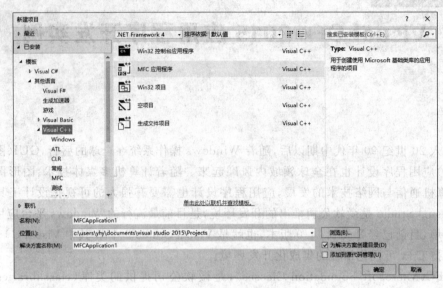

图 11.1 新建项目

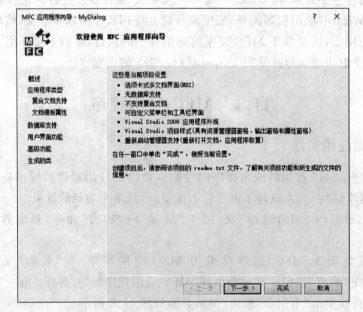

图 11.2 应用程序向导 1

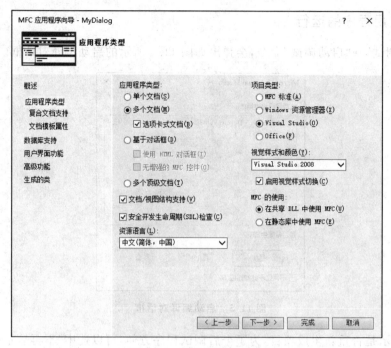

图 11.3 应用程序向导 2

图 11.4 所示。

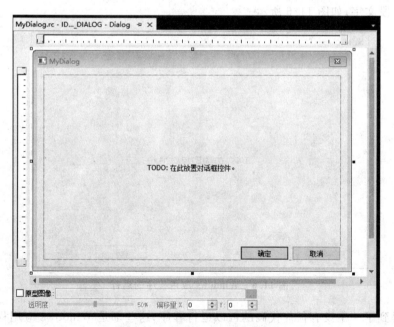

图 11.4 Windows MFC 应用程序

至此,已经完成了一个 Windows MFC 应用程序的创建,以及设置了。

11.1.2 应用程序的运行

选择"调试"→"启动调试"命令，会弹出如图 11.5 所示的启动编译对话框。

图 11.5 启动编译对话框

系统提示是否重新生成项目，为了今后调试程序方便，可以选中"不再显示此对话框"复选框，由于是新创建的项目，还没有生成可执行文件，此处单击"是"按钮。

此时可以看到有一个对话框程序运行起来，对话框的标题就是 MyDialog，上面有两个按钮及一段文字，如图 11.6 所示。

图 11.6 Windows 应用程序的运行

此时得到了一个没有任何代码的可以运行程序，这些都是 Windows 应用程序向导在发挥作用，以后用户可添加自己的功能代码到其中，就可以逐步完善该程序了。

11.1.3　应用程序类和源文件

使用 MFC 应用程序向导生成对话框应用程序的基本框架时，将派生 3 个类 CAboutDlg，CMyDialogApp 和 CMyDialogDlg，如图 11.7 所示。

图 11.7　应用程序类视图窗口

主要的程序任务均在 CMyDialogApp 和 CMyDialogDlg 类中实现，此外 MFC 应用程序向导为这两个类生成各自的头文件以及实现文件。

MyDialog 程序的应用程序类称为 CMyDialogApp，该类是从 CWinApp 类派生的。CMyDialogApp 的头文件为 MyDialog.h，实现文件为 MyDialog.cpp。应用程序类控制应用程序的所有对象并完成应用程序的初始化工作和最后的清除工作。每个基于 MFC 类库的应用程序都必须有一个而且仅有一个从 CWinApp 类派生的对象。以下是 CMyDialogApp 的头文件的代码。

```
//MyDialog.h : PROJECT_NAME 应用程序的主头文件
//
#pragma once
#ifndef __AFXWIN_H__
    #error "在包含此文件之前包含"stdafx.h"以生成 PCH 文件"
#endif
#include "resource.h"                    //主符号
//CMyDialogApp:
//有关此类的实现,请参阅 MyDialog.cpp
//
class CMyDialogApp : public CWinApp
{
    public:
    CMyDialogApp();
    //重写
    public:
    virtual BOOL InitInstance();
    //实现
    DECLARE_MESSAGE_MAP()
```

```
};
extern CMyDialogApp theApp;
```

MyDialog 程序的主程序窗口类称为 CMyDialogDlg，该类是从 CDialog 类派生而来，
CMyDialogDlg 的头文件为 MyDialogDlg.h，实现文件为 MyDialogDlg.cpp。对话框经常
被使用，因为对话框可以从模板创建，而对话框模板是可以使用资源编辑器方便地进行编
辑的。以下是 CMyDialogDlg 的头文件的代码。

```
//MyDialogDlg.h：头文件
#pragma once
//CMyDialogDlg 对话框
class CMyDialogDlg : public CDialogEx
{
//构造
public:
    CMyDialogDlg(CWnd* pParent=NULL);                        //标准构造函数
    //对话框数据
#ifdef AFX_DESIGN_TIME
    enum { IDD=IDD_MYDIALOG_DIALOG };
#endif
protected:
    virtual void DoDataExchange(CDataExchange* pDX);         //DDX/DDV 支持
protected:
    HICON m_hIcon;
    //生成的消息映射函数
    virtual BOOL OnInitDialog();
    afx_msg void OnSysCommand(UINT nID, LPARAM lParam);
    afx_msg void OnPaint();
    afx_msg HCURSOR OnQueryDragIcon();
    DECLARE_MESSAGE_MAP()
};
```

除了生成主要类的源文件外，MFC 应用程序向导还生成为建立 Windows 程序所必
需的其他文件。文件视图如图 11.8 所示。

（1）Resource.h 是标准的头文件包含所有资源符号的定义。

（2）stdafx.h 和 stdafx.cpp 用于生成预编译的头文件。

（3）MyDialog.rc 是包含资源描述信息的资源文件，列有所有的应用程序资源，包括
存储在子目录 res 中的图标位图和光标。

（4）MyDialog.rc2 包含不是由 DeveloperStudio 编辑的资源，可以将所有不能由资源
编辑器编辑的资源放置到这个文件中。

（5）MyDialog.ico 是包含对话框窗口图标的图标文件。

此外，MFCAppWizard 还生成 ReadMe.txt 文件，用于描述为应用程序生成的所有源
文件。

图 11.8 应用程序文件视图窗口

11.1.4 应用程序的控制流程

Windows 应用程序的初始化、运行和结束工作都是由应用程序类完成的。应用程序类构成了应用程序的主执行线程。每个基于 MFC 类库而建立的应用程序都必须有一个且只有一个从 CWinApp 类派生的类对象,该对象在窗口创建之前构造。

与所有的 Windows 应用程序一样,基于 MFC 类库而建立的应用程序也有一个 WinMain 函数。但是,在应用程序中不用编写 WinMain 代码,它是由 MFC 类库提供的,在应用程序启动时调用这个函数。WinMain 函数执行注册窗口类等标准服务,然后再调用对象中的成员函数来初始化和运行应用程序。

MyDialog 程序中关于 CMyDialogApp 类对象的定义是在文件 MyDialog.cpp 中。

```
//唯一的一个 CMyDialogApp 对象
CMyDialogApptheApp;
```

由于 CMyDialogApp 类对象是全局定义的,因此在程序入口函数 WinMain 接收控制之前将调用构造函数。初始时,由 MFC 应用程序向导生成的 CMyDialogApp 构造函数是空的构造函数。因此,编译器将调用基类 CWinApp 的默认构造函数。CWinApp 构造函数把应用程序对象 CMyDialogApp 的地址保存在一个全局指针中,通过全局指针就可以调用 CMyDialogApp 的成员函数。

在所有全局对象创建之后,WinMain 函数接收控制,在初始化应用程序时,WinMain 函数调用应用程序对象的 InitApplication 和 InitInstance 成员函数。在运行应用程序的消息循环时,WinMain 函数将调用 Run 成员函数。在程序结束时 WinMain 函数将调用应用程序对象的 ExitInstance 成员函数。

成员函数 InitInstance、Run、ExitInstance 和 OnIdle 都是可以覆盖的，其中 InitInstance 是唯一一个必须覆盖的 CWinApp 成员函数，也就是说大多说情况下用户可以不用编写其他函数，直接调用基类的同名函数即可。

由于 Windows 的驱动方式是事件驱动，即程序的流程不是由事件的顺序来控制，而是由事件的发生顺序来控制，所有的事件是无序的，作为一个程序员，在编写程序时，并不知道用户会先按下哪个按钮，也就不知道程序先触发哪个消息，因此程序员的主要任务就是对正在开发的应用程序要发出的或要接收的消息进行排序和管理。事件驱动程序设计是密切围绕消息的产生与处理而展开的，一条消息是关于发生的事件的消息。

关于 Windows 消息循环的更多知识请读者参考相关书籍。

11.2　调用 Windows 公共对话框的实例

在 Windows 应用程序设计中，经常会接触到几种常见的操作，例如打开一个文件对话框或是打印设置对话框等，MFC 类库中提供了对应的常用的对话框来完成该操作，以减少程序员开发的工作量，详见表 11.1。

表 11.1　Windows 公共对话框

对话框类名	用　　途
CColorDialog	选择一种颜色
CFileDialog	选择打开或是保存的文件名
CFindReplaceDialog	在文本文件中打开查找或替换对话框
CFontDialog	打开字体对话框
CPrintDialog	打开打印对话框

在下面的例子中调用了上面的几个公共对话框中的颜色、文件，以及字体对话框。

11.2.1　使用对话框编辑器

按照上面创建的工程，选择"视图"→"其他窗口"→"资源视图"命令，弹出资源视图对话框，如图 11.9 所示。

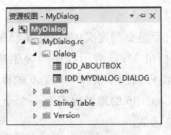

图 11.9　资源视图对话框

在资源视图对话框中双击 MyDialog 文件夹下面的 IDD_MYDIALOG_DIALOG，弹出对话框编辑器后，显示程序的主窗体界面如图 11.10 所示。

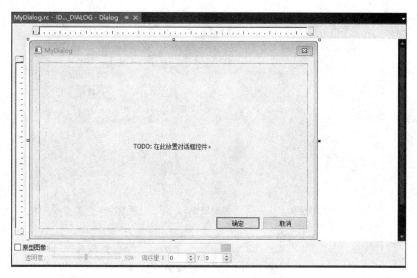

图 11.10　对话框编辑器界面

选择窗体上面的标签控件，并将其删除掉，选择"视图"→"工具箱"命令，打开工具箱，选择 Button 控件并拖入对话框，对按钮进行属性设置。

修改 caption 属性为"文件对话框"，修改属性 ID 为 IDC_BUTTON_FILE，如图 11.11 所示。

图 11.11　控件属性设置

再拖入两个按钮，修改 caption 属性为"颜色对话框"和"字体对话框"，修改 ID 属性为 IDC_BUTTON_COLOR 和 IDC_BUTTON_FONT。

此时主对话框界面如图 11.12 所示。

11.2.2　编写代码

如果想要按钮执行操作，需要添加相应的事件处理程序，并编写程序代码。添加事件处理程序有多种方法，一种是在图 11.12 的对话框编辑器中双击"文件对话框"按钮，系统

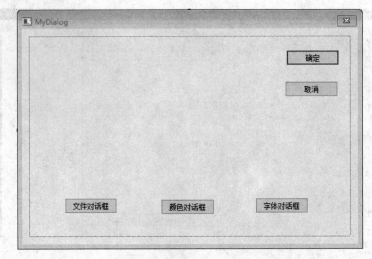

图 11.12 对话框编辑结果

会自动添加消息函数的声明和实现到相应的头文件和实现文件中去，并添加消息映射。另一种是如图 11.13 所示，右键单击"添加事件处理程序"，在菜单中选择添加事件处理程序。

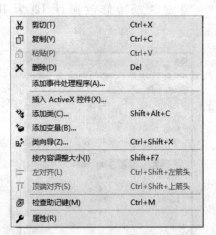

图 11.13 添加事件处理程序

以下是空的消息函数代码。

```
void CMyDialogDlg::OnBnClickedButtonFile()
{
                               //TODO:在此添加控件通知处理程序代码
}
```

用户在指定位置添加代码就可以了。

下面简单介绍 CFileDialog 的构造函数用法。

```
CFileDialog(BOOL bOpenFileDialog,LPCTSTR lpszDefExt=NULL,
```

```
LPCTSTR lpszFileName=NULL,
DWORD dwFlags=OFN_HIDEREADONLY | FN_OVERWRITEPROMPT,
LPCTSTR lpszFilter=NULL, CWnd* pParentWnd=NULL,
DWORD dwSize=0,BOOL bVistaStyle=TRUE);
```

bOpenFileDialog＝true 时，对话框是"打开文件"对话框；bOpenFileDialog＝false 时，对话框是"另存为"对话框；以后的函数参数均采用默认值即可。

在该消息函数中添加如下代码：

```
void CMyDialogDlg::OnBnClickedButtonFile()
{                                       //TODO:在此添加控件通知处理程序代码
    CString strtmp;                     //声明一个字符串对象
    CFileDialog cf(true);               //声明一个对话框对象
    if(cf.DoModal()==IDOK)              //打开对话框,判断返回值
    {   strtmp=cf.GetPathName();        //单击打开文件,给字符串赋值为文件名字
}
    else
    {       strtmp="没有选择文件!";       //单击取消或直接关闭文件对话框
    }
    AfxMessageBox(strtmp);              //利用消息框弹出信息字符串
}
```

运行程序，单击"文件对话框"按钮，选择磁盘上任意一个文件，单击"打开"按钮，如图 11.14 所示。

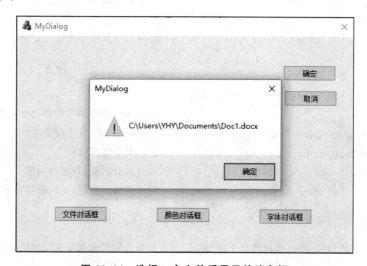

图 11.14　选择一个文件后显示的消息框

单击"文件对话框"按钮后，直接关闭或取消，会出现如图 11.15 所示的消息框。
再利用相同的方法，在颜色对话框，以及字体对话框按钮事件中输入如下代码。

```
void CMyDialogDlg::OnBnClickedButtonColor()
{                                       //TODO:在此添加控件通知处理程序代码
```

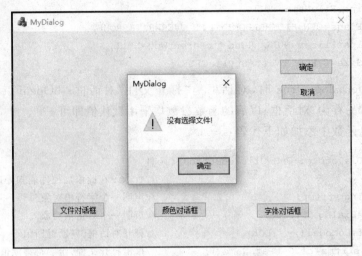

图 11.15　没有选择文件显示的消息框

```
    CString strtmp;                      //声明一个字符串对象
    CColorDialog cc;                     //声明颜色对话框
    if(cc.DoModal()==IDOK)               //打开对话框,判断返回值
    {       strtmp="选择了特定颜色";       //单击确定按钮,返回指定颜色
    }
    else
    {       strtmp="没有选择颜色";          //单击取消或直接关闭颜色对话框
    }
    AfxMessageBox(strtmp);               //利用消息框弹出信息字符串
}


void CMyDialogDlg::OnBnClickedButtonFont()
{                                        //TODO:在此添加控件通知处理程序代码
    CString strtmp;                      //声明一个字符串对象
    CFontDialog cf;                      //声明字体对话框
    if(cf.DoModal()==IDOK)               //打开对话框,判断返回值
    {       strtmp=cf.GetFaceName();     //单击确定按钮,返回指定字体名称
    }
    else
    {       strtmp="没有选择字体";          //单击取消或直接关闭颜色对话框
    }
    AfxMessageBox(strtmp);               //利用消息框弹出信息字符串
}
```

运行程序可以显示颜色以及字体对话框。

程序代码中注释内容比较详细,不再一一讲解,用户可以利用 MFC 里面提供的一些标准对话框对程序进行更多的设置。

11.3 利用 Visual C++ 2015 连接数据库实例

随着 Visual C++ 2015 软件开发工具的广泛推广,对数据库方面的应用日趋广泛和深入,越来越多的软件开发人员和爱好者希望理解并掌握应用 Visual C++ 2015 管理开发数据库的技术和方法。Visual C++ 2015 提供了几种接口(ODBC、DAO、OLE/DB、ADO)来支持数据库编程,利用这些接口可以在程序中直接操作各种各样的数据库,如SQL Server、Microsoft Access、Microsoft FoxPro 等。

下面介绍一个利用 DAO 访问 Access 数据库的例子。

11.3.1 建立工程 DAOAccess

继续按照前面的例子,再一次建立名为 DAOAccess 的新工程,注意选择"基于对话框的程序",并且为了方便学习使用,暂时先不考虑字符集的问题,取消选中"使用Unicode"复选框。

11.3.2 建立 Access 文件

打开 Office Access 软件,建立一个数据库文件 DAOAccess.mdb,保存在上述工程文件夹中,内有数据表 student,如图 11.16 所示,有 name 和 age 两个字段,其中 name 为主键字段,可以提前输入几条实验记录数据。

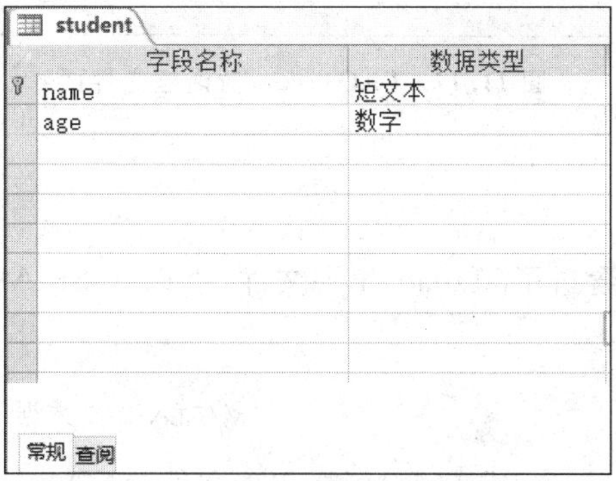

图 11.16 Access 数据库中表字段设置

11.3.3 修改主窗体界面

打开对话框编辑器,删除主窗体上面所有控件,并按表 11.2 所示添加控件。

表 11.2 用于连接数据库的控件

控件类型	控件 ID	备 注
List Ctrl	IDC_LIST_STUDENT	View 属性设置为 Report
Static Text	IDC_STATIC	caption 属性设置为"姓名"
Static Text	IDC_STATIC	caption 属性设置为"年龄"

续表

控件类型	控件 ID	备　注
Edit Ctrl	IDC_EDIT_NAME	
Edit Ctrl	IDC_EDIT_AGE	
Button	IDC_BUTTON_ADD	caption 属性设置为"增加"
Button	IDC_BUTTON_DELETE	caption 属性设置为"删除"
Button	IDC_BUTTON_CLOSE	caption 属性设置为"关闭"

利用鼠标调整控件大小以及位置，如图 11.17 所示。

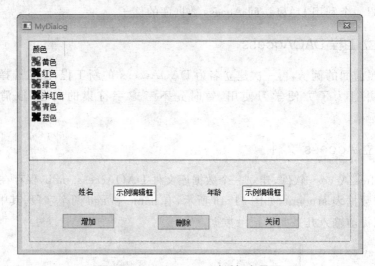

图 11.17　DAOAccess 对话框主界面

11.3.4　添加代码

（1）首先，应确保包含进了 afxdao.h 头文件，可以在 StdAfx.h 文件中包含它，代码如下：

```
#include afxdao.h                          //加入 DAO 数据库支持
```

（2）声明 DAO 库及其记录集变量，可在实现文件 DAOAccessDlg.cpp 的开始位置加入下面代码：

```
CDaoDatabase db;                          //数据库
CDaoRecordset RecSet(db);                 //记录集
```

（3）添加 InsertData 函数。在 DAOAccessDlg.h 中添加如下代码，声明函数 InsertData()：

```
void InsertData(CString strName,CString strAge);
```

在 DAOAccessDlg.cpp 中添加如下代码，实现函数 InsertData()。

```
void CDAOAccessDlg::InsertData(CString strName,CString strAge)
```

```
{
    CListCtrl * pl;                              //列表控件指针变量
    pl=((CListCtrl * )(GetDlgItem(IDC_LIST_STUDENT)));        //获取列表控件指针

    int i=pl->GetItemCount();                    //获得列表当前保存的条目数量
    pl->InsertItem(i,strName);                   //在最后插入一个新条目
    pl->SetItemText(i,1,strAge);                 //设置该新条目的下标为列内容,即年龄
}
```

GetDlgItem()函数可以由控件 ID 获得控件指针,这是 Windows 可视化编程方式下获取控件指针接口最常见的方式,上面例子中将这个指针强制转换成一个列表控件指针,并保存下来以便以后使用。

实现完成 InsertData()函数后,可以逐步添加代码,每一步读者都可以自行检验效果。

(4) 改造 OnInitDialog()函数。在 DAOAccessDlg. cpp 中的 OnInitDialog()中添加如下代码,以完成列表控件初始化设置,打开数据库和记录集,自动读取所有记录,插入记录到列表中。

```
BOOL CDAOAccessDlg::OnInitDialog()
{
    CDialog::OnInitDialog();
...                                          //系统生成代码
    //TODO: 在此添加额外的初始化代码
    CListCtrl * pl;                              //列表控件指针变量
    pl=((CListCtrl * )(GetDlgItem(IDC_LIST_STUDENT)));        //获取列表控件指针
    pl->InsertColumn(0,"学生姓名",0,100); //添加列表控件的列头,位置下标为 0
                        //内容是"学生姓名",对齐方式是左对齐,宽度为 100 个像素
    pl->InsertColumn(1,"学生年龄",0,100);//添加列表控件的列头
                //位置下标为 1,内容是"学生年龄",对齐方式是左对齐,宽度为 100 个像素
    COleVariant var;                             //字段类型
    CString strName,strAge,strFile;
    CString strSql;
    strSql="SELECT * FROM student";              //读取数据库表中所有记录的 sql 语句
    strFile="DAOAccess.mdb";                     //数据库文件的名字
    db.Open(strFile);                            //打开已创建的 DAOAccess 数据库
    RecSet.Open(AFX_DAO_USE_DEFAULT_TYPE,strSql,NULL);
                                                 //打开 student 表
    while(!RecSet.IsEOF())        //当记录集指针到达结尾的时候,该函数返回真,否则为假
    {
        RecSet.GetFieldValue("name",var); //读取当前记录的 name 字段
        strName = (LPCTSTR)var.bstrVal;
        RecSet.GetFieldValue("age",var); //读取当前记录的 age 字段
        strAge.Format("%d",var.intVal);
        InsertData(strName,strAge);      //在列表控件上插入刚刚读取的记录
```

```
        RecSet.MoveNext();                    //记录指针向后移动一个
    }
    return TRUE;                              //除非将焦点设置到控件,否则返回 TRUE
}
```

（5）添加"增加""删除""关闭"按钮事件函数代码。在对话框编辑器中,双击指定的
按钮,添加如下代码：

```
void CDAOAccessDlg::OnBnClickedButtonAdd()
{
    //TODO: 在此添加控件通知处理程序代码
    CString strName,strAge;
    GetDlgItem(IDC_EDIT_NAME)->GetWindowText(strName);
//获取 Name 编辑框控件上的内容,前面是获得控件指针,GetWindowText 函数可以获得指定控
//件上面的文本内容,所有控件均可以调用这个函数
    GetDlgItem(IDC_EDIT_AGE)->GetWindowText(strAge);
    //获取 Age 编辑框控件上的内容
    RecSet.AddNew();                          //记录集开始添加新记录
    RecSet.SetFieldValue("Name",(LPCTSTR)strName); //设置新记录的 Name 字段
    RecSet.SetFieldValue("Age",(LPCTSTR)strAge);   //设置新记录的 Age 字段
    RecSet.Update();                          //保存记录集
    InsertData(strName,strAge);               //在控件上插入新输入的记录
}


void CDAOAccessDlg::OnBnClickedButtonDelete()
{
                                              //TODO: 在此添加控件通知处理程序代码
    CListCtrl * pl;                           //列表控件指针变量
    pl=((CListCtrl * )(GetDlgItem(IDC_LIST_STUDENT)));
                                              //获取列表控件指针
    int nIndex=pl->GetNextItem(-1, LVNI_SELECTED);
                                              //利用列表控件成员函数获得选中的条目索引号

    RecSet.MoveFirst();                       //移动记录集指针到第一个位置
    RecSet.Move(nIndex);                      //向后移动 nIndex
    RecSet.Delete();                          //删除当前记录集
    pl->DeleteItem(nIndex);                   //删除当前选中条目
}


void CDAOAccessDlg::OnBnClickedButtonClose()
{
                                              //TODO: 在此添加控件通知处理程序代码
    RecSet.Close();                           //关闭记录集
    db.Close();                               //关闭数据库
```

```
    OnOK();                                    //关闭对话框
}
```

程序最终运行效果如图 11.18 所示。

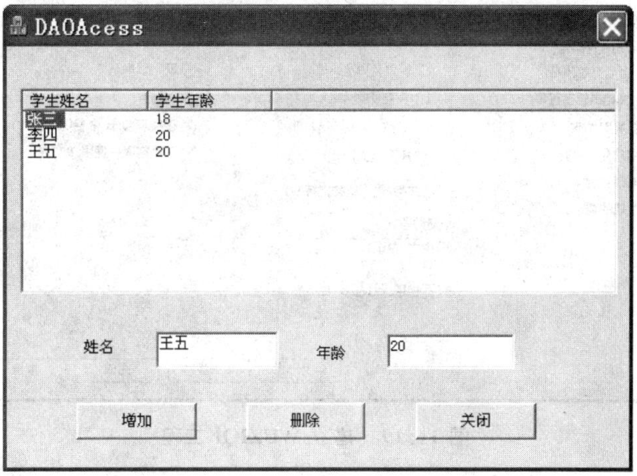

图 11.18　DAOAccess 运行效果

　　程序代码中注释较详细,不再一一讲解,当然这个读写数据库的程序距离完美操作数据库还有较大的距离,这里只是给读者展示如何利用 Visual C++ 2015 来操作数据库。

11.4　利用 Visual C++ 2015 制作小游戏

　　五子棋是一种很受人们喜爱的游戏,它的规则简单,但玩法变化多端,富有趣味性,适合人们消遣,本节设计一个简单的五子棋游戏。

11.4.1　游戏实现

　　棋类游戏可以是人与人之间的游戏,也可以是人机之间的博弈,但是真正的游戏实现需要计算机的"智能"算法,相对来说比人与人之间的游戏实现更为复杂,需要更专业的计算机知识,所以这里主要实现一个简单的人与人之间的五子棋游戏。

　　五子棋的规则如下:

　　(1) 判断是否能放下棋子(是否已经有了棋子);

　　(2) 判断是哪种颜色下棋;

　　(3) 判断是否已经结束(是谁赢)。

　　这些规则将用相应的函数来实现。

　　新建工程 WUZIQI,选中"单文档"单选按钮,如图 11.19 所示。

11.4.2　变量函数

　　在文件 WUZIQIView.h 中添加如下成员变量以及函数。

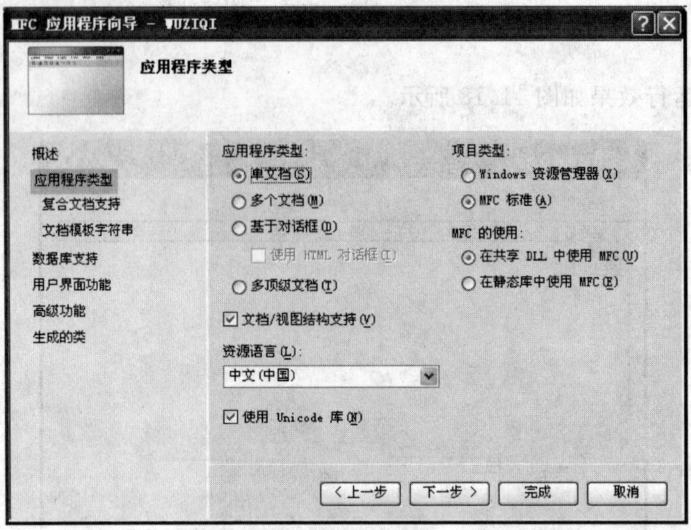

图 11.19　建立 WUZIQI 工程

```
//棋盘开始位置
    int iStartX,iStartY;
//棋盘线间隔
    int iWidth;
    //黑白画刷
    HBRUSH hBbrush,hWbrush;
    //棋盘数组,元素值为1代表黑子,-1代表白子,0代表没有棋子
    int wzq[19][19];
    //iColor为1时应该行黑棋,为-1时应该行白棋
    int iColor;
    //在第x行第y列,检查颜色为ChessColor的棋子是否获胜
    bool Over(int x,int y,int ChessColor);
    //在第x行第y列绘制颜色为ChessColor的棋子
    void DrawChess(int x,int y,int ChessColor)
```

11.4.3　具体实现

1. 初始化变量

首先设置棋盘的大小以及初始化棋盘数组,在类视图的构造函数中添加初始代码:

```
WUZIQIView::CWUZIQIView()
{
    //TODO: 在此处添加构造代码
    iStartX=iStartY=50;
    iWidth=30;
    hWbrush=CreateSolidBrush(RGB(255, 255, 255));   //创建白画刷
    hBbrush=CreateSolidBrush(RGB(0, 0, 0));          //创建黑画刷
```

```
    iColor=1;                                    //设置黑棋行棋
    int i,j;                                     //初始化棋盘为无子状态
    for(i=0;i<19;i++)
        for(j=0;j<19;j++)
            wzq[i][j]=0;
}
```

2. 绘制棋盘以及棋子

在类视图的 OnDraw(CDC * pDC)函数中画棋盘。由于在游戏过程中有可能重画棋盘，而那时棋盘上面可能已经有棋子，所以首先编制画棋子的函数。

```
void DrawChess(int x,int y,int ChessColor)
{
//绘制棋盘坐标下 x,y,颜色 ChessColor 为 1 是黑色, -1 为白色,0 为不绘制
if(ChessColor==0)return;
CDC * p;
p=this->GetDC();                             //获取图形设备接口
if(ChessColor==1)                            //根据颜色不同选取黑白画刷
p->SelectObject(hBbrush);
else
p->SelectObject(hWbrush);
//在一个边长为 20 的正方形内绘制内接圆形
p->Ellipse(iStartX+y * iWidth-10,iStartY+x * iWidth-10,
        iStartX+y * iWidth+10,iStartY+x * iWidth+10);
this->ReleaseDC(p);                          //释放图形设备接口
}
```

绘制棋盘的代码在类视图的 OnDraw()函数中实现。

```
void CWUZIQIView::OnDraw(CDC * pDC)
{
    CWUZIQIDoc * pDoc=GetDocument();
    ASSERT_VALID(pDoc);
    if(!pDoc)
        return;
    //TODO: 在此处为本机数据添加绘制代码
    //画背景
    CBrush mybrush1;
    mybrush1.CreateSolidBrush(RGB(192,192,192));
    CRect myrect1(0,0,1200,800);    pDC->FillRect(myrect1,&mybrush1);
    //画棋盘框线
    CPen mypen;
    CPen * myoldPen;
    mypen.CreatePen(PS_SOLID,1,RGB(0,0,0));
    myoldPen=pDC->SelectObject(&mypen);
    for(int i=0;i<19;i++)
```

```
{
    pDC->MoveTo(iStartX,iStartY+i * iWidth);
    pDC->LineTo(iStartX+18 * iWidth,iStartY+i * iWidth);
    pDC->MoveTo(iStartX+i * iWidth,iStartY);
    pDC->LineTo(iStartX+i * iWidth,iStartY+18 * iWidth);
}
//重画时显示存在的棋子
for(int n=0;n<19;n++)
    for(int m=0;m<19;m++)
        if(wzq[n][m]==1)
        {
            this->DrawChess(n,m,1);              //显示黑棋
        }
        else if(wzq[n][m]==-1)
        {
            this->DrawChess(n,m,-1);             //显示白棋
        }
}
}
```

绘制棋盘和棋子的函数编写完毕后，可以尝试运行程序，观察程序的运行效果，如图 11.20 所示。如果对棋盘位置以及大小不满意，可以修改初始化代码中的棋盘位置以及间隔。

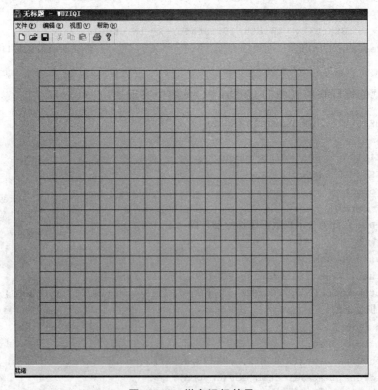

图 11.20   棋盘运行效果

3. 编制下棋过程

棋盘与棋子绘制好，接下来的工作就是考虑如何下棋。首先利用类向导在视图中添加释放鼠标左键的消息函数 OnLButtonUp()，表示当释放鼠标键时放下棋子。

添加函数如下：

```
void CWUZIQIView::OnLButtonUp(UINT nFlags, CPoint point)
{
    //TODO: 在此添加消息处理程序代码和/或调用默认值
    int n,m;
    //判断单击是否在棋盘之内
    if(point.x>iStartX-5 && point.x<iStartX+18
        * iWidth+5&&point.y>iStartY-5 && point.y<iStartY+18 * iWidth+5)
    {
//判断是否点在了第 n 行，第 m 列上面，点在以该点为中心的长度为 10 的正方形内就为有效单击
        n=(point.y - iStartY+5)/iWidth;
        m=(point.x - iStartX+5)/iWidth;
        if(point.x>iStartX+m * iWidth-5&&point.x<iStartX+m
            * iWidth+5&&point.y>iStartY+n * iWidth
            -5&& point.y<iStartY+n * iWidth+5)
        {
            //判断该处是否已有棋子，无则绘制，有则返回
            if(wzq[n][m]==0)
            {
                wzq[n][m]=iColor;                  //修改棋谱数组元素数值
                DrawChess(n,m,iColor);             //在棋盘上绘制对应棋子
                if(Over(n,m,iColor))               //检测是否棋局结束
                {
                    if(iColor==1)
                        AfxMessageBox("黑棋获胜,单击重新开始!");
                    else
                        AfxMessageBox("白棋获胜,单击重新开始!");
                    //重新初始化棋盘数组
                    iColor=1;
                    int i,j;
                    for(i=0;i<19;i++)
                        for(j=0;j<19;j++)
                            wzq[i][j]=0;
                    this->Invalidate();
                }
                else
                {
                    iColor=-iColor;                //棋局没有结束,改变行棋颜色
                }
            }
```

```
        }
    }
    CView::OnLButtonUp(nFlags, point);
}
```

添加检测胜负的函数 Over() 如下：

```
bool  CWUZIQIView::Over(int x,int y,int ChessColor)
{
    int i;                                          //循环变量
    int iCount;                                     //计数变量
    bool bIsOver=false;                             //是否结束
    int xS,yS;                                      //用于斜向检查的起始边界
    //检查横向
    iCount=0;
    for(i=0;i<19&&!bIsOver;i++)
        if(wzq[x][i]==ChessColor)
        {   iCount++;
            if(iCount>=5)bIsOver=true;              }
        else            iCount=0;
    //检查纵向
    iCount=0;
    for(i=0;i<19&&!bIsOver;i++)
        if(wzq[i][y]==ChessColor)
        {           iCount++;
            if(iCount>=5)bIsOver=true;              }
        else            iCount=0;
    //检查正斜向
    iCount=0;
    if(x>y)
        xS=x-y,yS=0;
    else
        xS=0,yS=y-x;
    for(i=0;xS+i<19&&yS+i<19&&!bIsOver;i++)
        if(wzq[xS+i][yS+i]==ChessColor)
        {   iCount++;
            if(iCount>=5)bIsOver=true;              }
        else            iCount=0;
    //检查反斜向
    iCount=0;
    if(x+y>19)
        xS=x+y-18,yS=18;
    else
        xS=0,yS=x+y;
    for(i=0;xS+i<19&&yS-i<19&&!bIsOver;i++)
```

```
            if(wzq[xS+i][yS-i]==ChessColor)
        {    iCount++;
            if(iCount>=5)bIsOver=true;            }
        else              iCount=0;
    return bIsOver;
}
```

　　程序编写完毕,就可以运行程序下棋,如图 11.21 所示。当然这个程序还有许多可以继续改善的地方,例如棋局的保存和菜单的处理等等,在此不再详细叙述。

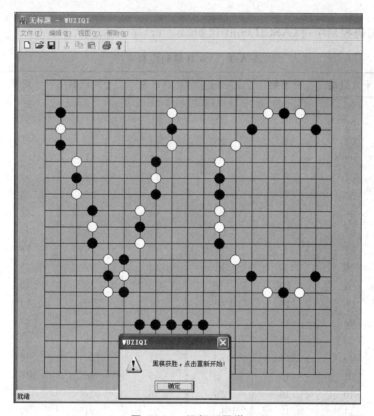

图 11.21　运行五子棋

附录 A

ASCII 码表

ASCII 编码控制字符(ASCII control character)如表 A.1 所示。

表 A.1 ASCII 编码控制字符

八进制	十六进制	十进制	字符	八进制	十六进制	十进制	字符
00	00	0	nul	36	1e	30	rs
01	01	1	soh	37	1f	31	us
02	02	2	stx	40	20	32	space
03	03	3	etx	41	21	33	!
04	04	4	eot	42	22	34	"
05	05	5	enq	43	23	35	#
06	06	6	ack	44	24	36	$
07	07	7	bel	45	25	37	%
10	08	8	bs	46	26	38	&
11	09	9	ht	47	27	39	`
12	0a	10	lf	50	28	40	(
13	0b	11	vt	51	29	41	)
14	0c	12	ff	52	2a	42	*
15	0d	13	cr	53	2b	43	+
16	0e	14	so	54	2c	44	,
17	0f	15	si	55	2d	45	—
20	10	16	dle	56	2e	46	.
21	11	17	dc1	57	2f	47	/
22	12	18	dc2	60	30	48	0
23	13	19	dc3	61	31	49	1
24	14	20	dc4	62	32	50	2
25	15	21	nak	63	33	51	3
26	16	22	syn	64	34	52	4
27	17	23	etb	65	35	53	5
30	18	24	can	66	36	54	6
31	19	25	em	67	37	55	7
32	1a	26	sub	70	38	56	8
33	1b	27	esc	71	39	57	9
34	1c	28	fs	72	3a	58	:
35	1d	29	gs	73	3b	59	;

续表

八进制	十六进制	十进制	字符	八进制	十六进制	十进制	字符
74	3c	60	<	136	5e	94	^
75	3d	61	=	137	5f	95	_
76	3e	62	>	140	60	96	`
77	3f	63	?	141	61	97	a
100	40	64	@	142	62	98	b
101	41	65	A	143	63	99	c
102	42	66	B	144	64	100	d
103	43	67	C	145	65	101	e
104	44	68	D	146	66	102	f
105	45	69	E	147	67	103	g
106	46	70	F	150	68	104	h
107	47	71	G	151	69	105	i
110	48	72	H	152	6a	106	j
111	49	73	I	153	6b	107	k
112	4a	74	J	154	6c	108	l
113	4b	75	K	155	6d	109	m
114	4c	76	L	156	6e	110	n
115	4d	77	M	157	6f	111	o
116	4e	78	N	160	70	112	p
117	4f	79	O	161	71	113	q
120	50	80	P	162	72	114	r
121	51	81	Q	163	73	115	s
122	52	82	R	164	74	116	t
123	53	83	S	165	75	117	u
124	54	84	T	166	76	118	v
125	55	85	U	167	77	119	w
126	56	86	V	170	78	120	x
127	57	87	W	171	79	121	y
130	58	88	X	172	7a	122	z
131	59	89	Y	173	7b	123	{
132	5a	90	Z	174	7c	124	|
133	5b	91	[	175	7d	125	}
134	5c	92	\	176	7e	126	~
135	5d	93	]	177	7f	127	del

附录 B

常用库函数

B1 数学函数

数学函数的表示及功能如表 B.1 所示。

表 B.1 数学函数的表示及功能

函 数 名 称	函 数 原 型	数 学 表 示	功 能 说 明
整数绝对值函数	int abs(int i)	|i|	返回参数 i 的绝对值
实数绝对值函数	double fabs(double x)	|x|	返回实数 x 的绝对值
正弦函数	double sin(double x)	sinx（x 为弧度）	返回弧度为 x 的正弦值
余弦函数	double cos(double x)	cosx（x 为弧度）	返回弧度为 x 的余弦值
正切函数	double tan(double x)	tanx（x 为弧度）	返回弧度为 x 的正切值
平方根函数	double sqrt(double x)	$\sqrt{x}$（x≥0）	返回 x 的算数平方根
指数函数	double exp(double x)	ex（e＝2.71828）	返回 ex 的值
幂函数	double pow（double x,double y)	xy	返回 xy 的值
自然对数函数	double log(double x)	lnx（x＞0）	返回以 e 为底 x 的对数
对数函数	double log10(double x)	log10x（x＞0）	返回以 10 为底 x 的对数
符号函数	int sgn(double x)	sgn(x)	x＞0 返回 1 x＝0 返回 0 x＜0 返回－1
向上取整函数	double ceil(double x)	⌈x⌉	返回大于等于 x 的最小整数
向下取整函数	double floor(double x)	⌊x⌋	返回小于等于 x 的最大整数
随机函数	int rand(x)		返回 0～32 767 之间的整数
改变随机数序列	void srand(int x)		生成与 x 对应的随机序列
终止程序运行	void exit(int status)		通常参数为 0 表示正常结束，非 0 表示不正常结束

在表 B.1 中，除最后 3 个函数之外，均为数学函数，它们的函数原型包含在系统建立的 math 或 cmath 头文件中，最后 3 个为常用的一般函数，它们的函数原型包含在系统建立的 stdlib 或 cstdlib 头文件中。

B2 常用反函数公式

常用反函数如表 B.2 所示。

表 B.2 常用反函数

函 数 名 称	公 式
secant	$\sec(X)=1/\cos(X)$
cosecant	$\mathrm{cosec}(X)=1/\sin(X)$
cotangent	$\mathrm{cotan}(X)=1/\tan(X)$
inverse sine	$\arcsin(X)=\mathrm{atn}(X/\mathrm{sqr}(-X*X+1))$
inverse cosine	$\arccos(X)=\mathrm{atn}(-X/\mathrm{sqr}(-X*X+1))+2*\mathrm{atn}(1)$
inverse secant	$\mathrm{arcsec}(X)=\mathrm{atn}(X/\mathrm{sqr}(X*X-1))+\mathrm{sgn}((X)-1)*(2*\mathrm{atn}(1))$
inverse cosecant	$\mathrm{arccosec}(X)=\mathrm{atn}(X/\mathrm{sqr}(X*X-1))+(\mathrm{sgn}(X)-1)*(2*\mathrm{atn}(1))$
inverse cotangent	$\mathrm{arccotan}(X)=\mathrm{atn}(X)+2*\mathrm{atn}(1)$
hyperbolic sine	$\mathrm{hsin}(X)=(\exp(X)-\exp(-X))/2$
hyperbolic cosine	$\mathrm{hcos}(X)=(\exp(X)+\exp(-X))/2$
hyperbolic tangent	$\mathrm{htan}(X)=(\exp(X)-\exp(-X))/(\exp(X)+\exp(-X))$
hyperbolic secant	$\mathrm{hsec}(X)=2/(\exp(X)+\exp(-X))$
hyperbolic cosecant	$\mathrm{hcosec}(X)=2/(\exp(X)-\exp(-X))$
hyperbolic cotangent	$\mathrm{hcotan}(X)=(\exp(X)+\exp(-X))/(\exp(X)-\exp(-X))$
inverse hyperbolic sine	$\mathrm{harcsin}(X)=\log(X+\mathrm{sqr}(X*X+1))$
inverse hyperbolic cosine	$\mathrm{harccos}(X)=\log(X+\mathrm{sqr}(X*X-1))$
inverse hyperbolic tangent	$\mathrm{harctan}(X)=\log((1+X)/(1-X))/2$
inverse hyperbolic secant	$\mathrm{harcsec}(X)=\log((\mathrm{sqr}(-X*X+1)+1)/X)$
inverse hyperbolic cosecant	$\mathrm{harccosec}(X)=\log((\mathrm{sgn}(X)*\mathrm{sqr}(X*X+1)+1)/X)$
inverse hyperbolic cotangent	$\mathrm{harccotan}(X)=\log((X+1)/(X-1))/2$
logarithm to base N	$\log N(X)=\log(X)/\log(N)$

B3 与字符串有关的函数

与字符串有关的函数如表 B.3 所示。

表 B.3 与字符串有关的函数

名　称	函 数 格 式	功　能
string()函数	string s;	生成一个空字符串
	string s (str);	生成 str 的复制品
	string s(str,stridx);	将字符串 str 内位置为 stridx 的部分当作字符串的初值
	string s(str, stridx ,strlen);	将字符串 str 内位置为 stridx 的且长度为 strlen 的部分作为字符串的初值

名　称	函 数 格 式	功　能
string()函数	string s(cstr);	将 cstr 字符串赋值给 s
	string s (cstr char_len);	将 cstr 字符串的前 char_len 个字符赋值给 s
	string s(num,c);	生成一个包含 num 个 c 字符的字符串赋值给 s
	string s(beg,end);	将 beg 开始 end 结尾之间的字符串赋值给 s
	s.~string();	取消所有字符,释放内存
字符串操作函数	=,assign( )	赋值
	swap(str1,str2)	两个字符串交换
	+=,append( )	在原字符串末尾添加字符
	insert( )	插入字符
	erase( )	删除字符
	clear( )	删除全部字符
	replace( )	字符串替换
	+	字符串连接
	==,!=,<,>,>=,<=,compare( )	字符串比较
	size( ),length( )	返回字符串的个数
	max_size( )	返回字符串中的最大值
	empty( )	判断字符串是否为空
	capacity( )	返回字符串容量
	reserve( )	保留一定量的内存空间
	[ ],at( )	存取一个字符
	copy()	字符串复制
	substr()	求子字符串
	data ( )	返回以字符数组形式表示的字符串

表 B.3 中操作函数参数很多,请读者根据函数字面含义自行上机试运行,或参考其他相关文献的说明。

附录C

程序调试与异常处理

C1　程 序 调 试

在程序编写过程中，难免会出现一些错误。为了解决这些错误，程序员需要对应用程序进行调试，查出错误产生的原因。Visual C++ 2015 中提供了调试器，程序调试的主要步骤如下。

C1.1　设置断点

所谓断点就是一个信号，它通知调试器在断点处停止运行。发生中断时，则称程序和调试器处于中断状态。进入中断状态时并不会终止或结束程序的执行，所有程序都留在内存中，并可在任何时候继续。

设置断点有 3 种方法：

（1）在需要设置断点的行旁边单击；

（2）右键单击设置断点的代码行，在弹出的快捷菜单中选择"断点"→"插入断点"命令，如图 C.1 所示；

（3）单击要设置断点的行代码，选择"调试"→"切换断点"命令，如图 C.2 所示。

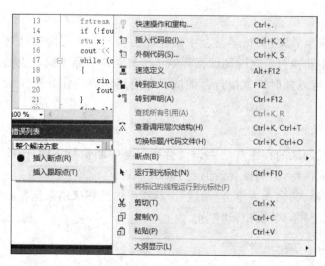

图 C.1　右键插入断点

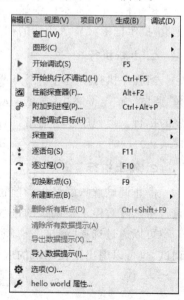

图 C.2　菜单插入断点

设置断点后,就会在设置断点的行旁边的灰色空白处出现一个圆点,并且该行代码也高亮显示。

删除断点有 4 种方式:

（1）单击断点的行旁边的灰色空白处的圆点;

（2）右键单击断点行旁边的灰色空白处的圆点,在弹出的快捷菜单中选择"删除断点"命令;

（3）右键单击设置断点的行代码,在弹出的快捷菜单中选择"断点"→"删除断点"命令;

（4）单击要设置断点的行代码,选择"调试"→"切换断点"命令。

C1.2　开始、中断和停止执行

调试程序时,可以通过使用开始、中断和停止执行功能随时控制代码段的执行状态,操作步骤如下。

1. 开始执行

可以通过选择"调试"→"启动调试"→"逐语句"或"逐过程"命令来执行程序并调试,也可以通过右键单击可执行代码中的某行然后从快捷菜单中选择"运行到光标处"命令。

如果选择"启动调试",则应用程序启动并一直运行到断点。也可以在任何时刻中断执行,以检查值,修改变量,或检查程序状态。如果选择"逐语句"或"逐过程",则应用程序启动并执行,然后在第一行中断。

如果选择"运行到光标处",则应用程序启动并一直运行到断点或光标位置。如果光标在断点前,则程序运行到光标处;如果光标在断点后,则程序运行到断点处。某些情况下,不出现中断,这意味着执行始终未到达设置光标处的代码。

程序调试过程中,当光标指向断点之前的变量或属性时,将会自动在光标的下方弹出一个提示框,并在提示框中显示当前所指变量或属性的值。如果用光标指向断点以后的变量,提示框中只显示变量的初始值或上一次运算的结果。

2. 中断执行

当程序执行到达一个断点或发生异常,调试器就会中断程序的执行。也可以通过选择"调试"→"全部终止"命令手动中断执行。这时调试器将停止所有在调试器下运行的程序的执行。但程序并不退出,而且可以随时恢复执行。调试器和应用程序现在处于终端模式。

3. 停止执行

停止调试意味着终止当前正在调试的程序并结束调试会话。与中断执行不同,中断执行意味着暂停正在调试的进程的执行,但调试会话仍处于活动状态。

可以通过选择"调试"→"停止调试"命令或单击"调试"工具栏中的按钮来结束运行和调试,也可以退出正在调试的应用程序,调试将自动停止。

C1.3 单步执行

单步执行是最常见的调试过程之一,即每次执行一行代码。"调试"菜单中提供了两个单步执行命令,即逐语句、逐过程。

逐语句和逐过程的差异仅在于它们处理函数调用的方式不同。这两个命令都指示调试器执行下一行的代码。如果某一行包含函数调用,逐语句仅执行调用本身,然后在函数内的第一个代码行处停止。而逐过程执行整个函数,然后在函数外的第一行处停止。如果要查看函数调用的内容,则使用逐语句。若要避免单步执行函数,那么最好使用逐过程。

C1.4 运行到指定位置

如果在调试过程中,想执行到代码中的某一点,然后中断。可以在要中断的位置设置断点,也可以在"调试"菜单中选择"启动"或"继续"命令。该位置可以在源窗口或"反汇编"窗口中设置。

在代码窗口中运行到光标处,可以在代码窗口中右键单击某行,并从快捷菜单中选择"运行到光标处"命令,如图 C.3 所示。

	快速操作和重构...	Ctrl+.
	外侧代码(S)...	Ctrl+K, S
	速览定义	Alt+F12
	转到定义(G)	F12
	转到声明(A)	Ctrl+F12
	查找所有引用(A)	Ctrl+K, R
	查看调用层次结构(H)	Ctrl+K, Ctrl+T
	切换标题/代码文件(H)	Ctrl+K, Ctrl+O
	断点(B)	▶
	运行到光标处(N)	Ctrl+F10
	将标记的线程运行到光标处(F)	
	剪切(T)	Ctrl+X
	复制(Y)	Ctrl+C
	粘贴(P)	Ctrl+V
	大纲显示(L)	▶

图 C.3　运行到光标处

在"反汇编"窗口中运行到光标处,可以在"反汇编"窗口中右键单击某行,并从快捷菜单中选择"运行到光标处"命令。如果"反汇编"窗口没有显示,那么从"调试"菜单中选择"窗口"→"反汇编"命令。"反汇编"窗口只能在中断模式下才能进行查看。

调试程序是编程人员的基本功,学好和用好程序调试可以加快编程的速度及准确性。

C2　异 常 处 理

在程序调试时,一些程序虽然可以通过编译也能运行,但在程序运行中会出现异常,从而得不到正确结果,导致程序非正常终止,这类错误不易被发现,是程序调试中的难点。

C++ 系统采用了异常处理机制来解决这类问题。

异常处理机制主要由 3 部分组成：检查（try）、抛出（throw）和捕获（catch）。将需要检查的语句放在 try 块中，当出现异常时，throw 发出一个异常信息，而用 catch 来捕获，如果捕获到异常信息后，就在 catch 块中进行处理。异常处理的基本语句结构的一般使用形式如下：

```
throw 表达式;                    //抛出异常
try                             //检查异常
{
    …                           //检查异常块
}
catch(类型 n,参数 n)            //捕获异常,可以有多个 catch 块
{
…
}
```

异常处理的一般执行过程如下。

程序执行到 try 块后，接着执行块内的代码。

如果在执行 try 块内代码或在 try 块内的代码中调用任何函数期间没有发生异常，则 try 后的 catch 块将不被执行，程序将从 catch 块后面的语句继续执行。

如果在执行 try 块内代码或在 try 块内的代码中调用任何函数期间有异常抛出，编译器就从抛出异常的本层或上层调用函数中查找一个 catch 块用于捕获该异常。

如果找到一个匹配的 catch 块，说明捕获到此异常，则形参通过 catch 语句中抛出的表达式进行初始化。之后，就销毁 catch 块对应的 try 块开始和抛出异常语句 throw 之间的所有自动变量，然后执行 catch 块中的语句处理异常，最后程序跳到最后一个 catch 块后面的语句继续执行。

如果没有找到匹配的 catch 块，则自然终止程序。

习 题 答 案

习 题 一

一、选择题

1. A 2. B 3. C 4. C 5. B 6. B 7. A 8. A 9. D 10. B

二、填空题

1. 机器语言指令

2. 结构化的程序设计　面向对象的程序设计

3. 类

4. 封装性　继承性　多态性

5. 编译　链接　运行

三、问答题

略。

习 题 二

一、选择题

1. A 2. D 3. D 4. D 5. B 6. B 7. A 8. B 9. B 10. B
11. B 12. A 13. D 14. C 15. A

二、填空题

1. 1

2. 12.5

3. x<＝2

4. 表达式具有值,而语句是没有值的并且语句末尾要加分号

5. 右　左

6. x＊(y＋8)

7. 27

8. 14

9. 35

10. 103

三、问答题

1. A1＝2＋3＋1＋4＝5＋1＋4＝6＋4＝10；A2＝2＋(3＋2)/(2＋4)＝2＋5/6＝2＋0＝2

2. 算术运算符由加"＋"、减"－"、乘"＊"、除"/"和取余"％"组成。

3. 依次为 ＊、＋、＞、＞＝、＆、＆＆、＊＝。

4. －可以用于代表双目运算符减运算，同时可以代表单目运算符使后面的操作数变换符号。＆可以用于代表双目运算符按位与运算，同时可以是地址运算符，表示后面操作数的地址。'＊'可以用于代表双目运算符乘运算，同时可以与'＆'相对应的单目运算符，表示后面的操作数地址中的值。

5. ＋、＆ 作为单目运算符时结合性和从右到左，而作为双目运算符时，则为从左到右。＝运算符的结合性为从右到左，||运算符的结合性为从左到右。

6. 3；6.0；4.5；444；188；238

四、编程题

略。

习 题 三

一、选择题

1. B　2. D　3. A　4. D　5. D　6. B　7. D　8. D　9. D　10. C

二、填空题

1. do-while 语句是先执行循环体，然后检查循环条件；while 语句是先检查循环条件，再执行循环体

2. 10　30　10

3. 语句　执行程序语句

4. break 语句用在循环语句的循环体内的作用是终止当前的循环语句，并跳出循环

5. 根据程序的目的，有时需要程序在满足另一个特定条件时跳出本次循环，继续下次循环

三、简答题

略

四、阅读程序题

略

五、编程题

略

习 题 四

一、选择题

1．B　2．C　3．A　4．A　5．D

二、判断题

1．√　2．×　3．√　4．√　5．×

三、阅读程序题

1．程序 1。

dlrow，olleh

2．程序 2。

9

3．程序 3。

ABCDEFG　I

4．程序 4。

24

5．程序 5。

C++

is

best

computer

Langluge.

四、编程题

略。

习 题 五

一、选择题

1．A　2．D　3．A　4．B　5．D

二、判断题

1．√　2．×　3．×　4．√　5．√　6．√　7．√

三、填空题

1．*p & p

2．变量的值和指针都未发生变化

3．25

4．*(a+i)

5. *p

6. 5

四、阅读程序题

1. 程序1。

0012FF3C　0012FF3C

0　0

4　4　40

2. 程序2。

14　16　10　12

11　39　13　25

3. 程序3。

7　8　6　10　3

4. 程序4。

0　1　2　3

5　8　13　21　34

55　89

5. 程序5。

267　53.4

五、编程题

略。

习 题 六

一、选择题

1. D　2. C　3. B　4. B　5. D　6. A

二、判断题

1. √　2. ×　3. ×　4. √　5. √　6. √　7. ×

三、阅读程序题

1. 10,20

   10,20,5

2. 用递归方法求两个整数的最大公约数

3. 用非递归方法求两个整数的最大公约数

4. 5　4　3　2　1　0

   0

5. 将一个整数从个位数开始分解并输出

四、编程题

略。

习　题　七

一、选择题

1. C　2. D　3. D

二、填空题

1. 结构体变量名.成员名

2. (*p).y

3. 10

4. 3

三、分析题

(1) 40　8

(2) 第七行没有分号。初始化应该写成 stu1＝{"20100001","胡明",{10,15,1988}};

习　题　八

一、选择题

1. C　2. B　3. A　4. B　5. C

二、分析题

1. 程序 1。

x＝0,y＝0

x＝10,y＝15

node(10,15)被撤销

node(0,0)被撤销

2. 程序 2。

node(3,10)

node(5,10)

3. 程序 3。

23：12：30

13：5：46

13：1：59

三、简答题

略。

四、编程题

略。

习 题 九

一、选择题

1. A　2. C　3. D　4. D　5. D　6. B　7. C　8. C

二、简答题

略。

三、分析题

构造基类
n=1
构造派生类
m=2
析构派生类
析构基类

习 题 十

一、选择题

1. C　2. D　3. B　4. D

二、分析题

略。

参 考 文 献

[1] 徐孝凯. C++ 语言基础教程[M]. 北京：清华大学出版社,2006.

[2] 马希荣,王洪权,姜丽芬,等. C++ 语言程序设计(二级)[M]. 北京：电子工业出版社,2005.

[3] 郑莉,董渊,张瑞丰. C++ 语言程序设计[M]. 3 版. 北京：清华大学出版社,2003.

[4] 李海文,吴乃陵. C++ 程序设计实践教程[M]. 北京：高等教育出版社,2003.

[5] Nell Dale. C++ 上机实践指导教程[M]. 3 版. 马树奇,等,译. 北京：电子工业出版社,2003.

[6] 龚沛曾,扬志强. C/C++ 程序设计教程[M]. 北京：高等教育出版社,2004.

[7] 谭浩强. C++ 程序设计题解与上机指导[M]. 北京：清华大学出版社,2004.

[8] 钱能. C++ 程序设计[M]. 北京：清华大学出版社,1999.

[9] 吕凤翥. C++ 语言基础教程题解和上机指导[M]. 北京：清华大学出版社,1999.

[10] 张荣梅. Visual C++ 实用教程[M]. 北京：中国铁道出版社,2008.

[11] 郑莉,傅士星. C++ 语言程序设计习题与实验指导[M]. 2 版. 北京：清华大学出版社,2004.

[12] 苏宁,王明福. C++ 程序设计[M]. 北京：高等教育出版社,2003.

[13] 刘振鹏,马胜甫. C/C++ 程序设计实验指导与习题[M]. 保定：河北大学出版社,2002.

[14] 陈维兴,林小茶. C++ 面向对象程序设计[M]. 北京：中国铁道出版社,2004.

[15] 陈卫卫. C/C++ 程序设计教程[M]. 北京：希望电子出版社,2002.